U0097878

孫子兵法
孫臏兵法

孫武、孫臏　著

顏興林　譯注

簡　介

　　《孫子兵法》，即《孫子》，又稱作《武經》、《兵經》、《孫武兵法》、《吳孫子兵法》，是中國古代的兵書，作者為春秋末期的齊國人孫武（字長卿）。一般認為，《孫子兵法》成書於專諸刺吳王僚之後至闔閭三年孫武見吳王之間，也即前 515 至前 512 年，全書為十三篇，是孫武初次見面贈送給吳王的見面禮；事見司馬遷《史記》：「孫子武者，齊人也，以兵法見吳王闔閭。闔閭曰：子之十三篇吾盡觀之矣」。

　　《孫子兵法》是世界上最早的兵書之一。被奉為中國兵家經典，後世的兵書大多受到它的影響，對中國的軍事學發展影響非常深遠。它也被翻譯成多種語言，在世界軍事史上具有重要的地位。

　　孫臏（公元前 382 年－公元前 316 年），活躍於戰國中期軍事家，兵家代表人物。孫臏原名孫伯靈，因受過臏刑故稱孫臏。

　　孫臏出生於阿、鄄之間（今山東省陽穀縣阿城鎮、菏澤市鄄城縣北一帶），是孫武的後代。孫臏曾與龐涓為同窗，因受龐涓迫害遭受臏刑，身體殘疾，後在齊國使者的幫助下投奔齊國，被齊威王任命為軍師，輔佐齊國大將田忌兩次擊敗龐涓，取得桂陵之戰和馬陵之戰的勝利，奠定齊國的霸業。明末清初有以孫臏、龐涓生平為原型的歷史小說《孫龐鬥志演義》，使孫龐鬥智的故事廣為流傳。唐德宗時將孫臏等歷史上六十四位武功卓著的名將供奉於武成王廟內，被稱為武成王廟六十四將。宋徽宗時追尊孫臏為武清伯，位列宋武廟七十二將之一。

　　有人說孫臏是春秋時期吳國將軍孫武的後代，而孫武活躍於前 6 世紀末至前 5 世紀初，孫臏活躍於前 4 世紀，兩人活躍年代相差 100 多年。孫臏的先祖是陳國公子陳完，陳完的曾孫陳無宇有子陳書，因討伐莒國有功，被齊景公賜姓孫，改名孫書，封於樂安作為食邑，是媯姓孫氏的

始祖。孫書之子孫憑生孫武，孫武因躲避齊國國內發生的陳、鮑、高、國四族之亂而出奔吳國，有子三人，孫馳、孫明和孫敵。次子孫明有子孫順，孫順有子孫機，孫機有子孫操，孫操即為孫臏之父。即孫武→孫明→孫順→孫機→孫操→孫臏，此世系與二人相距年代基本吻合。但唐代孫壬林自述家族世系的碑文卻記載孫臏是衛武公的後代。

目　錄

孫子兵法

前言……………………一○

計篇……………………一二

作戰篇…………………一八

謀攻篇…………………二四

形篇……………………三一

勢篇……………………三七

虛實篇…………………四三

軍爭篇…………………五二

九變篇…………………五九

行軍篇…………………六四

地形篇…………………七三

九地篇…………………八○

火攻篇…………………九二

用間篇…………………九七

孫臏兵法

前言……………………一○六

擒龐涓…………………一○九

見威王…………………一一四

威王問…………………一二○

陳忌問壘………………一三二

篡卒……………………一三六

月戰……………………一四一

八陣……………………一四六

地葆……………………一五一

勢備……………………一五六

兵情……………………一六三

行篡……………………一六八

殺士……………………一七二

延氣……………………一七三

官一……………………一七九

強兵……………………一八六

十陣……………………一九二

十問……………………二○一

略甲……………………二一一

客主人分………………二一二

善者……………………二一九

五名五恭………………二二四

兵失……………………二二九

將義……………………二三四

將德……………………二三九

將敗……………………二四三

將失……………………二四七

雄牝城…………………二五二

五度九奪………………二五七

積疏……………………二五八

奇正……………………二六二

孫子兵法

前　言

　　《孫子兵法》是中國最古老、最傑出的一部兵書，歷代備受推崇，研習者輩出，它是中國古典軍事文化遺產中的璀璨瑰寶，是中國優秀傳統文化的重要組成部分，其內容博大精深，思想精邃富贍。邏輯鎮密嚴謹，是古代軍事思想精華的集中體現。歷來都被率為兵家經典，被稱為「鎮國之寶」。在傳統兵學領城，《孫子兵法》可謂前無古人，後無來者，地位崇高，無以倫比。

　　《孫子兵法》的作者為孫武，齊國人。據《史記。孫子吳起列傳》記載，孫武以兵法十三篇拜見吳王闔閭，闔閭很是欣賞，並讓他以宮中美女為兵，嘗試操練，孫武嚴申軍紀，斬不服軍令的兩位闔閭寵姬，以樹軍心，令闔閭敬服，任其為將。

　　在此後吳國的數次對外戰爭中，孫武出謀劃策，立下赫赫戰功。孫武參與指揮的戰爭，有吳楚柏舉之戰、吳齊艾陵之戰等，均為春秋史上的經典戰例。《史記》指出：「西破強楚，入郢，北威齊晉，顯名諸侯，孫子與有力焉。」可見，吳國能在春秋末年稱霸一時，孫武功不可沒。

　　從闔閭在與孫武會晤之前就已閱讀《孫子兵法》十三篇，可以推知《孫子兵法》的成熟時間不會晚於西元前 512 年。司馬遷認為《孫子兵法》共十三篇，學界多贊成此說。《漢書。藝文志》則記載(吳孫子兵法》有八十二篇，可能是會聚了孫子其他著述以及孫子後學的兵書。

　　孫武的事蹟，不見於先秦時期包括《左傳》在內的任何一部歷史文獻，僅在諸子百家的著作如《茍子》《韓非子》當中有簡略提及。因此，司馬遷的《孫子吳起列傳》就成了孫武的第一篇傳記。《史記》中關於孫武的記載為後人研究孫武生平提供了寶貴的史料，但其文字過於簡略，不僅留下了諸多謎團，也為某些學者的顛覆性學說提供了便利。

唐宋以前，雖然對《孫子兵法》的評價毀譽不一，但還不曾有人懷疑孫武其人的存在以及他對《孫子兵法》的著作權。然而，唐宋以後，不斷有人對孫武其人其書產生懷疑，直至近代學者黃雲眉、錢穆等大家，都認為孫武其人其書皆出於後人偽託。眾說紛紜，莫表一是。1972 年山東省臨沂市銀盆山一號漢基出土了一批竹簡，簡文記載有吳王向孫武問兵及齊威王向孫臏問兵的內容，這正與《史記》中記載的孫武、孫臏的事蹟相吻合，確證了歷史上孫武、孫臏各有其人，並各有兵法傳世。

　　《孫子兵法》在中國軍事史上佔有舉足輕重的地位，其軍事思想對中國歷代軍事家、政治家、思想家產生了非常深遠的影響，其書已被譯成日、英、法、德、俄等十幾種文字，在世界各地廣為流傳，享有「兵學聖典」的美譽。《孫子兵法》的意義，不僅僅是一部軍事著作，它更代表著炎黃子孫的智慧、思想、文化，是幾千年華夏文明的結晶，是中華文明的智慧根基、源泉。

計　篇

【原文】

孫子曰：兵①者，國之大事，死生之地，存亡之道，不可不察也。

【注釋】

①兵：本指兵器，後引申為士兵、軍隊、戰爭，這裡指戰爭。

【譯文】

孫子說：戰爭，是一個國家的頭等大事，它關係到百姓的生死和國家的存亡，所以不能不認真地審察、研究。

【原文】

故經①之以五事，校之以計，而索②其情：一曰道③，二曰天，三曰地，四曰將，五曰法。道者，令民與上同意也，故可以與之死，可以與之生，而不畏危。天者，陰陽、寒暑、時制④也。地者，遠近、險易、廣狹、死生也。將者，智、信、仁、勇、嚴也。法者，曲制⑤、官道⑥、主用⑦也。凡此五者，將莫不聞，知之者勝，不知者不勝。

故校之以計，而索其情，曰：主孰有道？將孰有能？天地孰得？法令孰行？兵眾孰強？士卒孰練？賞罰孰明？吾以此知勝負矣。

【注釋】

①經：度量，引申為分析。
②索：求索，探知。
③道：指軍事戰略的政治基礎。
④時制：指春夏秋冬四時更替的自然現象。
⑤曲制：指軍隊的組織、編制制度。

⑥官道：指將吏的任用、分工、管理制度。

⑦主用：指軍費、軍需等方面的制度。

【譯文】

所以，必須通過敵我雙方五個方面的分析，具體比較雙方的基本條件，來探索敵我雙方的勝負概率：一是道，二是天，三是地，四是將，五是法。所謂道，就是使民眾與國君的意願相一致，這樣民眾就會跟國君同生共死，而不懼怕任何危險；所謂天，就是指晝夜、陰晴、寒暑、四時等氣候、季節的變化；所謂地，就是指戰場位置的遠近，地勢的險峻或平坦，戰場的廣闊或狹窄，戰場是否有利於攻守進退等地理條件；所謂將，就是指將帥的智謀、威信、仁德、勇敢、嚴格等五種因素；所謂法，就是指軍隊的組織編制，將吏的任用、分工、管理，以及軍費、軍需等方面的軍法制度。這五個方面，將領們是不能不知道的。只有瞭解掌握了這些情況，並作深入研究準備，方可取勝，否則就會失敗。

所以要比較敵我雙方的各種條件，以探索彼此的勝負概率，要研究清楚以下問題：哪一方的君主施政更為清明有道？哪一方的將領更有謀略智慧？哪一方的法令制度執行得好？哪一方的士兵作戰更為勇猛？哪一方的士兵訓練更加有素？哪一方的賞罰更分明？我根據這些條件的比較，就可以推測出戰爭的勝負。

【原文】

將①聽吾計，用之必勝，留之；將不聽吾計，用之必敗，去之。

【注釋】

①將：一說將領，即指揮作戰的人。一說為語氣助詞。次句多認為是孫武對吳王闔閭所言，故主語是闔閭。

【譯文】

如果帶兵的人聽從我的分析判斷，指揮作戰就一定會勝利，我就留下來；如果帶兵的人不聽從我的分析判斷，指揮作戰就一定會失敗，我也只好離去。

【原文】

計利以聽①，乃為之勢，以佐其外②。勢者，因利而制權也③。

兵者，詭道④也。故能而示之不能，用而示之不用⑤，近而示之遠，遠而示之近；利而誘之，亂而取之，實而備之，強而避之，怒而撓⑥之，卑而驕之⑦，佚⑧而勞之，親⑨而離之。攻其無備，出其不意。此兵家之勝，不可先傳也。

【注釋】

①計利：即「利計」，指對己方有利的戰略決策。以：通「已」。聽：採納。

②外：對外的軍事行動。

③制：順從，順應。權：權變。

④詭道：欺詐，多變。

⑤用：出兵，有所行動。

⑥撓：挑逗，激怒，使其失去理智。

⑦卑：指敵軍小心謹慎。驕：以卑詞或佯敗迷惑敵人，使其驕傲輕敵。

⑧佚：同「逸」，指敵軍休整充分，精力充沛。

⑨親：指敵軍內部團結。

【譯文】

有利的戰略決策一經採納，還必須設法營造一種有利的作戰態勢，以輔助對外的軍事行動。所謂有利的態勢，就是根據對己方有利的條件而採取的靈活機動的行動。

用兵打仗，應以詭詐多變為原則。所以有實力卻裝作沒有實力，有行動卻裝作沒行動，要攻打近處卻表面上攻打遠處，想要向遠處進軍卻表現出向近處挺進的樣子。敵人貪財好利，就以利益相誘惑；敵人內部混亂，我就趁虛而入；敵人實力雄厚，我就積極防守戒備；敵人兵力強勁，我就暫時避其鋒芒；敵人主帥輕率易怒，就設法激怒他；敵人小心謹慎，就以卑詞或佯敗迷惑敵人，設法使他驕傲起來；敵人精力充沛，就設法拖累他；敵人內部團結一心，就用計離間。在敵人完全沒有防

備，完全意想不到的情況下發動攻擊。這是高明的軍事家之所以打勝仗的奧秘，是不可事先規定和說明的。

【原文】

　　夫未戰而廟算①勝者，得算②多也；未戰而廟算不勝者，得算少也。多算勝，少算不勝，而況於無算乎？吾以此觀之，勝負見矣。

【注釋】

① 廟算：指國家高層的軍事戰略籌劃。算：計算、分析。古代作戰前，要在廟堂上舉行儀式，制定戰略方針，預測戰爭勝負，稱「廟算」。
② 算：這裡指決定戰爭勝負的有利條件。

【譯文】

　　還未開戰，在朝廷進行戰略籌劃時就能預知勝利，是因為取勝的條件充足；還未開戰，在朝廷進行戰略籌劃時就預知不能取勝，是因為取勝的條件不充分。謀劃周密，就有可能取勝；謀劃不周密，就不可能取勝，更何況根本不作籌劃呢？我們依據這些方面的考察，勝負便一目瞭然了。

【經典戰例】

吳越之戰

　　春秋時期，吳國與越國地處東南，相鄰相鬥。周景王元年（公元前544），吳國侵犯越國時所俘獲的戰俘刺死了吳王余祭。因此事，吳國人對越國人極端仇視。公元前 510 年，吳國大舉攻楚國前，為瞭解除後顧之憂，於是先行攻越，占領檇李（今浙江嘉興南）。越國自然不甘，當吳軍主力攻入楚都郢時，越軍便乘機侵入吳境，雙方矛盾日趨激化。吳欲爭霸中原，必先征服越國，以解除其後方威脅；越欲北進中原，亦必先克吳才有可能，因而引起延續二十餘年的吳越戰爭。

公元前 496 年，吳王闔閭趁越王勾踐初即位，率領大軍侵越，雙方主力戰於檇李。越國兩次用敢死隊攻擊吳國都沒有取勝。最後，勾踐驅使死囚在吳軍陣前自殺，使得吳軍軍心渙散。越軍趁其不備，突然發起猛攻，一舉大敗吳軍，此役吳王闔閭也身負重傷，不久去世，夫差繼位為吳王。

夫差不忘父親臨死前報仇雪恨的囑咐，在伍子胥的輔助下日夜加緊練兵，時刻準備伐越。而越王勾踐則重用范蠡、文種等人積極改革政治，發展生產，也在努力增強國力。

公元前 494 年春，勾踐聽說夫差要進攻越國，決定先發制人，在還沒有做好充足準備的情況下就貿然出兵攻擊吳國。吳王夫差傾力全國精銳，迎戰越軍。在夫椒（今江蘇蘇州西南）雙方激戰。最終越軍戰敗，主力被殲。吳軍乘勝追擊，占領越都會稽（今浙江紹興）。勾踐率餘部五千人被困於會稽山上。

在這幾乎要亡國的緊要關頭，勾踐採納范蠡的建議，決定委曲求全，派文種向吳國求和。文種軟硬兼施，他以大量美女珠寶賄賂吳國太宰伯嚭，表示只要吳國肯罷兵，越國願貢獻舉國財富，同時他又宣稱，如果吳國不肯罷兵，越王只有率餘部與吳軍死戰，大家拚個魚死網破。伯嚭受了賄賂，力勸夫差與越國講和，但伍子胥卻竭力反對，他認為「今不滅越，後必悔之」。然而夫差因急於北上中原爭霸，沒有聽從伍子胥的建議，最終還是接受了越國的求和。

僥倖保住國家的勾踐將治理國家的大權交給了文種，自己和范蠡一起去吳國給夫差當奴僕。勾踐親自為吳王夫差養馬、駕馬，他的王后也做了女僕，為吳國打掃宮室。勾踐夫妻住在囚室，穿著破衣服，受盡屈辱也不反抗。為了獲得夫差的信任，勾踐甚至在夫差生病時親嘗夫差的糞便來判斷病情。由於勾踐盡心儘力地謙卑服侍，同時又以大量的財寶賄賂伯嚭等吳國重要官員，最終騙取了吳王的信任，才被釋放回國。

勾踐一回到越國就下了一道「罪己詔」，檢討自己與吳國結仇，使得許多百姓在戰場上送了命，國家也幾乎滅亡。勾踐親自撫慰受傷的平民和陣亡者的家屬。他生活簡樸，在辦公的地方懸掛上苦膽，吃飯前都要先嘗嘗苦膽的滋味，告誡自己不能忘了過去的恥辱。在文種、范蠡的輔佐下，勾踐制定政策積極發展國內經濟，他推行休養生息的方針，鼓

勵百姓生育，增加國內人口，減免賦稅，使得百姓富足。勾踐花了十年增加人口，發展實力，又花了十年總結經驗教訓，招募人才，終於使越國的實力得到了極大的增強，百姓對他也十分愛戴。

在改革內政的同時，勾踐仍舊對吳國謙恭對待，不斷向吳王進獻豐厚的禮物，表示自己的忠心，消除吳國的戒備。勾踐又用離間計使得夫差疏遠了名將伍子胥，最終導致伍子胥被賜死。這使得吳國的戰鬥力被大大地削弱，也為滅吳奠定了基礎。

而此時的吳國卻絲毫沒有察覺到勾踐的野心，吳王夫差被一連串的勝利沖昏了頭腦，性格也變得剛愎自用，越發驕奢淫逸。此時的夫差一心想著稱霸，他連年出兵，攻打齊國，威逼晉國。公元前 482 年，夫差帶著吳國三萬精銳之師前往黃池與諸侯會盟，希望做諸侯的盟主，而國內只留下老弱病殘。

這個時候，勾踐覺得時機已經成熟，他調集近五萬士兵，兵分兩路向吳國發起進攻，不久就攻陷了吳國的都城姑蘇，俘獲了吳國太子。吳王夫差知道後非常惱怒，但不得不向越國求和。勾踐和范蠡覺得暫時還不能徹底消滅吳國，就同意了夫差求和的要求。

夫差經此教訓後積極恢復國力，文種見此十分不安，唯恐吳國國力恢復，那時再想戰勝吳國就很難了。文種向勾踐建議，抓住吳國元氣尚未恢復的時機發兵，完成滅吳大計。

公元前 478 年，吳國大旱，民不聊生，勾踐乘機發動大規模進攻。勾踐採取了一系列明賞罰、嚴軍紀、練士卒的措施，又提出「為國復仇」的口號，以激起士兵的鬥志。越軍與迎戰的吳軍在笠澤（今江蘇吳江一帶）隔江相峙。越軍利用夜暗，以兩翼佯渡誘使吳軍分兵，然後集中精銳，實施敵前潛渡、中間突破的戰略，並連續進攻，擴大戰果，創造了中國戰爭史上較早的河川進攻的成功戰例。

「笠澤之戰」後，吳、越力量對比發生了根本變化，越已占有絕對優勢。周元王元年（公元前 475），越再度攻吳。吳軍無力迎戰，據都城防守。越於姑蘇西南郊築城，謀劃長期圍困。吳數次遣使請和，均遭越拒絕。

公元前 473 年，姑蘇城破，夫差還想再次求和，但勾踐豈會犯和夫差一樣的錯誤，他滅吳之心已定，斷然拒絕了。夫差無奈，只能在絕望

和羞愧中自殺。

　　勾踐滅掉吳國後，率軍北渡江淮，於齊、晉會於徐州，周元王封他為伯。越軍從此橫行於江淮東，諸侯畢賀，號稱霸王。

作 戰 篇

【原文】

　　孫子曰：凡用兵之法，馳車千駟①，革車②千乘，帶甲③十萬，千里饋④糧。則內外之費，賓客⑤之用，膠漆⑥之材，車甲之奉⑦，日費千金，然後十萬之師舉⑧矣。

【注釋】

①馳車千駟：指套四匹馬的輕型戰車一千乘。

②革車：古代兵車、防禦性質的重型戰車。又解釋為：運載糧草和軍需物資的輜重車。

③帶甲：披戴盔甲、全副武裝的士卒。

④饋：運送，供給。

⑤賓客：諸侯使節。

⑥膠漆：指製作和維修兵車、鎧甲、弓箭等作戰器械的材料。

⑦車甲之奉：指武器裝備的保養費用。

⑧舉：出動。

【譯文】

　　孫子說：根據一般的作戰規律，需要出動戰車千乘，輜重車千輛，全副武裝的士兵十萬，還要跋涉千里轉運糧草。那麼前方、後方的開支，包括使者、賓客往來的費用，製作、維修軍用器械的材料費用，戰車、盔甲等武器裝備保養的費用，一共加起來每天要花費千金。只有確保國家能夠承擔這些巨額開銷，十萬大軍才可出動。

【原文】

其用戰也勝^①，久則鈍兵挫銳^②，攻城則力屈^③，久暴師^④則國用不足。夫鈍兵挫銳，屈力殫貨^⑤，則諸侯乘其弊而起，雖有智者，不能善其後矣。故兵聞拙速，未睹巧之久也。夫兵久而國利者，未之有也。故不盡知用兵之害者，則不能盡知用兵之利也。

【注釋】

① 勝：指速勝。

② 挫銳：指挫傷士兵的銳氣。

③ 屈：竭，盡。

④ 暴師：指軍隊長久在外作戰。暴：暴露，顯露。

⑤ 殫：耗盡。貨：財貨。

【譯文】

用兵作戰應當力求速勝，時間拖得太久，就會使軍隊疲憊，銳氣挫傷；強行攻城，就會使戰鬥力耗盡；軍隊長期在外作戰，就會使國家財政發生困難。一旦軍隊疲憊，銳氣挫傷，戰鬥力耗盡，國家財政困難，其他諸侯國就會乘此危機來犯，這時即使是再有智謀的人，也無法挽回敗局了。所以，在軍事上只聽說寧可指揮笨拙而求速戰速決的，而沒聽說過指揮巧妙卻將戰爭拖得曠日之久的。戰爭拖得長久卻對國家有利，這是從來沒有的。所以不能全面瞭解戰爭的害處的人，也就不能完全懂得用兵的益處。

【原文】

善用兵者，役不再籍^①，糧不三載^②；取用於國，因^③糧於敵，故軍食可足也。

國之貧於師者遠輸，遠輸則百姓貧。近於師者貴賣^④，貴賣則百姓財竭^⑤，財竭則急於丘役^⑥。力屈、財殫，中原內虛於家^⑦。百姓之費，十去其七；公家之費，破車罷馬^⑧，甲

胄矢弩⑨，戟楯蔽櫓⑩，丘牛大車⑪，十去其六。

故智將務食於敵。食敵一鍾⑫，當吾二十鍾；萁稈一石⑬，當吾二十石。

【注釋】

① 籍：本指名冊，戶口冊，這裡作動詞，指按名冊徵兵。
② 載：運輸，運送。
③ 因：增加，補充。
④ 貴賣：指物價上漲。
⑤ 貴賣則百姓財竭：此處的「財竭」者似不應是「百姓」，而是養兵的國家。故「百姓」二字當是衍文。
⑥ 丘役：指軍賦。
⑦ 中原內虛於家：張預說：「運糧則力屈，輸餉則財竭，原野之民，家產內虛，度其所費，十無其七也。」中原：指國中。
⑧ 罷馬：疲憊的馬。罷：通「疲」，疲憊，疲病。
⑨ 甲：鎧甲。胄：頭盔。矢：箭。弩：一種用機械力量發箭的弓。
⑩ 戟：戈與矛合二為一的兵器。楯：同「盾」。蔽：遮掩。櫓：大盾牌。
⑪ 丘牛：大牛。大車：指牛拉的輜重車。
⑫ 鍾：容量單位，古代六十四斗為一鍾。
⑬ 萁（音其）稈：泛指牛、馬的飼料。石：重量單位，古代一百二十斤為一石。又容量單位，十斗為一石。

【譯文】

善於用兵的人，出兵之後不會再三地從國內徵調兵源，糧餉不會再三運送。武器裝備從國內取用，如果一路取勝，糧食就在敵國補給，這樣軍隊的供給就可充足了，也就不需要從國內再運輸了。

國家之所以因為戰爭而貧困，就在於軍需糧草的長途運輸。長途運輸就會影響百姓生活，必然會導致他們貧窮。軍隊駐紮地附近的物價會因為戰爭的特殊形勢而飛漲，物價飛漲必然會導致國家財力的枯竭；國家財力枯竭，必定會加重百姓的賦役。力量耗盡，財力枯竭，國中就會家室空虛。百姓的財產會耗去十分之七；國家的財產，則會因為作戰中

車輛的破損，馬匹疲病而導致的更換，盔甲、弓箭、矛戟、盾牌等軍用器械的補充，還有運輸用的丘牛、大車的徵集而耗去十分之六。

所以，明智的將領會千方百計地在敵國解決糧草的問題。吃掉敵人的一鍾糧食，由於運輸等條件，相當於從本國運來二十鍾。耗費敵國的一石草料，則相當於從國內運來二十石。

【原文】

故殺敵者，怒①也；取敵之利者，貨②也。故車戰，得車十乘已③上，賞其先得者，而更其旌旗，車雜而乘之④，卒⑤善而養之，是謂勝敵而益強。

故兵貴勝，不貴久。故知兵之將，生民之司命⑥，國家安危之主也。

【注釋】

① 怒：指激發士卒對敵人的仇恨心理，從而激勵士氣。
② 貨：指物質獎賞。
③ 已：同「以」。
④ 雜：交錯編排。乘：駕，使用。
⑤ 卒：指俘虜。
⑥ 司命：星宿名，主死亡，這裡喻指對生命的主宰。

【譯文】

要使士兵奮勇殺敵，就要激發他們的仇恨心理；要使士兵勇於奪取敵人的財貨，就要給予他們物質獎賞。所以，在車戰中，凡繳獲敵軍戰車十乘以上的，就獎賞最先奪得戰車的士兵。此外，繳獲的戰車要立即換上我方的旗幟，編入我方的車隊行列。對於俘虜，要給予善待和撫養。這就叫作戰勝了敵人，自己也更加強大。

所以說，用兵作戰貴在速勝，不宜與敵軍相持太久。懂得用兵道理的將帥，既是民眾命運的掌控者，也是國家安危的主宰者。

東征高句麗之戰

隋大業三年（607），好大喜功的隋煬帝北巡西討之後，又取得了出兵琉球的勝利，於是更加趾高氣昂，目空一切，決定要親征高句麗。

高句麗就是今天的朝鮮地區，在中國的東北，距離中原路途遙遠，要遠征高句麗，需要跋山涉水，翻山越嶺，談何容易？為了作戰的需要，隋煬帝先是命令全國的富人買馬捐獻給軍隊；命令各邊鎮守將檢查武器裝備，務求精良；命幽州總管在山東徵調民工趕造戰船三百艘；命河南、淮南、江南三處趕造兵車五萬輛，送到高陽軍中使用；又在江南徵發水手一萬人，弓弩手一萬人，在嶺南徵發三萬人服役。一時間，馬的價格飛漲，一匹好馬的價格高達十萬錢。沉重的勞役也鬧得全國百姓人心惶惶，叫苦不迭。參與造船造兵車的民工飽受折磨，勞累致死者不計其數。

大業七年（611），隋煬帝從江都出發，正式開始東征。這個好色的皇帝連打仗都帶著眾多的宮女，乘坐碩大的龍舟，北上到了河北涿郡。一路上他號令四方，不論遠近，將士一律到涿郡集合參加東征，又下令徵調民夫運送軍需品，強令江淮民船為其運輸軍糧。由於聲勢浩大，步驟繁雜，而這一路又路途遙遠，阻隔太多，一直到第二年春，人馬、物資等才會集到涿郡，可是這高句麗還在千里之外呢。

合水縣令庾質勸說隋煬帝不要御駕親征，應該是以奇兵迅速出擊，發動突然攻勢，一舉打敗高句麗。其實他是看到了隋煬帝親征所帶來的排場上的鋪張和行動上的緩慢，庾質知道這對於行軍是很不利的，所以委婉地勸諫，可惜隋煬帝並未採納。

隋煬帝將全軍分為左右兩翼，向高句麗進發。這次東征號稱 20 萬大軍，實際只有 13 萬，但是加上運送糧餉的民夫，人數卻超過了 26 萬。走了 40 多天，大軍才算完全離開了涿郡，而隋煬帝仍舊排場十足，帶著宮女，坐著大船，不像是去打仗的，而像是去遊山玩水享樂的。將軍段文振給隋煬帝上表，懇請督促部隊水陸並發，快速前進，以防秋季水漲，給行軍帶來不便，還建議務必以閃電之勢，出其不意一舉

攻下處於孤立的平壤城。平壤是高句麗的核心，只要攻下了平壤，再去攻其他的城鎮就不難了。可是目空一切的隋煬帝對這個非常有遠見卓識的奏表仍舊不以為意，沒有採用，浩浩蕩蕩的大軍仍舊緩慢地走著，歷時數月才走到遼水前線。隋軍剛到前線就遭到了高句麗軍的隔水據守，一時無法渡河，只得隔水沿河佈陣。

為了強渡淮水，隋煬帝命工部尚書宇文愷督工架設浮橋。第一次架浮橋只差一丈多就可以到對岸了，可高句麗軍突然發動攻擊，功虧一簣。第二次架橋總算是架好了，隋軍渡河與高句麗軍交戰。高句麗軍戰了不到一會就退回了遼東城內，隋軍發動攻城，殊不知城中早有準備，隋軍連續猛攻都沒見進展。屢戰不勝之後的隋煬帝變得暴躁不安，揚言要懲罰攻城將領。

大將軍來護兒建議專攻平壤，隋煬帝同意，命來護兒率領江淮水軍經海路進攻平壤。來護兒在距離平壤城 60 里處與高句麗軍展開激戰，連勝幾陣後揮軍直指平壤城，發動攻城戰役。副總管周法尚勸阻說：「我們孤軍深入，現在敵情還沒有完全瞭解，不能貿然進攻啊，恐怕會有不測啊！不如等各路人馬到齊後再做商議。」來護兒不聽，帶精兵四萬將平壤圍住。高句麗軍依舊採取詐降計，打幾個回合就敗陣退回城內，而且連城門都沒關，來護兒頭腦發熱，完全不知是計，只以為高句麗軍是不堪一擊，率軍衝進城中。進了城才發現是一座空城，於是肆無忌憚地開始搶劫，部隊亂作一團，完全失去控制。就在這時，埋伏在城內的高句麗軍從四方殺出，殺得隋兵毫無招架之力，死傷慘重，活著的也潰不成軍。來護兒收拾殘兵逃出城，退守海浦，再也不敢進攻了。

當時，隋軍有九路人馬同時出發，約定在鴨綠江西岸會合。各路人馬帶有可供百日食用的乾糧，加上器械裝備，士兵們背負沉重，長途行軍一路下來已經是勞累不堪。雖然有嚴禁遺棄糧食的軍令，但有些士兵實在是背不動了，趁夜裡在路旁挖坑將糧食埋掉。結果行軍中途糧食就難以為繼了。

宇文述的一路人馬最先到達前線。高句麗軍見隋軍一個個面帶飢色，料定糧食不能持久，便施展疲勞戰術，不斷派兵騷擾挑戰，每次都只打一陣就跑，跑了一會又回來。宇文述不知是計，輪番作戰，一日之內「七戰七捷」，這下更加驕傲起來，他下令進軍，在距離平壤 30 里

處紮營，準備大舉進攻。

高句麗實施詐降計，派使者到宇文述外帳中求和。宇文述考慮到軍中糧食不濟，平壤城防堅固，也就答應了請和要求，於是著手退兵。退兵途中遭到高句麗伏兵的四面抄襲，隋軍猝不及防，且戰且退，在薩水背水一戰，損失慘重。宇文述狂奔一天一夜才逃回鴨綠江邊，而此時來護兒的敗軍也退回到了這裡。起初隋軍九路人馬渡過遼水東征，當時有35萬多人，可現在是損兵折將，只剩下2千7百多人了，武器裝備也損失殆盡。至此，隋煬帝的第一次東征徹底宣告失敗了。

可是第一次東征的失敗並沒有讓隋煬帝幡然醒悟，613年他居然又要發兵東征，又是一番聲勢浩大的折騰，國家更是千瘡百孔。

隋朝大軍到達新城後遭到了高句麗數萬精兵的頑強抵抗，新城久攻不下。於是隋煬帝親率大軍攻打遼東城，可高句麗軍堅守不出，攻了二十多天都未能奏效。就在這進退維谷之際，隋朝的後方出現了問題。由於連年征戰，賦稅沉重，百姓苦不堪言，紛紛鋌而走險，飢民占山為王，少則數萬，多則數十萬，所到之處，劫官府，殺官吏，尤以瓦崗軍聲勢最為浩大，天下自此一片大亂。而楚國公楊素的兒子楊玄感、蒲山郡公李密等貴族也趁勢起兵，大有威慴京都之意。

消息傳來，隋煬帝大驚失色，不得不放棄東征高句麗，撤軍回國對付內亂。自此隋朝一蹶不振，在各路起義軍的打擊下，內憂外患不斷。四年後隋煬帝在江都被殺，不久，隋朝也宣告滅亡了。

謀 攻 篇

【原文】

孫子曰：凡用兵之法，全國為上[①]，破國次之；全軍[②]為上，破軍次之；全旅[③]為上，破旅次之；全卒[④]為上，破卒次之；全伍[⑤]為上，破伍次之。是故百戰百勝，非善之善者也；不戰而屈人之兵，善之善者也。

【注釋】

① 全：使保全。國：本指國都。這裡指包括國都在內的城邑。

② 軍：古代軍隊的一個編制單位。《周禮》所記軍制是以 12500 人為一軍。春秋時管仲所立軍制是以 10000 人為一軍。

③ 旅：《周禮》所記軍制是以 500 人為一旅。春秋時管仲所立軍制中的一旅是由 10 個 200 人的大「卒」組成，為 2000 人。

④ 卒：《周禮》所記軍制是以 100 人為一卒，卒下包括 4 個兩（一兩 25 人），即左、前、中、後、右五輛兵車。春秋時管仲所立軍制中的一卒是由左、前、右、後 4 個「小戎（兵車名，一小戎 50 人）」組成。

⑤ 伍：古代軍隊最基本的編制單位。《周禮》記載：「五人為伍。」

【譯文】

　　孫子說：大凡用兵的法則，使敵人城邑完好無損，舉國降服是上策，而動用武力攻破敵人的城邑，迫使其屈服則是次一等；使敵人一軍不戰而全部投降是上策，而在戰爭中擊敗敵人一軍，迫使其屈服則是次一等；使敵人全旅不戰而全部投降是上策，而在戰爭中擊敗敵人一旅，迫使其屈服則是次一等；使敵人全卒不戰而全部投降是上策，而在戰爭中擊敗敵人一卒，迫使其屈服則是次一等；使敵人全伍不戰而全部投降是上策，而在戰爭中擊敗敵人一伍，迫使其屈服則是次一等。因此，百戰百勝，還不算高明之中最高明的；不通過交戰就能使得敵人屈服，那才是高明之中最高明的。

【原文】

　　故上兵伐謀①，其次伐交②，其次伐兵，其下攻城。攻城之法，為不得已。修櫓轒轀③，具器械④，三月而後成；距⑤，又三月而後已。將不勝其忿而蟻附之⑥，殺士⑦三分之一，而城不拔者，此攻之災也。

【注釋】

① 兵：軍事手段，作戰方法。伐謀：用謀略使敵人的謀劃不能實行。

②交：外交手段。

③櫓：樓櫓，又稱「樓車」、「巢車」，一種攻城器械，車上建有沒有
覆蓋的望樓，以觀察敵情。轒轀（音焚溫）：也是一種攻城器械。杜
牧曰：「轀，四輪車，排大木為之，上蒙以生牛皮，下可容十人，往
來運土填塹，木石所不能傷，今俗所謂木驢是也。」

④具：準備。器械：曹操曰：「器械者，機關攻守之總名，飛樓、雲梯
之屬。」

⑤距：通「具」，準備，製作。 ：同「堙」，小土山。

⑥勝：控制。忿：憤懣，惱怒，急於求勝的焦躁心情。蟻附之：指使士
兵像螞蟻一樣爬梯攻城。

⑦殺士：指士兵陣亡。

【譯文】

　　所以，最好的作戰方法是用謀略挫敗敵人，其次是通過外交挫敗敵
人，再其次是使用武力打敗敵人的軍隊，最低級的是攻破敵人的城邑。
攻城是不得已時採用的作戰方法。製造樓櫓與轀，準備飛樓、雲梯等攻
城器械，需要花費數月才能完成；堆積用以攻城的高出城牆的土山，又
要花費數月才能完成。倘若將帥不能控制自己的焦躁憤怒情緒，驅趕著
士兵像螞蟻一樣去爬梯攻城，那麼即使士兵死傷三分之一，城池還是不
能攻下，這就是攻城的弊端和危害。

【原文】

　　善用兵者，屈人之兵而非戰也，拔人之城而非攻也，毀
人之國而非久也，必以全①爭於天下，故兵不頓②而利可全，
此謀攻之法也。

【注釋】

①全：全勝的戰略思想，即「不戰而屈人之兵」。既不用武力重毀敵
人，也可保全己方利益。故「全勝」包括「全敵」和「全己」兩個方
面。

②頓：疲憊，受挫。

【譯文】

　　所以，善於用兵的人，不用交戰就能使敵人屈服，不用強攻就能拔取敵人的城池，不用長期作戰就能摧毀敵國，一定要用全勝的謀略來爭勝於天下，這樣軍隊不會受挫，利益也可保全。這就是以謀略克敵制勝的方法。

【原文】

　　故用兵之法，十則圍之，五則攻之，倍①則分之，敵則能戰之②，少則能逃③之，不若則能避之④。故小敵之堅⑤，大敵之擒也。

【注釋】

①倍：指我方兵力比敵人多一倍。雖然實力占優，但孫子認為還不夠，還要設法使敵人兵力再分散些，這樣就能獲得更大的優勢，確保勝利。
②敵：指敵我雙方勢均力敵。能戰：指使用奇兵與敵交戰。
③逃：這裡當指迴避，不應理解為「逃跑」。
④不若：指實力弱於敵人。避：指避敵鋒芒。
⑤堅：固執，堅持。

【譯文】

　　所以，用兵作戰的法則是：如果我方兵力是敵人的十倍，就採取包圍殲滅的方法；如果我方兵力是敵人的五倍，則可以主動發起進攻；如果我方是敵人的兩倍，就要先設法分散敵人的兵力；如果我方兵力與敵人相當，就要設奇兵與其戰；如果我方兵力少於敵人，就要善於迴避敵人，堅壁自守；如果我方兵力弱於敵人，就要避免與敵人直接交戰。所以，弱小的軍隊如果只知道固執硬拚，必會成為強大敵人的俘虜。

【原文】

　　夫將者，國之輔也。輔周①，則國必強；輔隙②，則國必弱。

【注釋】

① 周：周密。

② 隙：本指縫隙，這裡指失誤。

【譯文】

　　將帥，是國家的輔助棟梁。如果輔助得縝密周詳，那麼國家必定強盛興旺。如果輔助得疏漏失當，那麼國勢必定衰微沒落。

【原文】

　　故君之所以患於軍者三①：不知軍之不可以進而謂②之進，不知軍之不可以退而謂之退，是謂「縻③軍」；不知三軍之事，而同④三軍之政者，則軍士惑矣；不知三軍之權⑤，而同三軍之任⑥，則軍士疑矣。三軍既惑且疑，則諸侯之難至矣，是謂「亂軍引⑦勝」。

【注釋】

① 君：國君。患：危害，貽害。

② 謂：使。

③ 縻（音迷）：本指牛轡，這裡指羈絆，束縛。

④ 同：參與，干涉。

⑤ 權：指戰場上的權變。

⑥ 任：指揮。

⑦ 引：這裡指失去。

【譯文】

　　所以國君可能對軍隊造成危害的情況有三種：不懂得軍隊不可以進攻，卻硬要軍隊進攻，不懂得軍隊不可以撤退，卻硬要軍隊撤退，這就是束縛軍隊；不瞭解軍隊的各種事務，卻非要干涉軍隊的行政管理，這樣就會使將士感到迷惑；不知道戰略戰術的權宜變化，卻非要干涉軍隊的指揮，這樣就會使將士產生疑慮。將士既迷惑又疑慮，那麼其他諸侯就會乘機發難進兵，災難也就降臨了。這就叫作自亂其軍而喪失了勝利的機會。

【原文】

　　故知勝①有五：知可以戰與不可以戰者勝，識眾寡之用者勝，上下同欲②者勝，以虞③待不虞者勝，將能而君不御④者勝。此五者，知勝之道也。

　　故曰：知彼知己者，百戰不殆⑤；不知彼而知己，一勝一負；不知彼，不知己，每戰必殆。

【注釋】

① 知勝：預測戰爭勝負。
② 同欲：指目標一致，同心同德。
③ 虞：事先有準備。
④ 御：干預。
⑤ 殆：危險。

【譯文】

　　所以，可以從五個方面預測勝負：清楚地知道什麼情況下可以與敵作戰，什麼情況下不可與敵作戰的，能夠獲勝；懂得根據兵力多少而採取不同的戰略戰術的，能夠獲勝；將帥和士兵同心同德、同仇敵愾的，能夠獲勝；以充分周密的準備去對付毫無準備的敵人的，能夠獲勝。將帥有治軍才能而國君也不會加以干涉的，能夠獲勝。這五條，是預測戰爭勝負的方法。

　　所以說：如能既瞭解敵人，又瞭解自己，那麼每次作戰都不會有失敗的危險；不瞭解敵人，只瞭解自己，那麼勝負的概率各占一半；既不瞭解敵人，也不瞭解自己，那麼每次作戰都必定失敗。

【經典戰例】

燭之武退秦師

　　春秋時期，晉文公在城濮之戰中戰勝了楚國，成為了春秋霸主。他想起當年流亡時曾經過鄭國，鄭文公沒有以禮相待，而且在城濮之戰中

鄭國又附庸楚國，與他為敵。新仇舊恨交加，晉文公越想越氣，於是聯合了秦穆公一起去攻打鄭國。晉軍開進到了鄭國的函陵，秦軍則占據了汜水以南，一下子就對鄭國形成了包圍。

鄭國是一個小國，面對秦國和晉國兩個大國的威脅，根本無力反抗，鄭文公連夜召集文武百官商量對策。大臣們一致認為以鄭國的實力無法進行抵抗，最好的方法就是派出使者去遊說秦穆公，爭取秦國先撤兵，而秦國一撤兵，晉國就孤掌難鳴，對鄭國的攻擊就可能終止。在叔詹的推薦下，鄭文公派富有外交經驗、善於辭令的大臣燭之武去說服秦國退兵。

當夜，鄭國守城的官兵為了不讓晉國知道，用繩子綁在燭之武的腰上，將他送出了城。燭之武出城後，直奔秦軍的大營，要求見秦穆公。燭之武被帶到了秦穆公的面前，便開門見山地說：「秦、晉兩國包圍了鄭國，鄭國知道自己即將滅亡了。如果鄭國滅亡對秦國有什麼好處的話，我就不用來見您了。」

秦穆公詫異地問：「鄭國滅亡怎麼就對我秦國沒有好處呢？」

燭之武侃侃而談道：「鄭國與晉國的東部交界，而秦國又處於晉國的西部。從秦國到鄭國，相距千里之遙。從西面來鄭，中間隔著晉國，從南面而來，又必須穿過周天子禁地，您能飛越周、晉得到鄭國的土地嗎？顯然不可能。鄭國亡國之後，那片土地都會被晉國所擁有，您秦國又何苦來哉？」

秦穆公聽了，也覺得有些道理。

不容穆公再想，燭之武又發起了第二輪攻心戰：「秦、晉兩國歷來旗鼓相當，不相上下，又是鄰國。而這種平衡一旦被打破，對兩國都是災難。秦國如比晉國強大，就不會把晉國放在眼裡，晉國也自然會把秦國看成自己的敵國。反過來也一樣。老夫剛剛說過了，鄭國一亡，寸土都歸晉國所有。鄭國雖弱小，但晉國兼併之後，國力必然增強，相比之下，秦國只是在原地踏步，與晉國有了明顯的差距。自己出兵出力，為人家贏得土地和資財，反過來，又使自己的力量相對削弱，這難道是有識之士出的主意嗎？」

聽到這裡，秦穆公不禁汗顏。當時晉國來約共伐鄭國時，自覺是名利雙收的好事，便欣然出兵。可眼下讓燭之武這麼一說，倒成了傻事。

秦穆公頓時心生悔意，恨自己沒早想到這點。

　　燭之武見秦穆公神色變化，心知自己的一番話起了效果，很是高興，他趁熱打鐵，繼續說道：「晉國人素來言而無信，難道您沒有見識過嗎？當年晉惠公為了得到您的支持，以順利登上君位，曾許諾給您焦、瑕兩城，可他一回到晉國，不但毀約，還修築城牆準備與秦國作戰，實在是令人寒心啊！其實，秦國對晉國的支持和貢獻不知有多少，晉國又何曾有分毫還報於秦國的？就說如今的晉侯重耳，又何嘗不是你一手扶植起來的？可他登位幾年了，除了要您不停地為他出兵，又有什麼回報呢？可見晉國根本就不是真心想與秦國友好。今天向東拓地，亡了鄭國，您能保證明日他不會向西拓地，加害於秦嗎？在眾多諸侯中，您算是最賢能的，但怎麼會輕易中了晉侯之計，心甘情願地供他驅使呢？還請君侯您三思而後行啊。」

　　秦穆公聽罷，臉色大變，他思索良久，最後作出了退兵的決定。為防止晉國單獨攻鄭，還給鄭國留下了杞子、逢孫、楊孫三員戰將和兩千精兵，幫鄭國把守城門。

　　晉文公見秦穆公不辭而別，雖然非常生氣，但也無可奈何。本來晉文公只是想教訓教訓鄭國，有可能的話藉助秦國力量滅掉鄭國，現在秦國都撤兵了，晉軍孤掌難鳴，也只好偃旗息鼓，撤軍回國了。

形　篇

【原文】

　　孫子曰：昔之善戰者，先為不可勝[①]，以待敵之可勝[②]。不可勝在己，可勝在敵。故善戰者，能為不可勝，不能使敵之可勝。故曰：勝可知，而不可為。

【注釋】

①為不可勝：指做好戰前準備，做到實力強大而不致被敵人戰勝。
②敵之可勝：指敵人出錯，使我方獲得戰勝對方的機會。

【譯文】

孫子說：從前那些善於指揮作戰的人，總是先創造條件，使自己處於不可戰勝的安全位置，然後等待可以戰勝敵人的時機。使自己不被戰勝，關鍵看自己的準備和部署，主動權掌握在自己手裡。而能否戰勝敵人，關鍵在於敵人是否出錯。所以善於指揮作戰的人，能做到不被敵人戰勝，而不能做到使敵人必定被戰勝。所以說：若我軍實力強大，勝利是可以預知的，但若僅憑實力強大，而敵人又不犯錯誤，使我方無隙可乘，那就不一定能戰勝敵人。

【原文】

不可勝者，守也；可勝者，攻也。守則不足，攻則有餘。善守者，藏於九地①之下；善攻者，動於九天②之上，故能自保而全勝也。

【注釋】

① 九地：深不可測之地，形容隱藏之深。九：非實指。
② 九天：言高的極限。

【譯文】

不能戰勝敵人，就要採取防禦；可以戰勝敵人，就要積極進攻。採取防禦是因為實力不足，採取進攻是因為實力強大。善於防禦的將領，其實力隱蔽得如同藏於深不可測的地底下；善於進攻的將領，把其兵力調動得如同自雲霄之上從天而降。這樣既能自保，又能大獲全勝。

【原文】

見①勝不過眾人之所知，非善之善者也；戰勝而天下曰善，非善之善者也。故舉秋毫不為多力，見日月不為明目，聞雷霆不為聰耳。

古之所謂善戰者，勝於易勝者②也。故善戰者之勝也，無智名，無勇功，故其戰勝不忒③。不忒者，其所措④必勝，勝已敗者也。

故善戰者，立於不敗之地，而不失敵之敗也。是故勝⑤兵先勝而後求戰，敗兵先戰而後求勝。善用兵者，修道而保法⑥，故能為勝敗之政⑦。

【注釋】

① 見：預見。
② 易勝者：指知己知彼，容易戰勝敵人的情形。
③ 忒（音特）：差錯。
④ 措：指戰前準備和排兵佈陣。
⑤ 勝：這裡指立於不敗之地。
⑥ 修道：指從各方面修治「先為不可勝」之道，如政治、軍事、自然各方面條件的準備。保法：確保必勝的法度。
⑦ 政：同「正」。為勝敗之政：在勝敗問題上成為最高的權威。

【譯文】

　　預見勝利，不能超過一般人的認知，不算是高明之中最高明的；通過力戰獲得勝利，天下人都稱讚，也不算是高明之中最高明的。這就好比一個人能舉起秋毫，不能說他力氣大；能看見日月，不能說他眼睛亮；能聽見雷霆之聲，不能說他耳朵靈。

　　古代那些所謂善於打仗的人，只是在容易戰勝敵人的情況下取勝的。所以善於打仗的人取得勝利，沒有機智多謀的名譽，沒有勇敢殺敵的戰功，他們能取得作戰勝利，在於沒有出現差錯。之所以沒有差錯，是因為他們採取的作戰措施能夠確保必勝，而被戰勝的敵人實際上已處於失敗的地位。

　　所以善於作戰的人，先使自己立於不敗之地，同時不放過任何一個可以擊敗敵人的機會。所以打勝仗的軍隊總是先具備了戰勝敵人的實力，爾後才與敵人交戰；而打敗仗的軍隊總是在時機尚未成熟的情況下貿然出擊，而後期盼僥倖取勝。善於用兵的人，潛心研習致勝破敵之道，確保法度的執行，所以才能成為戰爭勝負的主宰。

【原文】

　　兵法：一曰度，二曰量，三曰數，四曰稱，五曰勝。地生①度，度生量，量生數，數生稱，稱生勝。

　　故勝兵若以鎰稱銖②，敗兵若以銖稱鎰。勝者之戰民③也，若決積水於千仞之溪者，形④也。

【注釋】

① 生：決定，密切關聯。

② 鎰：古代重量單位，合二十兩，一說二十四兩。銖：古代重量單位。據出土的戰國衡器和計算銅器，一銖重約 0.65 克，與鎰的重量之比為 1：576，相當懸殊。

③ 戰民：指揮士卒作戰。

④ 形：戰爭力量的外部形態，是交戰雙方力量對比的量度標誌。

【譯文】

　　根據用兵之法，戰前準備主要從五個方面：一是度量土地的面積，二是計量物產收成；三是統計兵員數量，四是衡量實力強弱，五是預測勝負的情狀。一個國家的土地質量，決定了耕地面積的多少；耕地面積的多少，決定了物產資源的多少；物產資源的多少，決定了可投入兵員的多少；可投入兵員的多少，決定了實力的強弱；實力的強弱，直接關係著最終的勝負。

　　所以，勝利軍隊的實力，較之於失敗軍隊的實力，其優勢之突出就像用「鎰」來稱「銖」那樣；失敗軍隊的實力，較之於勝利軍隊的實力，其劣勢之突出就像用「銖」去稱「鎰」那樣。軍事實力占絕對優勢的一方，其將領指揮作戰，就好像從千仞的高山上決開積水，無法阻擋，這就是「形」的含義。

薩爾滸之戰

　　明朝中後期，政治腐敗，經濟停滯，軍事鬆弛，國家逐漸走向沒落。而在對待少數民族問題上，明王朝更是不斷加劇經濟上的剝削和政治上的壓迫，因而激起了包括女真族在內的少數民族的強烈不滿和反抗。

　　1616 年（萬曆四十四年），居住在我國東北一帶的女真族建州部首領努爾哈赤在統一女真各部的基礎上建立了自己的政權——後金。努爾哈赤利用女真人民對明朝廷不滿的情緒，積極對遼東進行騷擾，以致明朝和後金之間的矛盾逐步激化。

　　1618 年 2 月，努爾哈赤召集貝勒群臣討論制定了先攻打明軍，後兼併女真葉赫部，最後奪取遼東的戰略方針。之後，努爾哈赤積極擴充軍隊，刺探明朝軍情，為大戰作準備。4 月 13 日，努爾哈赤以女真族對明朝的「七大恨」誓師，歷數明朝對女真的七大罪狀，既找到了對明朝出兵的藉口，又激起了女真人對明朝民族壓迫政策的仇恨。

　　從 4 月到 7 月，後金軍對明軍作戰連戰連捷，攻克數城，將明朝撫順以東的要地全部占領。遼東的接連失利使明朝廷十分震怒，他們決定發動一次大規模的進攻，一舉滅掉剛剛建立不久的後金政權。明朝廷任用楊鎬為遼東經略，調兵遣將，籌集糧餉，置辦軍械，進行戰爭準備。到了第二年 2 月，明朝各路大軍 24 萬在遼瀋會集，準備出兵。楊鎬制定了兵分四路，分進合擊，直搗後金政治中心赫圖阿拉（今遼寧新賓老城），一舉殲滅後金軍的作戰方案。總兵杜松為主力，出撫順關，從西面進攻；總兵馬林會合女真葉赫部，出靖安堡，從北面進攻；總兵李如柏領兵經清河堡，出鴉鶻關，從南面進攻；總兵劉會合朝鮮兵，經寬甸沿董家江（今吉林渾江）北上，從東面進攻；總兵官秉忠率領一部軍隊駐紮在遼陽作為機動部隊；總兵李光榮率軍駐守廣寧，保障後方交通；楊鎬本人則坐鎮瀋陽，居中指揮。這樣的軍事戰略其實還是相當合理的，可惜在明軍出動之前行動的計劃卻洩漏了，後金軍已經完全暸解了明軍的作戰方向和意圖，有了充足的時間去準備。

當時後金八旗的總兵力不過 6 萬人，與明軍相比是處於劣勢的。努爾哈赤經過分析，他認為明朝的東、南、北三路由於路途遙遠，不可能很快到達制定地點，所以採取了「憑你幾路來，我只一路去」的戰略，守住一個點以逸待勞，集中優勢兵力逐個擊破來犯的明軍。他把 6 萬人集結在赫圖阿拉附近，準備首先給孤軍冒進的西路軍予以迅雷不及掩耳的打擊。

3 月 1 日，明朝的東路軍和南路軍已經出發，但是行動遲緩。北路軍馬林也從開原出發，但是女真葉赫部尚未行動，只有杜松的西路軍到達了薩爾滸（今遼寧撫順東），開始與後金軍交戰。

杜松將兵力一分為二，主力留在薩爾滸駐紮，自己率萬人攻打吉林崖，但未能攻下，首戰告敗。努爾哈赤見此，便及時派大貝勒代善等人率兩旗兵力增援吉林崖，拖住杜松，自己親率六旗兵力進攻杜松在薩爾滸的主力，兩面同時作戰。杜松腹背受敵，不能兼顧。雖然薩爾滸的明軍奮起反抗，但是努爾哈赤的進攻實在猛烈，激戰後薩爾滸的明軍傷亡慘重。努爾哈赤擊敗杜松的主力後立刻到吉林崖與代善會合，以優勢兵力擊敗了進攻吉林崖的西路軍。杜松在作戰中身亡，西路軍全軍覆沒。

馬林的北路軍進至尚間崖得知杜松軍被殲滅的消息，因此就地駐紮，進行防禦。而後金兵趁著勝勢向明軍發起猛烈進攻，奪取了尚間崖。北路明軍傷亡慘重，馬林孤身一人突出重圍。

東路軍劉治軍嚴明，其軍容整齊而且裝備有炮車火器，很有戰鬥力。努爾哈赤沒有硬拚，而是採取了誘敵設伏的打法。當時劉並不知道西路軍和北路軍已經失利，正快速向距離赫圖阿拉 50 里遠的阿布達里崗行軍。努爾哈赤留 4000 兵士守赫圖阿拉，主力在阿布達里崗設下埋伏，同時派少數兵卒冒充明軍，持著杜松的令箭讓劉快速向赫圖阿拉挺進。劉中計，下令軍隊輕裝快速前進，在阿布達里崗遭到後金軍的伏擊，劉軍慘敗，劉陣亡。

坐鎮瀋陽的楊鎬雖然掌握著官秉忠的一支機動部隊，但是對四路明軍沒有作出任何的策應。李如柏得到三路軍已經全軍覆沒的消息後趕忙撤兵，在回師途中遭到後金哨探的騷擾，明軍兵士驚恐失措，四散逃命，自相踐踏，死傷千餘人。最後李如柏總算穩住了軍隊，率領南路軍大部逃脫，避免了被後金軍聚殲的惡果。

　　至此，明朝進攻後金的四路大軍都遭受失敗，薩爾滸之戰也落下帷幕。薩爾滸之戰是明朝與後金爭奪遼東的關鍵一戰，後金以劣勢兵力在五天內殲滅明朝三路大軍，繳獲了大量的物資，取得了決定性的勝利。薩爾滸之戰使得後金政權得以鞏固，從此掌握了在遼東戰場的主動權，也為日後的發展創造了條件，而明王朝則是更加風雨飄搖。

勢　篇

【原文】

　　孫子曰：凡治眾如治寡，分數①是也；鬥②眾如鬥寡，形名③是也；三軍之眾，可使必受敵而無敗者，奇正④是也；兵之所加，如以碬⑤投卵者，虛實⑥是也。

【注釋】

① 分數：指軍隊的組織編制。
② 鬥：指揮。
③ 形名：指旗幟、金鼓等軍隊通訊手段。
④ 奇正：原指陣法中的奇兵與正兵，後引申為特殊戰術與常規戰術，以及機動靈活、出奇制勝的作戰方法。
⑤ 碬（音峽）：磨刀石。這裡指堅硬的石頭。
⑥ 虛實：古代兵家重要術語，指軍事力量強弱優劣的狀況和利用這種狀況的作戰指導原則。

【譯文】

　　孫子說：凡是統率大軍團和管理小部隊是一樣的，關鍵是軍隊的組織編制要合理；指揮大軍團作戰和指揮小部隊作戰是一樣的，關鍵是通訊聯絡要暢通。指揮三軍，可使部隊在受到敵軍攻擊時也个會失敗，那是因為奇正戰術運用得好；兵鋒所到之處，就如同石頭砸雞蛋一樣，那是因為虛實原則使用得當。

【原文】

　　凡戰者，以正合①，以奇勝②。故善出奇者，無窮如天地，不竭如江河。終而復始，日月是也；死而復生，四時是也。聲不過五， 五聲③之變，不可勝聽也；色不過五， 五色④之變，不可勝觀也；味不過五， 五味⑤之變，不可勝嘗也；戰勢⑥不過奇正，奇正之變，不可勝窮也。奇正相生，如循環之無端⑦，孰能窮之？

【注釋】

①正：正兵，指正面的軍事行動及常規戰術。合：交鋒，抵擋。

②奇：奇兵，指出奇制勝的作戰方法。勝：戰勝敵人。

③五聲：指宮、商、角、徵、羽五個音節。

④五色：指青、黃、赤、白、黑五種色素。

⑤五味：指酸、咸、辛、苦、甘五種味道。

⑥戰勢：指兵力部署和作戰方式。

⑦循環：旋繞的圓環。指事物周而復始地運行或變化。無端：沒有開端、起點。

【譯文】

　　大凡作戰，總是以正兵抵擋敵人，用奇兵出奇制勝。所以，善於使用奇兵的將帥，其戰法的變化就像天地那樣無窮無盡，像江河一樣永不枯竭。結束了又重新開始，就像日月的出沒；死亡了又重生，就像四季的交替。聲音不過宮、商、角、徵、羽五種音節，但五音的組合變化卻是多得聽不完的；顏色不過青、黃、赤、白、黑五種色素，但五色的組合變化卻是多得看不完的；味道不過酸、鹹、辛、苦、甘五種，但五味的調和變化卻是多得嘗不完的；戰爭中兵力部署和作戰方式不過奇與正兩種，然而奇與正的變化，卻是無窮無盡的。奇與正相互依存而又相互轉化，就好比圓環旋繞，無始無終，誰能窮盡它呢？

【原文】

　　激水①之疾，至於漂石②者，勢③也；鷙鳥④之疾，至於

毀折⑤者，節⑥也。是故善戰者，其勢險，其節短。勢如彍弩⑦，節如發機⑧。

【注釋】

① 激水：湍急的流水。

② 漂石：指湍急的流水形成的勢能能使石頭漂浮起來。

③ 勢：在戰爭中，主要指軍事力量的優化集中、妥善運用和充分指揮，表現為戰場上有利的態勢和強大的衝擊力。

④ 鷙鳥：指鷹、雕、鷲等凶猛的禽鳥。

⑤ 毀折：指猛禽捕捉擒殺弱小的雀鳥。

⑥ 節：即距離。這裡指距敵愈近，則發起衝擊時愈能迅速而突然。

⑦ 彍（音郭）弩：拉滿的弓弩。弩：用機括發箭的弓。

⑧ 發機：以手扣動扳機。

【譯文】

　　湍急的流水奔流如飛，其產生的作用力能使河床上的石頭漂浮起來，這就是「勢」的含義；猛禽在較短距離內突然加速，發起進攻，捕獲到雀鳥，這就是「節」的含義。因此，善於指揮作戰的將帥，他所造成的態勢是險峻有力的，他向敵人發起進攻的距離和節奏都是短促的。勢就像弓弩拉滿後的狀態，蓄勢待發；節就像在較短距離內瞄準敵人，隨時可能扣動扳機，一觸即發。

【原文】

　　紛紛紜紜①，鬥亂而不可亂也；渾渾沌沌②，形圓③而不可敗也。亂生於治，怯生於勇，弱生於強。治亂，數④也；勇怯，勢⑤也；強弱，形⑥也。

　　故善動敵者，形⑦之，敵必從⑧之；予⑨之，敵必取之。以利動之，以卒待之。

【注釋】

① 紛紜：雜亂的樣子。

② 渾沌：無分別之意，指不分明，混亂的樣子。
③ 形圓：指擺成三角形、正方形、六角形和圓形等陣型，能做到首尾聯貫，部署周密，應敵自如。
④ 數：即分數，軍隊的組織編制。
⑤ 勢：指人為的態勢和作戰環境。
⑥ 形：即實力。
⑦ 形：示敵以假象。
⑧ 從：信從而上當。
⑨ 予：以利誘敵。

【譯文】

　　一旦開戰，戰場上混亂不堪，在混亂中指揮作戰要保證軍隊章法有序；戰場上形勢不明，錯綜複雜，要能做到應付自如而使我軍處於不敗之地。示敵混亂，實則組織嚴整；示敵怯弱，實則英勇無畏；示敵弱小，實則實力強大。軍隊嚴整或者混亂，取決於軍隊的組織編制；士卒勇敢或者怯弱，取決於戰場上的態勢；戰鬥力量的強大或者弱小，取決於軍隊的實力。

　　所以善於調動敵軍的將帥，製造假象迷惑敵軍，敵軍必定信從上當；給予敵人一點利益，敵軍必定不會懷疑地去取，從而暴露行蹤和薄弱之處。一方面用這些方法來調動敵軍，另一方面嚴陣以待，隨時做好殲滅敵軍的準備。

【原文】

　　故善戰者，求之於勢，不責①於人，故能擇人而任勢②。任勢者，其戰人③也，如轉木石。木石之性，安則靜，危④則動，方則止，圓則行。故善戰人之勢，如轉圓石於千仞⑤之山者，勢也。

【注釋】

① 責：苛求。
② 擇：即「釋」，捨棄。任：用，依靠。

③戰人：指揮士卒，一指與人戰。

④危：指木石傾斜放置。

⑤仞：古代高度單位，八尺為一仞，或曰七尺為一仞，諸說不一。

【譯文】

　　所以善於指揮作戰的將帥，總是求勝於勢，而不是苛求士兵苦戰獲勝，所以能放棄依靠士卒而依靠勢。依靠勢的將帥，他們指揮士卒作戰就像轉動木頭和石頭。木頭和石頭的特性，是處於平坦的地勢上就靜止不動，處於陡峭的斜坡上就會滾動，方形的會保持靜止的形態，圓形的會滾動行進。所以善於指揮作戰的將領所造成的態勢，就像轉動圓石，讓它從千仞的高山上翻滾而下一樣，勢不可擋，這就是勢的含義。

【經典戰例】

長平之戰

　　戰國時期，秦國本為西方小國，長久以來被中原國家所瞧不起，但自秦孝公任用商鞅變法以來，經過幾代君王的多年努力，秦國的國勢日益強盛。到戰國中後期，秦國已經成為戰國七雄中最強大的國家。

　　趙國自趙武靈王進行「胡服騎射」的軍事改革以來，軍事實力迅速增長，對外作戰也是連連勝利，勢力逐漸壯大，是當時關中六國裡唯一可以與秦國相抗衡的國家。

　　公元前 270 年，魏國人范睢來到秦國，提出「遠交近攻」的戰略思想，他認為不僅要攻奪六國的土地，更要注意消滅六國的有生力量，最大限度地消耗敵人的國力。長平之戰就是秦國與趙國爭霸的必然結果。

　　秦昭王根據遠交近攻的戰略構想，逐步向臨近國家出兵。秦國先攻占了魏國的懷地、邢丘，逼迫魏國依附於秦國，接著又大軍進攻韓國，韓桓惠王非常恐懼，派使求和，表示願意割讓上黨郡地區以換取和平。可是韓國上黨郡的太守馮亭卻不願意獻地，自己也不願意進入秦國，他為了促成韓國和趙國聯合抗秦，自作主張將上黨郡獻給了趙國。這到嘴的肥肉趙王哪能不要，在平原君的建議下，目光短淺的趙王欣然接受了

這份厚禮。當然,這也惹惱了秦國,范雎建議出兵攻打趙國。

公元前 261 年,秦王命令一支秦軍進攻韓國的緱氏,威逼韓國,同時攻打上黨郡。上黨郡的趙軍不能支撐,戰敗退守長平。趙王得知秦軍東進,派大將廉頗率主力抵達長平,力圖奪回上黨郡。戰國時期規模空前的長平之戰就此拉開序幕。

廉頗到達長平後並沒有立刻發起攻擊,他清楚地認識敵強我弱的現狀,決定轉攻為守,依託有利地形,修築堡壘固守,以逸待勞,力求拖垮秦軍,挫敗秦軍的銳氣。廉頗的這一手段果然奏效,秦軍的進攻勢頭被抑制,兩軍在長平一帶相持。

秦王深知,有廉頗作為趙軍主將,想要取勝是極其困難的,於是使了一招離間計。秦王派人帶著千金去邯鄲收買趙王左右的權臣,離間趙王與廉頗的關係,還四處散佈謠言稱「廉頗防禦固守,是快要投降的表現。秦軍對廉頗一點都不害怕,真正害怕的是趙奢的兒子趙括」。

趙王本來就是一個沒有主見的人,而且他一直就對廉頗的固守戰略很不滿意,於是輕易就中了秦國人的奸計,罷免了廉頗的軍權,派趙括接替統率趙國軍隊。

趙括是名將趙奢之子,雖自幼熟讀兵法,說起排兵佈陣來頭頭是道,但他卻是一個缺乏實戰經驗,只知空談的人。趙括到達長平後,一反廉頗的戰略方針,積極籌劃進攻,幻想一舉而勝,奪回上黨。與此同時,秦軍也臨陣換將,新的主將是大名鼎鼎的「人屠」白起。

白起針對趙括沒有實戰經驗,魯莽輕敵的弱點,採取「後退誘敵,圍困聚殲」的作戰方針,對兵力作了周密的部署。

白起將與趙軍在前線對峙的秦軍作為誘敵部隊,命令他們趙軍一旦出擊就立刻佯裝失敗,向主力陣地撤退,誘敵深入。白起利用有利地形,構造了一個口袋形陣地,同時組織一支輕裝的精銳突擊隊,等趙軍進入包圍圈後,主動出擊,消滅趙軍有生力量。又用奇兵兩萬五千人埋伏在兩側,等趙軍出擊後,及時插到趙軍的後方,切斷趙軍的退路,同時協助主力陣地的秦軍完成對趙軍的合圍。又用騎兵五千人,滲透到趙軍各個營壘中間,牽制趙軍。這樣一來,四管齊下,白起做好了全殲趙軍的戰略準備。

公元前 260 年 8 月,趙括率軍向秦軍發起了大規模進攻。兩軍剛一

交鋒，秦軍便佯裝戰敗後退，而趙括以為旗開得勝，不問虛實地下令乘勝追擊。趙軍很快就追到了白起預定的陣地。這個時候，趙軍突然遭到了秦軍主力的頑強抵抗，攻勢受挫，不能前進。預先埋伏在兩翼的秦軍也迅速出擊，插到了趙軍進攻部隊的後方，截斷了出擊趙軍和營地之間的聯繫，形成了對趙軍的包圍。而秦軍的五千騎兵迅速插入趙軍的營壘之間，牽制、監視留守的趙軍，使趙軍不能出營增援。包圍圈形成後，白起下令突擊隊不斷出擊，騷擾、偷襲趙軍。

趙括幾次發起突圍，都未能擺脫困境，情況十分不利。趙軍被迫轉攻為守，就地安營紮寨，等待救援。

秦昭王得知秦軍已經包圍趙軍，親自到河內地區，把當地 15 歲以上的男子編成新軍，增援長平戰場。這支新軍占領了長平以北的高地，切斷了趙軍的援軍和補給通道，確保了白起可以順利殲滅趙軍。

到了 9 月，趙軍已經被圍困了四十多天，由於沒有供給，士卒人心渙散，互相殘殺，「人吃人」的現象普遍發生。趙括組織了四支突圍部隊，輪番衝擊秦軍陣地，希望打開一條通道，但都未能奏效。幾乎絕望的趙括親率精銳強行突圍，在混戰中被亂箭射死。

趙括戰死，趙軍沒了主將，40 萬趙軍全部投降。除了 240 名年齡幼小的士兵外，投降的趙軍全部被白起坑殺。秦軍取得了長平之戰的徹底勝利。秦軍前後總共殲滅了趙國軍隊 45 萬人，嚴重削弱了最強勁的對手趙國的實力，也使得其他各國見識了秦國的強大實力，為秦國日後完成統一大業創造了有利條件。

虛實篇

【原文】

孫子曰：凡先處戰地而待敵者佚[1]，後處戰地而趨戰[2]者勞。故善戰者，致人[3]而不至於人。能使敵人自至者，利之也；能使敵人不得至者，害之也。故敵佚能勞之，飽能飢之，安能動之。出其所不趨[4]，趨其所不意[5]。

【注釋】

① 佚：同「逸」，安逸，精力充沛。

② 趨戰：指急行軍之後倉促應戰。

③ 致人：調動敵人。

④ 趨：快走，急行軍。

⑤ 不意：意想不到。

【譯文】

孫子說：凡是先到達作戰區域而等待敵軍到來的一方就會占據主動而安逸，後到達作戰區域而倉促應戰的一方就會處於被動而疲憊。所以善於指揮作戰的將帥，是可以調動敵人而不被敵人調動的。能使敵人按照我方意願而自主到達戰區，這是因為敵人受了利益的誘惑；能使得敵人按照我方意願而無法到達戰區，這是因為敵人擔心會有禍患。所以敵人安逸，就設法使其疲憊；敵人飽食，就設法使其飢餓；敵人安穩，就設法使其騷動。我軍出擊之處，應是敵人無法救援的地方；我軍奔襲之處，應該是敵人無法意料的地方。

【原文】

行千里而不勞者，行於無人之地①也；攻而必取者，攻其所不守②也；守而必固者，守其所不攻③也。

故善攻者，敵不知其所守；善守者，敵不知其所攻。微乎微乎，至於無形；神乎神乎，至於無聲，故能為敵之司命④。

【注釋】

① 無人之地：沒有敵人或敵人勢力空虛薄弱的區域。

② 不守：敵人沒有防守或防守薄弱的城池、陣地。

③ 不攻：敵人勢力無力顧及或無力攻下的城池、陣地。

④ 敵之司命：敵人命運的主宰，即戰爭的獲勝者。

【譯文】

部隊行軍千里而不覺得勞累，是因為行進在沒有敵人的區域；發起進攻而必能取勝，是因為進攻的是敵人沒有防守的地方；防守而必能穩固，是因為防守的是敵人無力攻下的地方。

所以善於指揮進攻的將領，作戰出神入化，使敵人不知該如何防禦；善於指揮防守的將領，嚴密設防，高壘深溝，使敵人不知該如何進攻。微妙啊微妙，到了看不出任何形跡的地步；神祕啊神祕，到了聽不到任何聲響的地步，所以能獲得戰爭的勝利，成為敵人命運的主宰。

【原文】

進而不可禦者，沖①其虛也；退而不可追者，速而不可及②也。故我欲戰，敵雖高壘深溝，不得不與我戰者，攻其所必救也；我不欲戰，畫地③而守之，敵不得與我戰者，乖④其所之也。

【注釋】

① 沖：衝擊，襲擊。

② 及：追上，趕上。

③ 畫地：在地上畫出界限作為防守之地，不用溝壘城池。

④ 乖：違背，相反。指誘導敵人走向錯誤的方向，誘使敵人產生錯誤的作戰思想。

【譯文】

進攻敵人而敵人不能抵禦，是因為進攻了敵人兵力空虛的地方；部隊撤退而敵人無法追擊，是因為行軍迅速，敵人無法追上。所以我軍想要開戰，敵軍就算有高壘深溝，也不得不出來與我軍交戰，是因為我軍進攻了敵軍必定要救援的要害之地；我軍不想作戰，即使只是在地上畫出界限作為防守，敵人也無法與我軍作戰，是因為我軍誘導敵人產生並實施了錯誤的作戰思想。

【原文】

　　故形人①而我無形，則我專②而敵分。我專為一，敵分為十，是以十攻其一也，則我眾而敵寡；能以眾擊寡者，則吾之所與戰者，約③矣。吾所與戰之地不可知，不可知，則敵所備者多；敵所備者多，則吾所與戰者，寡矣。故備前則後寡，備後則前寡，備左則右寡，備右則左寡。無所不備，則無所不寡。寡者，備人者也；眾者，使人備己者也。

【注釋】

①形人：使敵人暴露形跡、行蹤。
②專：兵力集中。
③約：少。

【譯文】

　　所以，設法使敵人暴露形跡，而我軍卻隱蔽得無跡可尋，這樣我方就能集中兵力，而敵人卻兵力分散。我方兵力集中為一，敵人兵力分散為十，這就好比是用十倍的兵力去進攻敵人，從而形成我眾敵寡的優勢；我方既能做到以優勢兵力去進攻敵人的劣勢兵力，那麼有能力與我方作戰的敵人就少了。我方與敵人作戰的具體地點敵人並不知道，既不知道，那麼敵人防備的地方就多；敵人防備的地方一多，那麼與我方作戰的敵人就少了。所以，若在前方防守，那麼後方的兵力就少了；若在後方防守，那麼前方的兵力就少了；若在左邊防守，那麼右邊的兵力就少了；若在右邊防守，那麼左邊的兵力就少了。若無處不防守，那麼所有地方的兵力都會減少。兵力減少，是分兵防備對方的結果；兵力眾多，是調動對方使其分兵防備自己的結果。

【原文】

　　故知戰之地、知戰之日，則可千里而會戰；不知戰地、不知戰日，則左不能救右，右不能救左，前不能救後，後不能救前，而況遠者數十里、近者數里乎！以吾度①之，越人②

之兵雖多，亦奚益於勝敗哉③！故曰：勝可為④也。敵雖眾，可使無鬥⑤。

【注釋】
①度：推測，估計。
②越人：越國人。春秋後期，吳越相鄰，爭霸東南，紛爭數十年。
③奚：何。益：幫助。
④勝可為：指爭取主動，運用虛實，使敵兵分散，而我可以以眾擊寡之法勝之。在前面《軍形篇》中，孫子既說「勝可知，而不可為」，這裡又說「勝可為也」，看似自我矛盾，實則是孫子辯證法思想的體現。前者指通過敵我雙方諸方面的對比研究，研究勝利的可能性。言「不可為」指戰場形勢複雜，勝負並不完全確定。後者言在戰場上通過合理使用戰術，完全可以使軍隊立於不敗之地，獲得最終勝利。
⑤使無鬥：指採用戰術，使敵人無法集中，不能與我爭鬥。

【譯文】
　　所以，如果能預先知道作戰的地點和作戰的時間，就可以奔赴千里而與敵交戰；如果不能預先知道作戰的地方和時間，則軍中的左翼救援不了右翼，右翼救援不了左翼，前部救援不了後部，後部救援不了前部，更何況在遠則幾十里、近則幾里的範圍內部署作戰呢！按照我的估計，越國的軍隊雖然眾多，但對於戰爭勝利的取得又有什麼益處呢？所以說：勝利是可以通過行動和努力取得的。即使敵人勢眾，也總有辦法分散他們的兵力而使其無法與我相鬥。

【原文】
　　故策①之而知得失之計，作②之而知動靜之理，形之而知死生之地③，角之而知有餘不足之處④。
　　故形兵之極，至於無形；無形，則深間⑤不能窺，智者不能謀。因形而措勝於眾⑥，眾不能知。人皆知我所以勝之形⑦，而莫知吾所以制勝之形⑧。故其戰勝不復⑨，而應形於無窮⑩。

【注釋】

① 策：籌算，分析。

② 作：挑動、觸動敵人。

③ 形：以偽裝示敵，即有意製造假象，藉以瞭解敵情。死生之地：指敵之優勢和薄弱致命環節。

④ 角：較量，這裡指試探性進攻。有餘：強。不足：弱。

⑤ 深間：隱藏得很深的間諜。

⑥ 因：根據。措：放置，這裡指顯示。

⑦ 勝之形：指勝利時之情況。

⑧ 制勝之形：指運用虛實，妥速部署，以求獲勝之兵形。

⑨ 不復：即戰術不重複。

⑩ 應：適應，應對。形：敵情，戰場上的具體情況。

【譯文】

　　所以，通過籌策分析，可以得知敵人計謀的得失；通過觸動敵人，可以得知敵人的動靜規律；通過示敵以假象，可以得知敵人的優勢或薄弱之處；通過小撥的兵力騷擾和試探性進攻，可以得知敵人兵力部署強弱之處。

　　所以，示敵以假象的極致，就是達到無跡可尋的境界。無跡可尋，那麼即使是深藏於我軍內部的間諜也窺探不出半點蛛絲馬跡，即使是再高明的敵軍將領也想不出應對的方法來。根據敵人的具體活動跡象而調兵遣將，將取勝的結果示於眾人面前，卻沒有人瞭解我軍是如何取勝的。眾人只知道我方戰勝敵人的外在表現，卻不知道我方戰勝敵人的內在奧秘。所以我方每次作戰都會獲勝，且戰術不會重複，那是因為根據敵情的變化而靈活運用了多種多樣的戰略戰術。

【原文】

　　夫兵形①象水，水之形，避高而趨下；兵之形，避實而擊虛。水因地而制流②，兵因敵而制勝。故兵無常③勢，水無常形。能因敵變化而取勝者，謂之神。

　　故五行無常勝④，四時無常位⑤，日有短長⑥，月有死生⑦。

【注釋】

①形：規律，特性。

②制流：決定水的流向。

③常：固定不變。

④五行：即金、木、水、火、土五種物質。勝：指五行相剋，即「水勝火，火勝金，金勝木，木勝水」。在古代，有「五行常勝」和「五行不常勝」之說。孫子這裡採用了後者。

⑤常位：固定不變的位置。

⑥日有短長：白晝在夏季時長，在冬季時短。

⑦月有死生：即「生霸」和「死霸」。「生霸」指月亮運轉時月光由晦暗而轉向光明；「死霸」指月亮運轉時月光由光明轉向晦暗。

【譯文】

用兵作戰的規律就如同流水。流水的特性，是避開高處而流向低處；用兵作戰的規律，是避開敵人兵力集中而強大的地方，進攻敵人兵力分散而薄弱的地方。水流根據地形的變化而決定流向，軍隊則根據敵情的變化而克敵制勝。所以，軍隊沒有固定不變的態勢，水也沒有固定不變的流向。能根據敵情的變化而採用靈活戰術，最終獲得勝利的人，可以稱之為神。

所以行軍作戰就如五行間的相生相剋關係不是固定不變的，四時不斷更替，不會停留在某一季節而固定不變，白晝有短有長，月光也有晦有明。

【經典戰例】

桂陵、馬陵之戰

戰國初期，魏國是戰國七雄中最先強盛起來的國家。魏國在與韓國、趙國一起瓜分晉國時分得了生產力較發達的地區，有著比較好的家底。更重要的是，魏文侯時期，任用了李悝、吳起、西門豹等傑出人物來治理國家，進行了一系列卓有成效的改革，使魏國日益強大起來。

齊國是老牌強國。齊威王即位後，任用鄒忌為相，改革政治，進行

國防建設，國力也逐漸強盛。為了遏制魏國的擴張，齊國利用魏國與趙國之間的矛盾，聯合趙國，同魏國抗衡。

公元前 354 年，趙國進攻衛國，奪取漆及、富丘兩地，爭取到同魏國抗衡的有利地位。衛國夾在趙國和魏國之間，又是魏國的屬國，魏國自然不能袖手旁觀。於是魏國以保護衛國為名，出兵包圍了趙國的都城邯鄲。次年，趙國派使者向齊、楚兩國求援。

關於救還是不救，齊國君臣有了分歧，但齊威王畢竟是有擴張野心的君主，最終決定發兵。齊威王接受了段干朋的建議，兵分兩路，一路齊軍圍攻魏國的襄陵，一路由田忌、孫臏率領救援趙國。

此時魏軍主力已攻破趙國首都邯鄲，龐涓率軍八萬到達茌丘，隨後進攻衛國，齊國方面田忌、孫臏率軍八萬到達齊、魏兩國邊境地區。田忌想要直接與魏軍主力交戰，但被孫臏阻止。孫臏認為魏國長期攻打趙國，主力消耗於外，老弱疲憊於內，國內防務空虛，應當採用聲東擊西、圍魏救趙的戰術，直搗魏國首都大梁迫使魏國撤軍，魏國一撤軍，趙國自然得救。

孫臏於是建議田忌南下佯攻魏國的平陵，因為平陵城池雖小，但管轄的地區很大，人口眾多，兵力很強，是東陽地區的戰略要地，很難被攻克。而且平陵南面是宋國，北面是衛國，進軍途中要經過市丘，容易被切斷糧道，佯攻此地能很好地迷惑魏軍，令龐涓產生齊軍主將指揮無能的錯覺。

田忌採納孫臏的計謀，拔營向平陵進軍。接近平陵時，孫臏向田忌建議由臨淄、高唐兩城的都大夫率軍直接向平陵發動攻擊，吸引魏軍主力，果然攻打平陵的兩路齊軍大敗。孫臏一面讓田忌派出輕裝戰車，直搗魏國首都大梁的城郊，激怒龐涓迫使其率軍回援；一面讓田忌派出少數部隊佯裝與龐涓的部隊交戰，故作示弱使其輕敵。田忌按孫臏所說一一照辦，龐涓果然丟掉輜重，以輕裝急行軍晝夜兼程回救大梁。孫臏帶領主力部隊在桂陵設伏，一舉擒獲龐涓。

桂陵之戰並沒有擊潰魏軍主力，齊國也沒有正式進攻魏國首都大梁，趙國首都邯鄲仍為魏國所占領。此後諸國罷兵求和，齊國也將龐涓釋放。

公元前 342 年，魏國向韓國發起了進攻，韓昭侯派使者向齊國求

救。齊威王向大臣們詢問應當及早救韓還是推遲救韓。張丐認為如果晚救韓，韓國必將轉而投靠魏國，不如早救韓；田忌則認為趁韓、魏之兵還未疲憊就出兵，等於代替韓軍遭受魏軍的攻擊，反而會受制於韓，不如晚救韓以等待魏軍疲憊，韓國危在旦夕一定會求救於齊國，這樣可以名利雙收。

　　齊威王十分贊同田忌的觀點，祕密與韓國使者達成協議，但沒有立即派出援軍援助韓國。而韓國自恃有齊國的援助，與魏國苦戰，但接連五次作戰全都失敗，不得不又向齊國求救。齊威王於是派田忌、田盼為主將，田嬰為副將，孫臏為軍師，率軍援助韓國。

　　孫臏再次採用圍魏救趙的戰術，率軍襲擊魏國首都大梁。龐涓得知消息後急忙從韓國撤軍返回魏國，但齊軍此時已向西進軍。孫臏考慮到魏軍自恃其勇，一定會輕視齊軍，況且齊軍也有怯戰的名聲，應採用誘敵深入的戰術，引誘魏軍進入埋伏圈後加以殲滅。孫臏命令進入魏國境內的齊軍第一天埋設十萬個做飯的灶，第二天減為五萬個，第三天減為三萬個。

　　龐涓行軍三天查看齊軍留下的灶後非常高興，說：「我本來就知道齊軍怯懦，進入魏國境內才三天，齊國士兵就已經逃跑了一大半。」於是丟下步兵，只帶領精銳騎兵日夜兼程追擊齊軍。孫臏估算龐涓天黑能行進至馬陵，馬陵道路狹窄，兩旁又多是峻隘險阻，孫臏於是命士兵削去道旁大樹的樹皮，露出白木，在樹上寫上「龐涓死於此樹之下」，然後命令一萬名弓弩手埋伏在馬陵道兩旁，約定「天黑看到此處有火光就萬箭齊發」。

　　龐涓果然當晚趕到被削去樹皮的大樹下，見到白木上寫著字，於是點火查看。字還沒讀完，齊軍伏兵萬箭齊發，魏軍大亂。龐涓自知敗局已定，於是拔劍自刎，臨死前說道：「遂成豎子之名！」齊軍乘勝追擊，殲滅魏軍十萬人，俘虜魏國主將太子申。經此一戰魏國元氣大傷，失去霸主地位，而齊國則稱霸東方。

軍爭篇

【原文】

孫子曰：凡用兵之法，將受命於君，合軍聚眾，交和而舍①，莫難於軍爭②。軍爭之難者，以迂③為直，以患為利。故迂其途，而誘之以利，後人發，先人至，此知迂直之計者也。

【注釋】

① 交和：曹操註：「兩軍相對為交和。」舍：止，止宿。
② 軍爭：指在戰前搶占於己有利的先機。
③ 迂：迂迴，曲折。

【譯文】

孫子說：大凡用兵作戰的法則是：將帥從國君那裡接受命令，聚集民眾，組織軍隊，到了作戰地點與敵軍相對壘，這中間沒有比爭取先機之利更困難的了。爭取先機之利的難點，在於如何把迂迴曲折的道路變為直道捷徑，如何把不利因素變為有利因素。所以要故意走迂迴的道路，並以小利誘惑敵人，轉移敵人的注意力，這樣就能做到我軍雖後於敵軍出發，卻能先於敵人到達戰場。這就可以說懂得了以迂為直的奧秘。

【原文】

故軍爭為①利，軍爭為危。舉軍而爭利，則不及；委②軍而爭利，則輜重捐③。

是故卷甲而趨④，日夜不處⑤，倍道兼行⑥，百里而爭利，則擒三將軍⑦；勁者先，疲者後，其法⑧十一而至；五十里而爭利，則蹶⑨上將軍，其法半至；三十里而爭利，則三分之二至。是故軍無輜重則亡，無糧食則亡，無委積⑩則亡。

【注釋】

① 為：有。

② 委：丟棄，拋棄。

③ 捐：拋棄，丟失。

④ 卷甲：捲起盔甲，輕裝而行。趨：疾速行軍。

⑤ 處：止，休息。

⑥ 倍道：一日走兩日的路程，指速度加倍。兼行：不停地行軍。

⑦ 三將軍：指上、中、下三軍的主帥。

⑧ 其法：這種情況下的規律。

⑨ 蹶：挫敗，折損。

⑩ 委積：物資儲備。

【譯文】

　　爭取先機之利既有好處，但也有危險。如果全軍出動，帶著全部輜重去爭先機之利，就會使行軍速度遲緩，不能及時到達戰區；可如果丟下輜重去爭先機之利，那麼輜重必定損失。

　　所以，如果捲起盔甲，輕裝快跑，日夜不息，以加倍的速度行軍，奔走百里去爭利，那麼三軍主帥都可能被擒獲；如果讓士卒中的強健者先行，疲弱者就會落後掉隊，結果只有十分之一的人能趕到；奔走五十里去爭利，那麼就會使先頭部隊的將領遭受挫敗，結果也只有一半的人能趕到；奔走三十里去爭利，結果只有三分之二的人能趕到。要知道，軍隊沒有輜重就會失敗，沒有糧食就無法生存，沒有物資儲備就不能持續作戰。

【原文】

　　故不知諸侯之謀者，不能豫①交；不知山林、險阻、沮澤②之形者，不能行軍；不用鄉③導者，不能得地利。

　　故兵以詐立，以利動，以分合④為變者也。

　　故其疾如風，其徐如林，侵掠如火，不動如山，難知⑤如陰，動如雷震⑥。掠鄉分眾⑦，廓地分利⑧，懸權⑨而動。先知迂直之計者勝，此軍爭之法也。

【注釋】

① 豫：通「與」，參與。

② 沮澤：水草叢生的沼澤濕地。

③ 鄉：通「向」。

④ 分合：指兵力的分散與集中。

⑤ 難知：隱蔽軍情，使敵人難以察覺。

⑥ 雷震：雷霆忽擊，無可逃避。

⑦ 掠鄉：掠奪敵人鄉間的糧食財物。分眾：把擄掠來的奴隸和農奴等分賞給有功的將領官吏。

⑧ 廓地：擴大土地，攻占敵人領地。分利：分賜功臣，一言調派軍隊把守有利的地方。

⑨ 懸權：原指懸掛秤砣以稱物，這裡指權衡利害。

【譯文】

　　所以不瞭解各國諸侯的意向企圖，就不能與他們結交；不瞭解山林、險阻、沼澤的地形，就不能貿然行軍；行軍不用嚮導帶路，就不能占據有利的地形。

　　所以，用兵作戰憑藉詭詐手段取勝，根據是否獲利和獲利多少來決定是否行動，根據戰場和敵情的變化來決定分散或集中兵力。

　　所以，部隊行軍迅速時要如疾風率至，行軍緩慢時要如樹林一樣嚴整不亂，攻城略地時要如烈火蔓延般迅猛，駐守防禦時要如大山一般歸然不動，軍情隱蔽時要如烏雲蔽日般使敵難以發覺，大軍出動時要如雷霆萬鈞，勢不可擋。掠奪敵人鄉里，將擄掠來的民眾分給有功者；攻取敵人的領地，將土地分給功臣；一定要權衡敵我雙方的利弊得失後再採取行動。誰先懂得了「以迂為直」的奧秘，誰就能取勝，這就是爭取先機之利的方法。

【原文】

　　《軍政》^①曰：「言不相聞，故為金鼓；視不相見，故為之旌旗。」夫金鼓旌旗者，所以一人之耳目也^②。人既專一，則勇者不得獨進，怯者不得獨退，此用^③眾之法也。故夜戰多火鼓，晝戰多旌旗，所以變人之耳目也。

【注釋】

① 《軍政》：古代兵書，已亡佚。
② 一：統一。人：指全軍上下。
③ 用：指揮，統領。

【譯文】

　　《軍政》上說：「作戰的時候，士卒們聽不到將帥的言語號令，所以設置了金鼓；士卒們看不到將帥的動作指令，所以設置了旌旗。」金鼓和旌旗，是用來統一軍隊行動的。軍隊的行動步調既然一致，那麼勇敢的人就不能單獨冒進，怯弱的人就不能單獨退縮，這就是指揮大部隊作戰的方法。因此，凡夜間作戰多用火把和金鼓，白天作戰多用旌旗，這都是為了適應人們的視聽需要而變換的。

【原文】

　　故三軍可奪氣①，將軍可奪心②。是故朝③氣銳，晝氣惰④，暮氣歸⑤。故善用兵者，避其銳氣，擊其惰歸，此治氣者⑥也。以治待亂，以靜待譁，此治心者⑦也。以近待遠，以佚待勞，以飽待飢，此治力者⑧也。無邀正正之旗⑨，勿擊堂堂之陳⑩，此治變者⑪也。

【注釋】

① 氣：戰勝敵人的銳氣。
② 心：戰勝敵人的意志、決心。
③ 朝：剛開始的時候。
④ 晝：中間的時候。惰：懈怠。
⑤ 暮：最後。歸：止息，這裡指衰竭。
⑥ 治氣者：掌握了敵我雙方的士氣變化的規律。
⑦ 治心者：掌握了敵我雙方的心理變化的規律。
⑧ 治力者：掌握了敵我雙方的戰鬥力情況。
⑨ 正正之旗：旗幟嚴整，形容軍隊部署周密。
⑩ 堂堂之陳：陣容嚴整，形容軍隊實力雄厚。陳：同「陣」。
⑪ 治變者：指採取了靈活變通的戰術思想。

【譯文】

所以，對於敵軍，可以設法挫傷他們的銳氣；對於敵將，可以設法動搖他們的決心。一般在打仗過程中，剛開始時部隊都士氣飽滿，銳不可當，過一段時間就會逐漸懈怠，最後則士氣衰竭。所以善於指揮作戰的將領，總是避開敵人銳不可當的時候，在敵人士氣懈怠、衰竭時發起進攻，這是掌握軍隊士氣變化而用兵的方法。以自己的嚴整有序對付敵人的混亂不堪，以自己的從容鎮定對付敵人的喧嘩騷動，這是掌握軍隊心理變化而用兵的方法。使我軍就近占領戰地來迎戰長途跋涉的敵軍，使我軍安逸休整來迎戰奔波疲憊的敵軍，使我軍足糧飽食來迎戰缺糧忍饑的敵軍，這是掌握軍隊戰鬥力情況而用兵的方法。不要迎擊旌旗嚴整、部署周密的敵人，不要進攻軍容嚴整、力量雄厚的敵人，這是掌握機動變化而靈活用兵的方法。

【原文】

故用兵之法：高陵勿向①，背丘勿逆②，佯北③勿從，銳卒勿攻，餌兵④勿食，歸師勿遏⑤，圍師必闕⑥，窮寇⑦勿迫。此用兵之法也。

【注釋】

① 向：仰，指攀登高陵去攻擊。

② 背：倚，背靠。逆：迎，指正面發動進攻。

③ 北：敗走。

④ 餌兵：指敵人拋出的誘餌。

⑤ 歸師：退歸本國的軍隊。遏：阻截。指退歸本國的軍隊，歸心似箭，遏制它，必會遭到拚命的反抗。

⑥ 圍師：被圍困的軍隊。闕：缺口。《百戰奇法‧圍戰》提倡：「凡圍城之道，須開一角，且伏兵於遠，則賊有生路，思出奔，其志不堅，乃可克也。」

⑦ 窮寇：陷入絕境的敵人。

【譯文】

所以用兵作戰的原則是：敵人占領了高地，就不要仰攻；敵人背靠

丘陵，就不要正面進攻；敵人佯裝敗逃，就不要跟隨追擊；敵人的精銳部隊，不要貿然去攻打；敵人的誘兵，不要去理睬；對撤退回國的敵軍，不要去截擊；對已被包圍的敵軍，要給他們留下一個缺口；對陷入絕境的敵軍，不要過分逼迫。這些都是用兵作戰的原則。

【經典戰例】

閼與之戰

戰國後期，公元前 269 年，七雄中最強的秦國和趙國又一次爆發了戰爭。

當時的秦國對外征戰連連勝利，經過幾十年的發展，實力遠遠超過了東方的齊國，而楚國也在多次戰爭中失敗，已經不能與秦國抗衡，能與秦國較量的只有趙國。趙惠文王在位時，任用藺相如、廉頗、趙奢、樂毅等人，在外抗秦國，在內安百姓，國力大為增強。期間又不斷攻占齊國、魏國和韓國的土地，故而成為秦國的有力對手。

秦國為了鞏固自己的霸主地位，派大軍進攻趙國的閼與（音鬱雨），並圍困了閼與。

趙王召集大臣們研究戰局，討論是否應該出兵救閼與。大將廉頗和樂毅都認為從邯鄲到閼與路途遙遠，地形險峻，救援是難以取勝的，所以不宜出兵。而趙奢卻持不同的見解，他認為路途雖然遙遠，地形雖然險峻，但未必不能出兵，只要將士有勇有謀，也可取勝。趙王欣賞趙奢的魄力，於是派他率大軍前去閼與解圍。

趙奢是當時趙國的名將，他的聲望與廉頗相差無幾。他原本只是一個負責收稅的小官，曾不畏權勢法辦了貴族平原君的家臣。後來主持全國的賦稅管理，使得趙國百姓富裕，國庫充實，大大增強了趙國的國力。作為將領的趙奢治軍嚴謹，軍隊訓練有素，而且他能夠與士卒同甘共苦，受到士卒的愛戴。

趙奢率領大軍只走了三十里便下令停止了前進，在原地駐紮下來，同時還不斷增設營壘，好像要長期駐守，根本無心去救閼與。而且趙奢還下令全軍：「凡是有人上書要與秦軍交戰的，立斬無赦。」秦軍多次

挑釁，趙奢都置之不理，堅決不出兵，期間有一人要求迅速出兵，趙奢立刻將此人拉出斬首示眾。

趙軍按兵不動 28 天，秦軍也摸不透趙奢的意圖，便派奸細到趙軍營中打聽虛實。趙奢優待了那個奸細，對奸細絲毫不加防範，有意讓他知道趙軍堅守的情況。秦軍奸細回營後如實稟告，秦將聽了十分高興，認為趙奢不會增援閼與，對趙奢大軍也放鬆了戒備。

趙奢放走了秦軍的奸細之後，立刻下令全軍輕裝急進，奔赴閼與，避開正面的秦軍，只用了一兩天的工夫就到了離閼與僅 50 里的地方，並快速修建了工事，以逸待勞，準備迎戰秦軍。

秦軍得知被趙奢欺騙，十分惱怒，立刻率大軍來攻擊閼與的趙軍。趙奢軍中一個叫許歷的軍士自告奮勇地向趙奢建議說：「我軍出其不意逼近了閼與，秦軍一定惱羞成怒，攻打的氣勢一定很凶猛。將軍你必須嚴整軍陣，集中兵力把守陣地，先挫敗秦軍的銳氣，不然必敗無疑。」

趙奢很是認同這個觀點。許歷認為自己提出了作戰的建議，按照之前的軍法，應該被處死，而趙奢卻笑笑說：「現在情況不同了，執行新的軍令了。」

秦軍撲殺而來，兩軍大戰不可避免。許歷又向趙奢建議先奪取北山的重要位置，他認為北山的制高點是決定戰爭勝負的關鍵，誰先占得就處於了有利的地位，否則必敗。趙奢馬上命令一萬人疾速登上了北山，搶先占據了這一險要的戰略要地。

秦軍遲到一步，見趙軍占領了北山，便全力進攻，企圖奪取北山。可秦軍雖拚死攻打，但趙軍憑藉有利地形，絲毫不給半點機會，將秦軍殺得大敗。秦軍死傷慘重，被迫從閼與撤走了全部兵力，趙奢順利地解了閼與之圍。此次戰役，使威行諸侯的強秦遭受了一次重大的挫折，多年後仍不敢輕舉妄動，恐怕重蹈閼與之覆轍。

趙奢經此一戰，聲名大振，趙王封他為馬服君，和廉頗、藺相如等享有同等俸祿。而許歷也被任命為國尉。

九變篇

孫子曰：凡用兵之法，將受命於君，合軍聚眾，圮地無舍①，衢地交合②，絕地③無留，圍地④則謀，死地⑤則戰。途有所不由⑥，軍有所不擊，城有所不攻，地有所不爭，君命有所不受⑦。

【注釋】

①圮（音痞）地：難以行走的地區。舍：宿營。
②衢地：四通八達之地。交合：結交諸侯。
③絕地：軍隊與後方隔絕，沒有供給，難以生存之地。
④圍地：難以進出，容易被包圍之地。
⑤死地：戰則生，不戰則亡，沒有退路之地。
⑥由：經過，行進。
⑦受：接受，遵循。

【譯文】

孫子說：大凡用兵作戰的法則是：將帥從國君那裡接受命令，聚集民眾，組織軍隊，在山林、險阻、沼澤等難以通行的「圮地」，不可宿營；在好幾個國家交界，四通八達的「衢地」，要注意與鄰國諸侯結交；在沒有水草糧食，與後方隔絕，難以生存的「絕地」，不可停留；在四面地勢險要，進退兩難的「圍地」，要巧設計謀，出奇制勝；在戰則存，不戰則亡的「死地」，要堅決奮戰，殊死拼爭。有些道路不要去行進，有些敵軍不要去攻擊，有些城池不要去攻打，有些地方不要去爭奪，即使是國君的命令，在特定的情況下也可以不執行。

【原文】

故將通於九變①之利者，知用兵矣；將不通於九變之利者，雖知地形，不能得地之利矣。治兵不知九變之術，雖知五利②，不能得人之用矣③。

【注釋】

① 九變：指在各種不同的地形條件下對戰術的變換。

② 五利：指前文所列舉的五種「有所不」的好處，即指要有伸縮餘地。

③ 人之用：指軍隊的全部戰鬥力。

【譯文】

　　所以，將帥如果能夠通曉在不同的地形條件下變換戰術的好處，就是懂得用兵了；將帥若不能通曉在各種不同地形條件下變換戰術的好處，即使熟知地形，也無法占有地形之利。統領軍隊卻不懂得在不同的地形條件下變換戰術的方法，即使懂得上述「五利」，也不能充分發揮全軍將士的戰鬥力。

【原文】

　　是故智者之慮，必雜①於利害。雜於利而務可信也②；雜於害而患可解也。

　　是故屈諸侯者以害③，役諸侯者以業④，趨諸侯⑤者以利。

　　故用兵之法：無恃其不來⑥，恃⑦吾有以待也；無恃其不攻，恃吾有所不可攻也。

【注釋】

① 雜：摻雜，兼顧。

② 務：作戰任務。信：通「伸」，伸展，達到。

③ 屈諸侯：使諸侯屈服。害：指有害於諸侯的事。

④ 役諸侯：役使諸侯。業：事情。

⑤ 趨諸侯：使諸侯疲於奔走。

⑥ 恃：寄希望。來：侵犯。

⑦ 恃：依恃，依靠。

【譯文】

　　所以高明的將領在考慮問題時，必定會兼顧利、害兩個方面。在不

利的情況下充分考慮到有利的因素，作戰任務就能順利完成；在有利的情況下充分考慮不利的因素，各種可能發生的禍患便可事先排除。

所以，要使諸侯屈服，就必須用他們最擔心的事情，去逼迫他們；要使諸侯供我驅使，就必須用他們不得不做的事情，去擾亂他們；要使諸侯疲於奔命，就必須用小利誘惑他們。

所以用兵打仗的法則是：不要寄希望於敵人不來侵犯，而要依靠我方充足的戰前準備，嚴陣以待；不要寄希望於敵人不來進攻，而要依靠我方實力強大，使敵人無法進攻。

【原文】

故將有五危：必死①，可殺也；必生②，可虜也；忿速③，可侮也；廉潔，可辱也；愛民，可煩也。凡此五者，將之過也，用兵之災也。覆軍殺將，必以五危，不可不察也。

【注釋】

① 必死：指勇而無謀，只知死拼。
② 必生：指貪生怕死，臨陣畏怯。
③ 忿速：易怒，暴躁。

【譯文】

所以為將帥者有五種危險的性格缺陷：只知道死拼硬打，就可能被誘殺；一味貪生怕死，就可能被俘虜；性情暴躁易怒，就可能被敵人的挑釁侮辱給激怒而中計；廉潔惜名，就可能因敵人羞辱而心緒大亂，最終落入敵人的圈套；過分愛護民眾，就可能被煩擾而不得安寧。這五種情況，是將帥容易犯的過錯，也是用兵的災禍。軍隊覆滅，將帥被殺，都是由這五種情況引起的，不可不特別重視研究。

周亞夫平定七國之亂

　　漢高祖劉邦打敗項羽建立西漢王朝後，為了鞏固封建家族統治地位，大封同姓子弟為王。劉邦所封的同姓王，主要有齊、燕、趙、梁、代、淮南、楚、吳等。

　　當時全國有 54 個郡，由皇帝直接管轄的地盤不過 15 個郡，而諸王的封地共有 39 郡，幾乎占了漢朝的大半江山。按照當時的法律規定，諸王在自己的封地內具有絕對的權力，經濟政治大權完全自主支配。隨著經濟的不斷發展，封國的財富日增，勢力漸強，而朝廷的統一控制也被削減，這些封國儼然成了獨立的諸侯國。

　　漢景帝時期，諸侯國的實力幾乎達到了可以和朝廷分庭抗禮的地步，嚴重影響了漢王朝的統一。漢景帝在大臣晁錯的建議下開始實行削藩政策，一步步收回被諸侯國控制的郡縣，加強對諸侯國的限制。

　　削藩的政策，加劇了各諸侯王對朝廷的不滿，終於在公元前 154 年，爆發了吳、楚、趙、膠西、膠東、淄川、濟南七個諸侯王的叛亂。吳王劉濞（音辟）是這次叛亂的主謀，他控制的吳國地大勢大，早就有叛亂奪取皇位之意。

　　這場變亂導火線是，漢景帝三年（公元前 154）景帝和晁錯認為吳王劉濞有罪，趁機欲削他的會稽和豫章兩郡。劉濞一不做，二不休，立刻發兵 20 萬，號稱 50 萬，為主力；同時又派人與匈奴、東越、閩越貴族勾結，用「清君側，誅晁錯」的名義，舉兵西向。叛軍順利地打到河南東部。

　　景帝很惶恐，只得聽從袁盎的建議殺了晁錯，想通過滿足他們「清君側」的要求來換取他們退兵，但晁錯已死，叛軍仍不退，還公開聲言要奪皇位。

　　在劉濞的部署戰略中，直接把攻擊點對準漢朝的都城長安，企圖奪取統治權。劉濞的計劃很是周密，在他的計劃中，吳楚聯軍為主力，各路軍隊一起行動，奪取全國各大重要地區，最終在滎陽會師，一起攻取長安。

漢景帝不再抱有幻想，立即任命周亞夫為太尉，率軍攻打吳楚聯軍，同時派兵抵禦齊、趙的進犯。

周亞夫全面分析了敵我雙方的兵力特點，他認為現在吳軍士氣正旺，不可以正面對敵，應該避免正面交鋒。周亞夫主張暫時把梁國捨棄給吳國，以此消耗吳軍的實力，然後斷絕敵軍的糧道，這樣就能制伏他們。漢景帝同意了周亞夫的計劃，於是周亞夫率軍從長安出發，向洛陽進軍。

周亞夫原準備走大道，但是部將趙涉提醒他說：「吳王知道將軍的動向，必定會在大道上設伏阻擊，以阻止我軍東進。」並建議周亞夫改變行軍路線，被周亞夫採納。這樣雖比計劃遲了兩天到達洛陽，但一路平安，神不知鬼不覺，吳軍的埋伏也形同虛設了。周亞夫一到洛陽就派兵佔領了滎陽，並迅速控制了洛陽的軍械庫和滎陽的敖倉。

這時，吳楚的聯軍已經開始向梁國進攻，梁軍不能抵擋，損兵折將。梁軍被迫退守睢陽，又被吳楚軍隊包圍。梁王向周亞夫求援，周亞夫卻領兵向東北進發，在昌邑駐紮，築起防禦工事，準備堅守。

吳楚聯軍一再地進攻睢陽，梁王天天派使者請求周亞夫發兵，周亞夫依然不動。梁王上書漢景帝求救，漢景帝派使者下達命令要求周亞夫率兵救梁。周亞夫竟然不遵王命，依然堅守，不肯發兵，而是派出騎兵繞到吳楚軍的背後，截斷了糧道。

梁軍得不到救援，只有殊死抵抗，面對包圍，一面竭力堅守，一面派出精銳襲擾吳軍。睢陽久攻不下，吳楚軍的消耗也十分巨大，糧草供應出現困難。且滎陽和洛陽又被周亞夫佔領，退路受到威脅，而攻打梁國不能取勝也大大挫傷了吳楚軍的士氣。於是劉濞下令進攻下邑，企圖尋找周亞夫的主力決戰。

可周亞夫就是堅守不出，對於敵軍的挑釁不予理睬。劉濞見此，便採用聲東擊西之計，派部分兵力到漢軍的東南角假裝進攻，希望引誘漢軍救援，趁機攻擊漢軍的西北營地。可這小伎倆還是被周亞夫識破了，周亞夫加強了西北營地的防守力量，當吳楚軍來攻的時候，漢軍給了敵軍沉重的打擊。

吳楚聯軍自出兵以來，屢戰不勝，而漢軍又不出來決戰，此時兵疲糧盡，實力大損，只好引兵撤退。周亞夫苦等的時機終於到來，立刻派

精銳部隊追擊掩殺，大破吳楚聯軍。戰鬥中，楚王被迫自殺，吳王劉濞僅帶著幾千親兵逃到丹徒，後被東甌王所殺。周亞夫僅用了三個月的時間，就將七國叛軍的主力——吳楚聯軍消滅了。

在齊地，膠西等王兵圍臨淄，但三個月都沒有攻下。漢將欒布率軍進逼，膠西、膠東、淄川、濟南諸王或自殺，或伏誅。齊王雖守城有功，但是他曾擬奪取帝位，後來還參預過七國之亂的策劃，特別是在被圍困時又與膠西王等通謀，因此仍被定罪，被迫自殺。在趙地，趙王撤兵堅守邯鄲，漢將酈寄攻之不下。匈奴人知道吳楚兵敗，便不肯入漢邊助趙。欒布平定齊地諸國後，還軍與酈寄共同引水灌邯鄲城，邯鄲城破，趙王遂自殺。至此，七國之亂徹底平定。

行軍篇

【原文】

孫子曰：凡處軍相敵①：絕山依谷②，視生處高③，戰隆無登④，此處山之軍也。絕水必遠水⑤；客⑥絕水而來，勿迎之於水內，令半濟而擊之，利；欲戰者，無附於水⑦而迎客；視生處高⑧，無迎水流⑨，此處水上之軍也。絕斥澤⑩，惟亟⑪去無留，若交軍於斥澤之中，必依水草而背眾樹⑫，此處斥澤之軍也。平陸處易⑬，而右背高，前死後生⑭，此處平陸之軍也。凡此四軍之利，黃帝之所以勝四帝⑮也。

【注釋】

①處軍：指在各種地形條件下，部隊行軍、作戰、駐紮的處置方法。相敵：偵察敵情。

②絕：越，通過。依谷：靠近溪谷。一則利水草，二則負險固。

③視：看。生：向陽的地帶。處高：居於地勢高的地帶。

④隆：突起，高，這裡指高地。登：攀登，這裡指仰攻。

⑤遠水：遠離河流。一則引敵使渡，二則進退無礙。

⑥客：前來進攻的敵軍。

⑦無附於水：不要緊靠水邊進行配置，而是讓出一定地方讓敵人渡河過來，等過了一半而後迎擊他們。

⑧視生處高：這裡指軍隊要處於江河的上游。

⑨迎水流：指處於江河的下游。

⑩斥：鹹鹵之地，水草惡。澤：沼澤。

⑪亟：趕快，迅速。

⑫背眾樹：背倚林木。

⑬易：平坦之地。

⑭死、生：分別指低地和高地。張預曰：「前低後高，所以便乎奔擊也。」

⑮四帝：泛指炎帝、蚩尤等周邊部落的首領。

【譯文】

孫子說：凡軍隊在各種地形條件下行軍作戰、觀察和判斷敵情時，應注意：行軍通過山地，要靠近溪谷行進；駐紮時要選擇向陽的高地；敵人已經占據高地，就不可仰攻，這是軍隊在山地行軍作戰的原則。渡過河流後，一定要選擇遠離河流的地方駐紮；若敵軍渡河來攻，不要一開始就在水上與敵人迎戰，要等敵軍渡過一半時再出擊，這樣是最有利的；要想與敵決戰，不能在靠近水邊的地方排兵佈陣；在江河地帶駐紮，也要處於江河的上游，不要駐紮在江河的下游，這是軍隊在江河地帶行軍作戰的原則。部隊通過鹽鹵沼澤地帶，應趕快離開，不要停留；如果在鹽鹵沼澤地帶與敵軍交戰，一定要依傍水草而背靠樹林，這是軍隊在鹽鹵沼澤地帶行軍作戰的原則。在平原上，要占據開闊平坦的地域，主力部隊要背靠高地，前為低地，後為高地，這是軍隊在平原地帶行軍作戰的原則。這四種部署軍隊的原則的成功運用，正是黃帝戰勝四方部落聯盟首領的原因。

【原文】

凡軍好高而惡下，貴陽而賤陰，養生而處實^①，軍無百疾，是謂必勝。丘陵堤防，必處其陽，而右背之，此兵之

利，地之助也。上雨，水沫②至，欲涉者，待其定也。凡地，有絕澗③、天井④、天牢⑤、天羅⑥、天陷⑦、天隙⑧，必亟去之，勿近也。吾遠之，敵近之；吾迎之，敵背之。軍行有險阻、潢井⑨、葭葦⑩、山林、蘙薈者⑪，必謹覆索之⑫，此伏奸之所處也。

【注釋】

① 養生：水草豐茂，能保證充分的糧食供給，使人、馬得以休養生息。實：高，一指殷實。

② 水沫：洪水。

③ 絕澗：指兩山壁立，中間夾有一水的地形。梅堯臣曰：「前後險峻，水橫其中。」

④ 天井：指四面高峻，中間低窪的地形。曹操曰：「四方高，中央下為天井。」

⑤ 天牢：指高山環繞，形同牢獄的地形。梅堯臣曰：「三面環絕，易入難出。」曹操曰：「深山所過若蒙籠者為天牢。」

⑥ 天羅：指草木茂密，進入其中猶如身陷羅網的地形。梅堯臣曰：「草木蒙密，鋒鏑莫施。」

⑦ 天陷：指地勢低，泥濘難行，車馬易陷的地形。梅堯臣曰：「卑下污濘，車騎不通。」曹操曰：「地形陷者為天陷。」

⑧ 天隙：指兩山相對，道路窄如裂縫的地形。梅堯臣曰：「兩山相向，洞道狹惡。」曹操曰：「山澗道路迫狹，地形深數尺，長數丈者為天隙。」

⑨ 潢井：較深的積水池。潢：池。井：下。

⑩ 葭（音家）葦：即蘆葦。

⑪ 蘙薈（音議會）：指草木茂盛，可供遮蔽。

⑫ 覆：審察。索：搜索。

【譯文】

　　大凡駐軍，總是偏向乾燥的高地，避開潮濕的窪地；重視向陽的地方，避開向陰的地方；在水草豐茂、軍需供給充足的地方宿營；軍中沒有各種疾病流行，這是必勝的重要前提。在丘陵堤防地帶駐軍，必須占

據向陽的一面，背靠著它，這種情況下用兵獲利，是地形輔助的結果。
上游降雨，洪水爆發，如果要過河，必須等到水勢平穩以後。凡遇到絕
澗、天井、天牢、天羅、天陷、天隙等地形，必須趕快離開，不要接
近。要使我軍遠離這些危險地形，而讓敵人接近它；使我軍面向這些危
險地形，而讓敵人背靠著它。行軍途中遇到險阻、潢井、蘆葦叢生和草
木茂盛之處，必須謹慎地反覆搜查，因為這些都是敵人可能設下埋伏和
隱藏奸細的地方。

【原文】

敵近而靜者，恃其險也①；遠而挑戰者，欲人之進也②；
其所居易者，利也③；眾樹動者，來也④；眾草多障者，疑也⑤；
鳥起者，伏也⑥；獸駭者，覆也⑦；塵高而銳者，車來也⑧；
卑而廣者，徒來也⑨；散而條達者，樵採也⑩；少而往來者，
營軍也⑪；辭卑而益備者⑫，進也；辭強而進驅者⑬，退也；
輕車先出居其側者，陳也⑭；無約⑮而請和者，謀也；奔走而
陳兵者，期⑯也；半進半退者，誘也；杖而立者⑰，飢也；汲
而先飲者⑱，渴也；見利而不進者，勞也；鳥集者，虛⑲也；
夜呼者，恐也⑳；軍擾者，將不重也㉑；旌旗動者，亂也㉒；
吏怒者，倦也㉓；粟馬肉食，軍無懸缶，不返其舍者，窮寇
也㉔；諄諄翕翕，徐與人言者，失眾也㉕；數賞者，窘也㉖；
數罰者，困也㉗；先暴而後畏其眾者，不精之至也㉘；來委謝
者，欲休息也㉙。兵怒而相迎，久而不合，又不相去，必謹
察之㉚。

【注釋】

①敵近而靜者，恃其險也：梅堯臣曰：「近而不動，依險故也。」恃：
　倚賴，依靠。

②遠而挑戰者，欲人之進也：張預曰：「兩軍相遠而數挑戰者，欲誘我
　之進也。」

③其所居易者，利也：張預曰：「敵人舍險而居易者，必有利也。或

曰：敵欲人之進，故處以平易，以示利而誘我也。」易：指平坦之地。

④ 眾樹動者，來也：曹操曰：「斬伐樹木，除道進來，故動。」

⑤ 眾草多障者，疑也：曹操曰：「結草為障，欲使我疑也。」

⑥ 鳥起者，伏也：曹操曰：「鳥起其上，下有伏兵。」

⑦ 獸駭者，覆也：梅堯臣曰：「獸驚而奔，旁有覆。」覆：伏兵，一言大舉進攻。

⑧ 塵高而銳者，車來也：張預曰：「車馬行疾而勢重，又轍跡相次而進，故塵埃高起而銳直也。」

⑨ 卑而廣者，徒來也：杜牧曰：「步人行遲，可以並列，故塵低而闊也。」卑：低，下。

⑩ 散而條達者，樵採也：杜牧曰：「樵採者，各隨所向，故塵埃散衍。條達，縱橫斷絕貌也。」

⑪ 少而往來者，營軍也：張預曰：「凡分柵營者，必遣輕騎四面近視其他，欲周知險易廣狹之形，故塵微而來。」

⑫ 辭卑：敵使言辭謙卑。益備：加緊備戰。

⑬ 辭強：敵使言辭強硬。進驅：進逼。

⑭ 輕車：戰車。陳：同「陣」。

⑮ 無約：沒有約定，這裡指無緣無故。

⑯ 期：期待決戰。

⑰ 杖而立者：靠著兵器站立，說明已餓得無力。

⑱ 汲而先飲者：士卒取水，自己先飲用，說明乾渴難耐，軍中缺水。

⑲ 虛：指敵營已空。

⑳ 夜呼者，恐也：曹操曰：「軍士夜呼，將不勇也。」將帥既然不勇敢，士卒必然恐懼，軍心自然恐慌。

㉑ 軍擾者，將不重也：張預曰：「軍中多驚擾者，將不持重也。」重：持重，有威信。

㉒ 旌旗動者，亂也：張預曰：「旌旗所以齊眾也，而動搖無定，是部伍雜亂也。」

㉓ 吏怒者，倦也：張預曰：「政令不一，則人情倦，故吏多怒也。」

㉔ 「粟馬肉食」四句：張預曰：「捐糧穀以秣馬，殺牛畜以饗士，破釜及缶不復炊爨，暴露兵眾不復反舍，茲窮寇也。」缶：一種肚大口小的瓦器，這裡是軍中炊具。

㉕諄諄翕翕：遲鈍拘謹的樣子，這裡形容絮絮叨叨，低聲下氣的樣子。
徐與人言：語調和緩地與士卒說話。失眾：失去人心。

㉖數賞者，窘也：杜牧曰：「勢力窮窘，恐眾為叛，數賞以悅之。」

㉗數罰者，困也：杜牧曰：「人力困弊，不畏刑罰，故數罰以懼之。」

㉘先暴而後畏其眾者，不精之至也：王晳曰：「敵先行刻暴，後畏其眾離，為將不精之甚也。」

㉙來委謝者，欲休息也：杜牧曰：「所以委質來謝，此乃勢已窮，或有他故，必欲休息也。」委：委質，送禮。謝：道歉，謝罪。

㉚「兵怒而相迎」四句：杜牧曰：「盛怒出陳，久不交刃，復不解去，有所待也，當謹伺察之，恐有奇伏旁起也。」

【譯文】

　　敵人逼近我軍卻保持安靜不動，是倚仗他們占據著險要的地形；敵人遠離我軍卻發出挑戰，是想引誘我軍前進；敵人有意駐紮在平坦之地，必定是有利可圖；許多樹木搖曳擺動，必是敵人隱蔽前來；草叢中有很多遮障物，必是敵人布下的疑陣；鳥兒驚飛，下面必有敵人的伏兵；野獸驚駭奔逃，必是敵人大舉突襲；塵土飛揚得高且直，必是敵人戰車駛來；塵土飛揚得低而寬廣，必是敵人步兵行進而來；塵土飛揚得稀疏散亂，斷續不連，必是敵人在遣人砍柴；塵土飛揚得少而時起時落，必是敵人在安營紮寨；敵人來使言辭謙卑，而軍隊卻在加緊備戰，說明要向我軍進攻；敵人來使言辭強硬，而軍隊又擺出大舉進攻的陣勢，說明他們要撤退了；敵人的戰車先出動，在兩翼部署，是在排兵佈陣；敵人無緣無故來請求和解，其中必有陰謀；敵人往來奔走，兵車布好陣型，是在等待時機與我軍交戰；敵人半進半退，是企圖誘騙我軍中計；敵人倚靠著兵器站立，是飢餓的表現；士卒去打水，卻自己先喝，是敵軍乾渴缺水的表現；敵人見到利益卻不爭奪，是疲勞的表現；敵人營壘上方有群鳥飛集，說明敵營已空；敵營中有士卒夜晚驚叫，說明軍心恐慌；敵營中驚擾紛亂，說明敵將沒有威信；敵營中旗幟亂搖，說明敵軍陣型已亂；敵軍將吏暴躁易怒，說明敵人全軍已疲憊；敵人拿糧食餵馬，讓士卒吃肉，軍中炊具都被打爛，部隊不返回軍營，說明敵人已是陷入絕境想拚命突圍的窮寇；敵將絮絮叨叨，低聲下氣地與士卒說話，說明他已失去人心；敵將不斷犒賞士卒，說明處境困窘，無計可

施；敵將不斷懲罰下屬，說明敵軍已陷於困境；敵將先粗暴地對待士卒，而後又害怕士卒叛離，說明他不精明到了極點；敵人派使者來送禮示好，賠禮謝罪，說明他們希望休戰。敵人氣勢洶洶地來與我軍對陣，卻久久不與我軍交鋒，也不撤退，必定要謹慎地觀察他們的企圖。

【原文】

兵非益多也，惟無武進①，足以併力②、料敵③、取人④而已。夫惟無慮而易敵⑤者，必擒於人。

卒未親附而罰之，則不服，不服則難用也；卒已親附而罰不行，則不可用也。故合之以文⑥，齊之以武⑦，是謂必取。令素行以教其民⑧，則民服；令不素行以教其民，則民不服。令素行者，與眾相得⑨也。

【注釋】

① 武進：迷戀武力，輕舉妄動。

② 併力：集中兵力。

③ 料敵：觀察、分析敵情。

④ 取人：戰勝敵人，一指獲得部下的信任和支持。

⑤ 易敵：輕敵。

⑥ 合：教育，一作「令」。文：精神教育，物質獎勵。

⑦ 齊：整飭，約束。武：軍紀軍法，重刑嚴法。

⑧ 素：平素，平時。民：這裡指士卒。

⑨ 相得：相處融洽。

【譯文】

用兵打仗，兵力並非越多越好，不可一味迷信武力，輕敵冒進，只要能夠集中兵力，判明敵情，取得部下的支持，就足以戰勝敵人。那些既沒有深謀遠略，又一味輕敵的將領，一定會被敵人俘虜。

士卒還未親近依附，就擅行刑罰，他們就會不服，一旦不服，就難以指揮；士卒既已親近依附，各種軍紀軍法卻還是不能執行，也就無法指揮他們作戰。所以對於士卒，要用懷柔寬厚的方法去教育他們，要用

嚴明公正的法令去約束他們，這樣打起仗來，必能取勝。法令平時就能得以嚴格執行，用來管教士卒，那麼士卒就會信服；法令平時未能得到嚴格執行，用來管教士卒，那麼士卒就不會信服。法令平時得到認真貫徹執行，表明將領與士卒相處融洽，建立了相互信任的關係。

虎牢之戰

隋朝末年，隋煬帝昏庸無道，暴虐荒淫，天下民不聊生，各地爆發了轟轟烈烈的農民大起義。到 617 年，當時主要有活躍於河南地區的李密起義軍、轉戰河北一帶的竇建德起義軍和崛起於江淮地區的杜伏威起義軍這三支規模較大、實力較強的勢力。他們各自占據地盤，各自為戰，殲滅了大量隋朝軍隊，加速了隋朝的滅亡。

在此情勢下，一些貴族和地方官吏也紛紛起兵反隋。617 年 5 月，隋朝太原留守李淵父子在太原起兵反隋。他們父子採取高明的戰略，在軍事上不斷取得進展，在政治上也贏得主動。不到半年時間，李淵軍就攻下了隋朝的都城長安，占領關中和河東，成為當時一支舉足輕重的力量。

618 年，李淵在長安稱帝，建立了唐朝。建國後，唐朝的第一要務自然是消滅各地割據勢力，進而統一全國。當時瓦崗軍已經瓦解，最有實力的軍事集團是河北的竇建德和洛陽的王世充，他們自然成了李唐軍擴張的主要對象，也是要消滅的主要目標。

李淵集團針對具體情況，制定了「遠交近攻，先王後竇，各個擊破」的戰略。在派遣使者穩住竇建德的同時，秦王李世民率唐軍進攻東都洛陽，實施消滅王世充的計劃。經過半年的戰鬥，李世民已經清除了王世充在洛陽以外的據點，對洛陽城實施了包圍。王世充困守孤城，處境艱難，只有向竇建德求援。

竇建德意識到一旦王世充被滅，自己將成為唐軍的下一個目標，不能見死不救，於是親率 10 萬大軍救援洛陽。竇建德率軍一路通暢，很快就推進到了虎牢以東的東原一帶。虎牢為洛陽東面的戰略要地，而唐軍在此之前已經偷襲並占領了虎牢。

李世民久攻洛陽，一直進展不大，此時竇建德的援軍又驟然而至，

面對兩面受敵的形勢，李世民召開戰前會議，商議破敵之策。

宋州刺史郭孝屬和記事薛收等人認為王世充占據洛陽，一時雖然難以攻下，但是糧草是他們的大問題。而此時竇建德來援，兵多而且軍士驍勇，如果讓竇建德和王世充聯手，竇建德用糧食供應王世充，那將會對唐軍造成極大的不利。因此他們主張在分兵圍困洛陽的同時，由李世民率領唐軍主力占據虎牢，阻止竇建德軍西進，若能消滅竇建德軍，那麼洛陽城將不攻自破。李世民果斷採納了這一建議。

李世民到達虎牢的第二天，就率領精銳騎兵 500 人東行 20 里以靠近竇建德軍營偵察敵情。他派秦叔寶和程知節埋伏在道路兩旁，自己與尉遲敬德只帶數人在竇軍軍營二三里外暴露自己。竇建德立刻下令出動五六千騎兵追擊，竇軍進入唐軍的包圍圈後，唐軍發起了猛烈進攻，擊敗了追擊的竇軍，殲滅竇軍 300 多人。

這一小仗使竇軍的鋒芒受挫，也使李世民探清了竇軍的虛實。竇軍在虎牢徘徊一個多月，因為唐軍的阻礙，久久不能推進，幾次小戰又全部失敗，士氣開始低落。4 月 30 日，糧道又被唐軍抄襲，竇軍的處境極為不利。

竇建德的部將凌敬建議竇軍主力渡過黃河，占據關中地區，繼續擴充地盤，增強實力，以震懾關中，解洛陽之圍。但是王世充頻頻派使者告急，而竇軍將領多被王世充的使者賄賂，多積極主張救援洛陽。就這樣，凌敬的合理建議被擱置了。

李世民得到情況，說竇軍將利用唐軍飼料用盡，到河北岸放牧戰馬的機會襲擊虎牢。於是李世民將計就計，先率領一支部隊過河，觀察竇軍情況，並故意在河邊留下戰馬千餘匹，引誘竇軍出戰。竇軍果然中計，擺出了全力進攻虎牢的架式。李世民決定按兵不動，待竇軍疲憊鬆懈之時再出擊，以保證勝利。於是李世民一方面嚴陣以待，讓竇軍無隙可乘；一方面緊急召集軍隊，隨時準備出擊。

竇建德不把唐軍放在眼裡，只派三百騎兵渡過汜水向唐軍挑戰，李世民也派兩百長矛兵出戰。雙方你來我往，不分勝負。

從清晨到中午，竇軍沿汜水列陣，此時已經飢渴疲乏不堪，都坐在地上爭著搶水喝，紛紛要求回營，陣型秩序混亂。李世民見此，立刻派宇文士及率三百騎兵進行試探性攻擊。結果唐軍一到竇軍陣前，竇軍陣

勢立刻出現動搖。李世民立刻下令全軍出戰，親自帶騎兵衝在最前面。唐軍渡過汜水，直撲竇建德的大本營。

　　此時竇建德正在和群臣商議戰事，唐軍突然殺到，一時混亂。竇建德被迫向東撤退，唐軍緊追不捨。李世民命部下諸將迂迴到竇軍後方，對竇軍形成了夾擊。竇軍大勢已去，紛紛四散潰逃，唐軍追擊 30 多里，俘獲 5 萬多人。竇建德負傷墜馬，被唐軍俘虜，其餘軍卒大部分潰散。至此，竇建德的軍事集團被李唐集團消滅。

　　唐軍取得了虎牢之戰的勝利，主力回師繼續攻打洛陽。王世充見竇建德被滅，自己也沒了希望，於是在絕望中獻城投降。

地形篇

【原文】

　　孫子曰：地形有通者、有掛者、有支者、有隘者[①]、有險者[②]、有遠者[③]。我可以往，彼可以來，曰通。通形者，先居高陽[④]，利糧道，以戰則利。可以往，難以返，曰掛。掛形者，敵無備，出而勝之；敵若有備，出而不勝，難以返，不利。我出而不利，彼出而不利，曰支。支形者，敵雖利我，我無出也；引而去之，令敵半出而擊之，利。隘形者，我先居之，必盈[⑤]之以待敵；若敵先居之，盈而勿從[⑥]，不盈而從之。險形者，我先居之，必居高陽以待敵；若敵先居之，引而去之，勿從也。遠形者，勢均難以挑戰，戰而不利。凡此六者，地之道[⑦]也，將之至任[⑧]，不可不察也。

【注釋】
①隘者：指兩山峽谷之間的狹隘地帶。
②險者：指山峻谷深，地勢險要之地。
③遠者：指路途遙遠之地。
④高陽：地勢高且向陽的地方。

⑤盈：滿，堵，這裡指用重兵把守隘口。

⑥從：指與敵交戰。

⑦地之道：利用地形作戰的原則。

⑧至任：最高責任。

【譯文】

　　孫子說：作戰的地形有通形、掛形、支形、隘形、險形、遠形六種。我軍可以進，敵軍也可以來的地形，叫作通形。在通形區域，應先占領地勢高且向陽的地方，這樣有利於保持糧道的暢通，與敵作戰時會很有利。我軍可以前往，但難以返回的地形，叫作掛形。在掛形區域，如果敵人沒有防備，我軍可以出擊取勝；如果敵人有防備，我軍出擊就不能保證取勝，且難以返回，那就不利了。我軍出擊不利，敵人出擊也不利的地形，叫作支形。在支形區域，即使敵人以利引誘，我軍也不要出擊；應率領軍隊佯裝撤退，等敵人追出一半時再予以回擊，這樣就有利。在隘形區域，我軍應搶先占據，並以重兵把守隘口，等待敵軍的到來；若敵軍先占據，且派重兵把守隘口，那就不要與敵作戰，如果敵人沒有用重兵把守隘口，則可以出擊，與敵交戰。在險形區域，我軍應搶先占據，一定要占據地勢高且向陽的地方，等待敵軍的到來；若敵軍先占據，那就撤退離開，不要與敵接戰。在遠形區域，敵我雙方因為相距很遠，地勢相同，故勢均力敵，不宜出兵挑戰，勉強出戰則不利。以上六點，是利用地形作戰的原則，也是將帥擔負的重大責任，不可不認真審察研究。

【原文】

　　故兵有走者、有弛者、有陷者、有崩者、有亂者、有北者。凡此六者，非天之災，將之過也。夫勢均，以一擊十，曰走；卒強吏弱，曰弛；吏強卒弱，曰陷；大吏怒而不服①，遇敵懟②而自戰，將不知其能，曰崩；將弱不嚴③，教道不明④，吏卒無常⑤，陳兵縱橫⑥，曰亂；將不能料敵，以少合⑦眾，以弱擊強，兵無選鋒⑧，曰北。凡此六者，敗之道也，將之至任，不可不察也。

【注釋】

① 大吏：偏將，部將。怒：衝動，易怒。不服：不服主帥。

② 懟（音對）：怨恨。

③ 將弱不嚴：指將帥懦弱，不能嚴格執行軍紀。

④ 教道不明：指將帥無識，不能確切實施軍隊教育。

⑤ 無常：無序，不和諧。

⑥ 縱橫：指軍陣混亂，或縱或橫，不成行列。

⑦ 合：交戰。

⑧ 選鋒：選擇精銳，組成先鋒部隊。

【譯文】

　　大凡軍隊作戰失敗，有走、弛、陷、崩、亂、北六種情形。這六種情形發生的原因，不是天災，而是將帥的過錯。在敵我雙方形勢均等的情況下，卻要以一擊十，因此導致軍隊失敗的，叫作走。士卒強悍，將吏懦弱，因此導致軍隊失敗的，叫作弛；將吏強悍，士卒懦弱，因此導致軍隊失敗的，叫作陷；偏將情緒急躁，對主帥心有不服，遇到敵人就只憑一時怨恨衝動而擅自作戰，主帥又不瞭解他們的能力，因此最終導致軍隊失敗的，叫作崩；將帥懦弱，對部下管教不嚴，教導不善，將兵關係陷入無序狀態，出兵列陣雜亂無章，因此導致軍隊失敗的，叫作亂；將帥不能察明敵情，盲目以少擊眾，以弱對強，又沒有選擇精銳組成先鋒部隊，因此導致軍隊失敗的，叫作北。這六種情況，是軍隊失敗的原因所在，也是將帥擔負的重大責任，不可不認真審察研究。

【原文】

　　夫地形者，兵之助也。料敵制勝，計險厄①遠近，上將②之道也。知此而用戰者必勝，不知此而用戰者必敗。

　　故戰道③必勝，主曰無戰，必戰可也；戰道不勝，主曰必戰，無戰可也。故進不求名，退不避罪，惟民是保④，而利合於主，國之寶也。

【注釋】

① 險厄：地勢險惡。厄：一作「隘」、「易」。

② 上將：賢能、高明的將帥。

③ 戰道：指戰場情況和戰爭規律。

④ 惟民是保：以保全百姓為最高原則。

【譯文】

　　地形，是用兵打仗的輔助條件。判斷敵情，爭取勝利，考察地形的險惡，計算路途的遠近，這是賢能的將帥的用兵原則。瞭解這些原則而去指揮作戰，必定可以取勝；不瞭解這些原則而去指揮作戰，必定失敗。

　　所以，按戰爭的規律分析，確有必勝把握的仗，即使國君下令不要打，也可以堅持出戰；按戰爭規律分析，並無取勝把握的仗，即使國君下令要打，也可以堅持不出戰。所以，那些進不求功名，退不避罪責，一心保全民眾，而且和國君利益相一致的將帥，是國家的珍寶。

【原文】

　　視卒如嬰兒，故可與之赴深溪①；視卒如愛子，故可與之俱死。厚而不能使②，愛而不能令③，亂而不能治，譬若驕子，不可用也。

【注釋】

① 深溪：幽深的山澗河谷，此處泛指很危險的地方。

② 厚：厚待。使：使用，指揮。

③ 令：這裡指使其服從命令。

【譯文】

　　將帥對待士卒能像對待嬰兒一樣，就可以和他們共赴危難；將帥對待士卒能像對待愛子一樣，就可以和他們同生共死。如果厚待士卒卻不能指揮他們，愛護士卒卻不能使其服從命令，士卒違反紀律卻不能懲治，那麼士卒就好比被嬌慣的孩子，是不能用來作戰的。

【原文】

知吾卒之可以擊，而不知敵之不可擊，勝之半也[①]；知敵之可擊，而不知吾卒之不可以擊，勝之半也；知敵之可擊，知吾卒之可以擊，而不知地形之不可以戰，勝之半也。故知兵者，動[②]而不迷，舉而不窮[③]。

故曰：知彼知己，勝乃不殆；知天知地，勝乃不窮。

【注釋】

① 勝之半也：獲勝的概率有一半。
② 動：軍事行動。
③ 不窮：無窮。

【譯文】

只知道自己的軍隊可以出擊，卻不瞭解敵人不可以攻打，獲勝的概率只有一半；只瞭解敵人可以攻打，卻不知道自己的軍隊不可以出擊，獲勝的概率只有一半；瞭解敵人可以攻打，也知道自己的軍隊可以出擊，卻不瞭解地形條件不利於作戰，獲勝的概率也是只有一半。所以真正懂得用兵的將帥，行動起來不會迷惑，戰術變化無窮。

所以說：瞭解敵人，也瞭解自己，就會獲勝而不會失敗；瞭解天時，也瞭解地利，勝利就會無窮無盡。

【經典戰例】

劉裕北伐滅南燕

東晉晚期，淝水之戰後，前秦被姚萇建立的後秦所取代。原前秦控制的北方地區內，各族貴族紛紛搶占地盤，建立了十幾個割據政權。他們連年征戰不休，北方再次陷入戰亂。南燕國主慕容德原本是後燕的范陽王，長期在鄴城駐守，後來北魏軍攻打後燕，後燕被分割為南北兩部。南部的慕容德因為屢次遭遇北魏軍的圍困，被迫南遷，並自稱燕王，史稱南燕。南燕政權穩定後，開始不斷地騷擾東晉，接連攻陷了宿

豫、濟陰、濟南等地。東晉人民非常痛恨南燕，紛紛自發築城自衛，抗擊南燕軍。

慕容德死後，其侄慕容超繼位，變本加厲地侵犯東晉。義熙五年（409），慕容超嫌宮廷樂師不夠，居然興兵到晉地掠走百姓 2500 人，此舉使東晉朝廷忍無可忍。

出身平民，後來做了南朝宋國皇帝的劉裕因為鎮壓農民起義和桓玄的叛亂有功，官至車騎將軍，掌握了東晉朝廷的軍政大權。他為了樹立自己的威信，鞏固在東晉政權中的地位，開始醞釀北伐，並將南燕作為了他北伐的第一目標。

劉裕北伐南燕的主張，只有少數大臣支持，多數朝臣被之前多次北伐的失敗嚇怕了，信心不足。劉裕分析了南燕國土小，政治腐敗，統治者沒有戰略眼光又沒有鞏固的後方等缺點，堅持出兵北伐，並制定了沿途築城、分兵留守、鞏固後方、長驅並進的作戰方針。

公元 409 年 4 月，劉裕率 10 萬大軍從建康出發，向北挺進。5 月到達下邳，留下航船，帶上步兵和騎兵繼續進發。每到一處，劉裕都命士卒修築城牆，分兵在當地駐守，以防止南燕騎兵的襲擊，確保後路不被切斷。

慕容超聽說劉裕北伐，召集群臣商議對策。大將軍公孫五樓認為晉軍是遠道而來，急於速戰速決，應該扼守大峴山，阻止晉軍深入。公孫五樓還提出了三點建議：誘敵深入，等到晉軍銳氣受挫，再選精銳騎兵斷其後路，前後夾擊，殲滅晉軍，這是上策；命令各地固守，遷走百姓，毀掉莊稼，讓晉軍不能沿途補給，這樣一個月下來，晉軍的供應就會跟不上，士卒飢餓疲憊，可輕易擊敗，這是中策。放晉軍翻過大峴山，然後出城與敵人決戰，這是下策。

公孫五樓的建議是非常高明的，但是慕容超卻不以為然。他根本沒把晉軍放在眼裡，更捨不得毀掉莊稼，他選擇了公孫五樓的下策，居然撤回各地守軍，加固城池，整頓兵馬等晉軍來決戰。晉軍因此一路暢通無阻，到達琅琊，準備直搗南燕的都城廣固。

從琅琊到廣固有三條路可走，其中一條是直接越過大峴山，是條捷徑。大峴山高七十餘丈，方圓二十多里，山上的關口只能容一輛車通過，山勢極為險峻，號稱「齊南天險」，是伏擊的理想地點。

東晉諸將都不贊成從大峴山過，明確地指出我軍孤軍深入，如果敵人在此處伏擊，或者斷掉糧草，那時不但不能滅掉南燕，恐怕自身難保。而劉裕卻說：「南燕人向來輕狂，仗著自己騎兵的優勢，多次攻入東晉的淮北地區，但是每次來都是掠奪完財物就走，並不占領城池，可見南燕的將領是沒有深謀遠略的貪婪之徒。慕容超此人很是小家子氣，根本捨不得毀掉莊稼，他以為我軍孤軍深入，不會堅持多久。我敢斷定南燕既不會在大峴山設伏，也不會沿途堅壁清野，因為他們壓根就沒把我們當回事，我們就是要好好利用這一點。」

　　劉裕堅定地指揮大軍從大峴山通過，果然沒有遇到伏擊。走出險地之後，又見平原上到處是成熟的莊稼，這下缺糧之憂也排除了。

　　6月18日，劉裕率軍到達臨朐（音渠）城南，慕容超派出主力騎兵向東晉主力發起猛烈的夾擊。在平原上南燕的騎兵具有相當大的優勢，而北方人多剽悍，東晉軍不占優勢。劉裕據此布設了一個步兵、騎兵、車兵相互配合的陣型，化解了南燕騎兵對晉軍步兵的衝擊，而晉軍主力騎兵可以靈活襲擊南燕兵。激戰半日，勝負未分。

　　戰爭相持階段，劉裕接受參軍胡藩的建議，派兵走偏僻小道，出其不意地襲擊臨朐城，臨朐城的守城兵力果然薄弱，被晉軍一舉攻破。慕容超敗回廣固，晉軍趁勝追擊，一直追到南燕都城廣固城下。

　　廣固城四周都是懸崖峭壁，難以攻克。劉裕命晉軍環著廣固城牆再修築城牆，把敵人圍困在中間。晉軍一方面積極勸降，瓦解敵軍鬥志，另一方面則製造新的攻城器具。

　　此時的慕容超仍然沒有認識到形勢的險峻，不是積極防禦，而是消極地等待後秦援軍的到來。終於在410年2月初，晉軍四面攻城，南燕尚書率眾投降，廣固城破。慕容超率十多名騎兵突圍逃走，後被擒獲，送到建康被斬殺。至此，東晉終於滅掉了南燕。

九地篇

【原文】

孫子曰：用兵之法，有散地，有輕地，有爭地，有交地，有衢地，有重地，有圮地，有圍地，有死地。諸侯自戰其地，為散地^①；入人之地而不深者，為輕地^②；我得則利，彼得亦利者，為爭地；我可以往，彼可以來者，為交地；諸侯之地三屬^③，先至而得天下之眾^④者，為衢地；入人之地深，背^⑤城邑多者，為重地；行山林、險阻、沮澤，凡難行之道者，為圮地；所由入者隘^⑥，所從歸者迂，彼寡可以擊吾之眾者，為圍地；疾戰則存，不疾戰則亡者，為死地。是故散地則無戰，輕地則無止^⑦，爭地則無攻^⑧，交地則無絕^⑨，衢地則合交，重地則掠，圮地則行^⑩，圍地則謀，死地則戰。

【注釋】

① 散地：指在自己的領土上作戰。士卒倚恃故土，懷戀妻子，鬥志不堅，容易渙散，故稱。
② 輕地：入敵境未深，往返輕易，故稱。
③ 屬：相連，接壤。
④ 得天下之眾：指與周圍諸侯國結交，得到他們的援助。
⑤ 背：經過。
⑥ 隘：狹隘，狹窄。
⑦ 無止：不要停留。杜牧曰：「兵法之所謂輕地者，出軍行師，始入敵境，未背險要，士卒思還，難進易退，以入為難。」所以在輕地不能停留，要加緊行軍。
⑧ 爭地則無攻：曹操曰：「不當攻，當先至為利也。」李筌曰：「敵先居地險，不可攻。」
⑨ 交地則無絕：杜牧曰：「川廣地平，四面交戰，須車騎部伍，首尾聯屬，不可使之斷絕，恐敵人因而乘我。」
⑩ 行：速行通過。

【譯文】

　　孫子說：按照用兵的原則，戰地可分為散地、輕地、爭地、交地、衢地、重地、圮地、圍地、死地九種。諸侯在本土與敵作戰的地區，叫作散地；進入了敵境，但未深入的地區，叫作輕地；我軍占領有利，敵軍占領也有利的地區，叫作爭地；我軍可以前往，敵軍也可以到來的地區，叫作交地；同好幾個諸侯國的土地接壤，誰先到達就能與多國結交，得其援助的區域，叫作衢地；深入了敵境，又經過敵人城邑很多的地區，叫作重地；山林、險阻、沼澤等難以通行的區域，叫作圮地；入口狹窄，退路迂迴，敵人少量兵力就能擊敗我軍眾多兵力的區域，叫作圍地；速戰就有可能生存，不速戰就會滅亡的區域，叫作死地。因此，在散地不宜作戰，在輕地不要停留，在爭地不要貿然進攻，在交地不要讓部隊首尾不連，在衢地要與各諸侯國結交，在重地要掠奪敵人的物資，補給自己，在圮地要快速通過，在圍地要謀劃突圍，在死地要拚命奮戰，死裡求生。

【原文】

　　所謂古之善用兵者，能使敵人前後不相及，眾寡不相恃[1]，貴賤不相救[2]，上下不相收[3]，卒離而不集，兵合而不齊。合於利而動，不合於利而止。

　　敢問：敵眾整而將來，待之若何？曰：先奪其所愛[4]，則聽[5]矣。兵之情主速，乘人之不及，由不虞之道[6]，攻其所不戒也。

【注釋】

① 眾：主力部隊。寡：小分隊。恃：依靠。
② 貴：將官。賤：士卒。
③ 收：聚集，聯繫。
④ 愛：珍愛，指敵人所重視的，賴以同我軍決戰的關鍵事物。趙本學註：「或積聚所居，或救援所恃，或心腹巢穴所本者，皆是所愛也。」
⑤ 聽：聽從，聽任。

⑥由：走，經過。不虞：意料不到。

【譯文】

所謂古時善於用兵的人，能使敵人的前軍和後軍不能相互策應，主力部隊和小分隊不能相互依靠，長官與士卒不能相互救援，部隊上下失去聯絡，士卒散亂而無法集中，隊伍集合起來卻又很不整齊。符合我軍利益就行動，不符合我軍利益就停止。

試問：敵人兵力眾多且陣容嚴整，將要前來與我決戰，我方該如何應付？回答是：先奪取敵人最關鍵最重視的要害之處，敵人就不得不聽任我軍的支配了。用兵作戰的原則，貴在行動迅速，乘敵人措手不及的時機，走敵人意料不到的路徑，攻打敵人沒有戒備的地方。

【原文】

凡為客①之道：深入則專②，主人不克；掠於饒野，三軍足食；謹養而勿勞，並③氣積力；運兵計謀，為不可測。

【注釋】

①為客：指進入敵國與敵作戰。
②專：專心作戰而無雜念。
③並：合，聚。這裡是集中、提高的意思。

【譯文】

大凡進入敵境作戰的一般規律是：深入敵國境內，士卒就會意志專一，敵人就難以戰勝我軍；在敵人豐饒的田野掠取糧草，三軍就會得到足夠的給養；注意部隊的休整，不讓士卒過於疲勞，提高士氣，積蓄力量；部署兵力，巧用奇謀，使敵人無法察知我軍的動向和意圖。

【原文】

投之無所往①，死且不北②；死，焉不得③？士人儘力。兵士甚陷則不懼，無所往則固，深入則拘④，不得已則鬥。是故其兵不修而戒⑤，不求而得，不約而親，不令而信。禁

祥⑥去疑，至死無所之。

　　吾士無餘財，非惡⑦貨也；無餘命⑧，非惡壽也。令發之日，士卒坐者涕沾襟，偃臥者涕交頤⑨。投之無所往者，諸、劌之勇也⑩。

【注釋】

① 無所往：走投無路的絕境。

② 北：敗逃。

③ 死，焉不得：曹操曰：「士死，安不得也。」杜牧曰：「言士必死，安有不得勝之理？」張預曰：「士卒死戰，安不得志？」

④ 深入則拘：杜牧曰：「言深入敵境，走無生路，則人心堅固，如拘縛者也。」拘：拘束，束縛，這裡指軍心凝聚。

⑤ 修：修治，整飭。戒：戒備之心。

⑥ 祥：吉凶的預兆，這裡指占卜等迷信活動。

⑦ 惡：憎惡，厭惡。

⑧ 無餘命：沒有多餘的壽命，指捨生忘死地作戰。

⑨ 偃：躺倒。頤：面頰。

⑩ 諸：即專諸，春秋時吳國人。吳公子光（闔閭）欲殺吳王僚自立為王，伍子胥就把專諸推薦給公子光。公元前 515 年，公子光設宴請吳王僚，專諸把魚腸劍隱藏在魚腹中進獻，藉機刺殺吳王僚，自己也當場被殺。劌（音貴）：即曹劌，又名曹沫，春秋時期魯國武士。相傳齊君和魯君會盟，曹沫持劍相從，挾持齊君訂立盟約，收回失地。

【譯文】

　　將部隊置於走投無路的境地，士卒就會死戰而不會敗逃。士卒既然連死都不怕，哪有不得勝之理？全軍上下必然會竭盡全力，與敵人作殊死搏鬥。士卒陷入絕境，就會無所畏懼；士卒走投無路，軍心就會穩固；部隊深入敵境，軍心就會凝聚；在萬不得已的情況下，士卒就會拚死奮戰。因此，這樣的軍隊不需整飭就有戒敵之心，無需強求就有作戰意志，無需約束就能親密團結，無需嚴令就能遵守軍紀。禁止迷信，消除疑慮，士卒就會至死不退。

　　我方將士沒有多餘的財物，並非他們不愛財；我方將士敢於捨棄性

命，並非他們討厭長壽。作戰命令頒佈之日，坐著的士卒涕淚沾襟，躺著的士卒淚流滿面。可一旦將他們置於走投無路的境地，他們就會像專諸、曹劌那樣勇敢了。

【原文】

　　故善用兵者，譬如率然^①。率然者，常山^②之蛇也。擊其首則尾至，擊其尾則首至，擊其中則首尾俱至。敢問：兵可使如率然乎？曰：可。夫吳人與越人相惡也，當其同舟而濟，遇風，其相救也如左右手。是故方馬埋輪^③，未足恃也；齊勇若一^④，政之道也；剛柔^⑤皆得，地之理也。故善用兵者，攜手若使一人，不得已也。

【注釋】

① 率然：古代傳說中的一種蛇。《神異經・西荒經》曰：「西方山中有蛇，首尾差大，有色五彩。」

② 常山：即五嶽中的北嶽恆山。西漢時為避漢文帝劉恆諱而改名常山。

③ 方馬埋輪：將馬匹捆綁起來，將車輪掩埋，以示死戰的決心。曹操曰：「方馬，縛馬也。埋輪，示不動也。」

④ 齊勇若一：齊心協力，勇敢作戰，團結得像一個人一樣。

⑤ 剛柔：分別指剛強與柔弱的士卒。一說性質不同的地理條件。張預曰：「得地利，則柔弱之卒亦可以克敵，況剛強之兵乎？剛柔俱獲其用者，地勢使之然也。」

【譯文】

　　所以善於指揮作戰的人，能使部隊如率然一般。所謂率然，是生活在常山的一種蛇。擊打它的頭部，尾部就會來救應；擊打它的尾部，頭部就會來救應；擊打它的中間部位，頭部和尾巴都會來救應。試問：部隊可以做到像率然一樣嗎？回答是：可以。吳國人和越國人彼此相互仇視，但如果他們同坐一條船渡河，遇上大風，他們也會像一個人的左右手那樣相互救援。因此，想用縛拴馬腿、埋掉車輪的辦法來硬使軍心不得動搖，是靠不住的；要使士卒齊心協力，團結勇敢如一人，管治軍隊

必須得道有方；要使勇敢的士卒和怯弱的士卒都能拼盡全力，發揮戰鬥力，則在於將帥能夠巧妙利用地形之利。因此，善於指揮作戰的人，能使全軍攜手並進，如一個人一樣齊心，這是將部隊置於不得已的客觀形勢下形成的。

【原文】

將軍之事，靜以幽①，正以治②。能愚③士卒之耳目，使之無知；易其事，革④其謀，使人無識；易其居，迂其途，使人不得慮。帥與之期⑤，如登高而去其梯；帥與之深入諸侯之地而發其機⑥，焚舟破釜，若驅群羊，驅而往，驅而來，莫知所之。聚三軍之眾，投之於險，此謂將軍之事也。

【注釋】

① 靜：鎮重凝定而不燥擾。幽：沉潛深默而不可測度。
② 正：嚴厲公正人不敢犯。治：周悉縝密事無遺漏。
③ 愚：矇蔽，矇騙。
④ 革：變革，改變。
⑤ 期：約定。這裡指將帥向士卒下達命令。
⑥ 發其機：觸動弩機射出箭矢，喻士卒可往而不可返。

【譯文】

統率軍隊，要做到沉著冷靜而又幽深，公平嚴正而又周密。能矇蔽士卒的耳目，使他們對作戰計劃毫無所知；常改變作戰部署，變換行動計劃，使他們不明白其中的緣由；常遷移駐地，故意迂迴行進，使他們揣測不出行動的意圖。將帥向士卒下達作戰任務，要像登高而抽去梯子一樣，使他們有進無退，只好拚死一戰；將帥率領士卒深入敵境作戰，要像觸動弩機射出的箭一樣，一往無前；焚燒舟船，砸破鍋灶，以此激發士卒義無反顧的作戰勇氣。指揮士卒要如同驅趕羊群一樣，趕過來，趕過去，使他們只知道跟著走，而不知道要到哪裡去。聚集三軍的將士，將他們置於危險的境地，迫使他們拚死奮戰，這就是將帥的職責。

　　九地之變，屈伸①之利，人情之理，不可不察。

　　凡為客之道：深則專，淺則散。去國越境而師者，絕地也；四達者，衢地也；入深者，重地也；入淺者，輕地也；背固前隘者，圍地也；無所往者，死地也。是故散地，吾將一②其志；輕地，吾將使之屬③；爭地，吾將趨其後④；交地，吾將謹其守⑤；衢地，吾將固其結⑥；重地，吾將繼其食⑦；圮地，吾將進其途⑧；圍地，吾將塞其闕⑨；死地，吾將示之以不活⑩。故兵之情：圍則御，不得已則斗，過⑪則從。

【注釋】

① 屈伸：指部隊的進退攻防。

② 一：統一。

③ 輕地，吾將使之屬：杜牧曰：「部伍營壘密近聯屬，蓋以輕散之地，一者備其逃逸，二者恐其敵至，使易相救。」屬：相連。

④ 爭地，吾將趨其後：曹操曰：「利地在前，當速進其後也。」張預曰：「爭地貴速，若前驅至而後不及，則未可。故當疾進其後，使首尾俱至。」

⑤ 交地，吾將謹其守：張預曰：「不當阻絕其路，但嚴壁固守，候其來，則設伏擊之。」

⑥ 衢地，吾將固其結：杜牧曰：「結交諸侯，使之牢固。」張預曰：「財幣以利之，盟誓以要之，堅固不渝，則必為我助。」

⑦ 重地，吾將繼其食：梅堯臣曰：「道既遐絕，不可歸國取糧，當掠彼以食軍。」

⑧ 圮地，吾將進其途：張預曰：「遇圮毀之地，宜引兵速過。」

⑨ 圍地，吾將塞其闕：張預曰：「吾在敵圍，敵開生路，當自塞之，以一士心。」

⑩ 示之以不活：顯示出捨生忘死，拼死一搏的決心。

⑪ 過：指陷入危亡之境。

【譯文】

　　在九種地形條件下的應對策略的變化，關乎進退攻防的利弊得失，關乎士卒心理的掌握，這些都是不能不認真考察的。

　　大凡進入敵境作戰的一般規律是：越深入敵境，士卒就越意志專一；入敵境越淺近，士卒就越容易潰散。離開本國，進入敵國境內作戰，就是絕地；四通八達的地區，就是衢地；進入敵境深處的地方，就是重地；進入敵境淺近的地方，就是輕地；背有險固而前路狹隘的地方，就是圍地；沒有出路的地方，就是死地。因此，在散地，要統一全軍的意志；在輕地，部隊營壘要緊密相連，前後要相互策應；在爭地，要使後續部隊迅速跟進；在交地，我軍要謹慎地加強防守；在衢地，我軍要鞏固與四鄰諸侯的結盟；在重地，我軍要從敵國掠奪糧草，補充供給；在圮地，我軍要迅速通過；在圍地，我軍要堵住可逃生的缺口，激勵士卒決一死戰；在死地，我軍要顯出拚死一搏的決心。所以士卒的心理狀態是：被敵軍包圍，就會頑強抵抗；形勢迫不得已，就會拚死奮戰；陷入深重危難之境，就會聽從指揮。

【原文】

　　是故不知諸侯之謀者，不能預交；不知山林、險阻、沮澤之形者，不能行軍；不用鄉導者，不能得地利。四五者[1]不知一，非霸王之兵也。夫霸王之兵，伐大國，則其眾不得聚；威加於敵，則其交不得合[2]。是故不爭天下之交，不養[3]天下之權，信己之私[4]，威加於敵，故其城可拔，其國可隳[5]。

【注釋】

①四五者：指上述九種地形的利害。

②交：指所攻之國原先的盟國。合：結交，策應。

③養：培養，培植。杜牧曰：「言不結鄰援，不蓄養機權之計。」

④信己之私：李筌曰：「惟得伸己之私志。」信：同「伸」，伸展，施展。

⑤國：國家，一說國都。隳（音揮）：摧毀，破壞。

【譯文】

　　所以不瞭解諸侯各國的意向企圖，就不能與他們結交；不瞭解山林、險阻、沼澤的地形，就不能貿然行軍；行軍不用嚮導帶路，就不能占據有利的地形。對上述九種地形的利弊，哪怕有一種不瞭解的，都不能算是霸主的軍隊。霸主的軍隊，進攻大國，能使該國的軍民來不及集中；兵威加於敵國，能使他原來的盟國不敢再與其結交。因此，不必爭著跟天下的諸侯結交，不培植號令天下的權力，只要施展自己的戰略計劃，兵威加於敵國，就可以攻克敵人的城邑，摧毀敵人的都城。

【原文】

　　施無法①之賞，懸無政之令②，犯③三軍之眾，若使一人。犯之以事，勿告以言④；犯之以利，勿告以害。投之亡地然後存，陷之死地然後生⑤。夫眾陷於害，然後能為勝敗⑥。

【注釋】

① 無法：不合常法。

② 懸：頒佈。無政：不合常規。賈林曰：「欲拔城、墮國之時，故懸法外之賞罰，行政外之威令，故不守常法、常政。」張預曰：「法不先施，政不預告，皆臨事立制，以勵士心。」陳啟天曰：「軍在危地，宜施非常之賞，懸非常之令，以激勵士卒，奮力死戰也。」

③ 犯：指揮，調動。一說約束的意思。曹操曰：「犯，用也。」

④ 言：指作戰意圖。

⑤ 投之亡地然後存，陷之死地然後生：曹操曰：「必殊死戰，在亡地無敗者。」張預曰：「置之死亡之地，則人自為戰，乃可存活也。」

⑥ 為勝敗：控制戰爭的勝敗，即獲勝。梅堯臣曰：「未陷難地，則士卒心不專；既陷為難，然後勝敗在人為之爾。」

【譯文】

　　施行不合常法的破格獎賞，頒佈不合常規的特殊法令，指揮三軍官兵就像指揮一個人一樣。向士卒下達作戰任務，不要向他們說明作戰意圖；只告訴士卒有利的情況，不告訴他們有害的情況。將士卒置於危亡

之地，這樣士卒才可以保存下來；將士卒置於走投無路的死地，這樣士卒才可以求得生機。這是因為，軍隊在陷入危難的境地時，士卒就會拚死作戰，最終獲得勝利。

【原文】

故為兵之事，在於順詳敵之意①，並敵一向②，千里殺將，此謂巧能成事者也。

是故政舉③之日，夷關折符④，無通其使。厲於廊廟之上⑤，以誅⑥其事。敵人開闔⑦，必亟入之。先其所愛，微⑧與之期。踐墨隨敵⑨，以決戰事。是故始如處女⑩，敵人開戶；後如脫兔，敵不及拒。

【注釋】

① 順詳：古今注家多釋順為順從，詳為佯。陳啟天認為，「順」字，當讀為「慎」。古文「順」字與「慎」字形近，因而二字混同，可相互借用。郭化若說：「順，就是謹慎。」《釋文》曰：「順，本作慎。」詳：審察的意思。

② 並敵一向：指集中兵力攻擊敵人的一個要害。一說「並敵一向」為「並一向敵」的倒裝句式，即合力向敵之意。

③ 政舉：指戰爭謀劃已定。

④ 夷關：封鎖關口。折：折斷，這裡指銷毀。符：古代傳達命令、調兵遣將的憑證，這裡指通行關界的憑證。折符：銷毀通行證件。

⑤ 厲：古同「礪」，即磨刀石，這裡指反覆推敲。廊廟：指宮殿和太廟，後指代朝廷。

⑥ 誅：曹操訓為「治」，指研究決定。

⑦ 闔：門扇。開闔：敵開門戶，這裡比喻敵人出現漏洞，露出破綻。

⑧ 微：無，不要。一解釋為「微露」，一解釋為「暗地裡」。

⑨ 踐：踐履，實踐。墨：木工的繩墨，有規矩和原則的意思。在戰時，踐墨也可以作實施作戰計劃解。隨敵：根據敵情變化而作出相應調整。

⑩ 處女：未出嫁的嫻靜柔弱的女子。

【譯文】

所以用兵作戰這件事，在於謹慎地審察敵人的意圖，集中兵力攻擊敵人的一個要害，即使長驅千里，也能擒殺敵將，這就是所謂的巧妙用兵可以成就大事的意思。

因此，當戰爭的計劃已經制定出來的時候，就要封鎖關口，廢除通行證件，不許敵國使者往來。君臣聚於朝堂之上，共同商議作戰計劃，做出戰略部署。敵人一旦露出破綻，必須迅速乘機而入。首先奪取敵人最緊要的地方，而不要和敵人約期作戰。實施作戰計劃，要靈活地隨著敵情的變化而改變行動，以此原則來決定軍事行動。所以，軍事行動開始階段要像未出嫁的嫻靜女子一樣沉靜，使敵人放鬆戒備，暴露弱點；然後就像逃脫的兔子一樣敏捷，迅速出擊，使敵人來不及抵抗。

【經典戰例】

李愬雪夜襲蔡州

盛極一時的大唐王朝在安史之亂後逐漸走向衰弱，到唐朝後期，各地節度使獨霸一方，開始控制本地的政治、經濟、軍事大權，儼然成了獨立王國。朝廷疲弱，而各地實力增強，所以一些節度使開始對抗朝廷，形成了藩鎮割據的局面。唐朝朝廷雖然竭力削弱地方實力，但是效果很不理想。

公元 814 年（唐元和九年），淮西節度使吳少陽病逝，其子吳元濟繼承節度使，他拒絕接納朝廷派來的使者，發兵在河南一帶燒殺搶掠，正式與朝廷對抗。唐憲宗多次派兵征討，但都沒有什麼進展，最後唐憲宗任命李愬（音素）為西路軍統帥，全面執掌討伐吳元濟的軍務。

李愬知道唐軍在經過了連續失敗之後情緒十分低落，士兵們都害怕作戰，所以他一上任並沒有作出要打仗的姿勢，反倒對士兵說：「皇上知道我李愬性格柔順懦弱，可以忍受戰敗的恥辱，所以派我來安撫你們。至於攻城平叛，那就不是我的事了。」士卒信以為真，情緒都穩定了下來。接著李愬做了許多安定軍心的工作。他親自慰問受傷士卒，撫卹病者，派人安撫當地百姓，並派軍隊保護他們，贏得了當地人的支

持。作為長官，李愬沒有半點官架子，軍政也不是很嚴格，這樣做一方面和士兵拉近了關係，也給敵人造成了一種無所作為的假象。

果然，吳元濟在得知李愬上任後的所作所為之後，認為李愬就是一個庸才，根本不足以慮，也就放鬆了警惕。

在軍心逐步穩定之後，李愬開始著手修理器械，訓練軍隊，以提高軍隊的戰鬥力。同時制定了優待俘虜和降軍家屬的政策，重用被俘的淮西官員，也通過他們逐漸摸清了淮西軍的虛實。

公元 817 年 5 月，李愬派兵攻打朗山，淮西軍前來救援，唐軍在內外夾擊下遭遇失敗。但是李愬並沒有喪氣，他說：「我如果連戰連勝，敵人一定會加強戒備，我打了敗仗，敵人一定放鬆了警惕，這是為我們以後出奇制勝奠定了基礎啊。」此後，李愬招募了 3000 人的敢死隊，早晚親自訓練，鍛鍊他們的突擊力，為襲擊蔡州做準備。

9 月 28 日，李愬經過周密部署，出其不意地攻占了關房，殲滅了淮西軍千餘人，其餘淮西軍退到了內城堅守。將士們要乘勝追擊攻取內城，李愬不同意。李愬認為，如果不攻取內城，敵人必定要分兵過來防守，那樣敵人的總兵力必然分散，這樣更有利於奪取蔡州。

淮西軍降將李祐向李愬建議說：「蔡州的精兵都在泗曲及周圍據守，蔡州城內部其實都是些老弱殘兵，可以乘虛直抵蔡州城。等到外面的叛軍聽到消息，吳元濟早已被擒住了。」這建議正與李愬的看法不謀而合。

10 月，李愬覺得襲擊蔡州的時機已經成熟，便命李祐、李憲率 3000 人為前驅，自己率 3000 人為中軍，李進城率 3000 人為後軍，奇襲蔡州。為了嚴守行動祕密，軍隊出發時，李愬並沒有告訴士兵行動的目的地，只說：「向東前進！」

這天天氣陰晦，風雪交加，十分寒冷。唐軍向東行了 60 里到達張柴村，迅速全殲了淮西軍佈置在這裡傳遞情報的烽火兵。稍作休息後，留下 500 人截斷橋樑，防止泗曲方向的淮西軍回救蔡州。另外留下 500 人以警戒朗山方面的救兵。然後李愬率大軍繼續向東挺進。

這天夜裡天氣異常寒冷，鵝毛大雪漫天飛舞，寒風呼嘯，幾乎把人吹倒，沿路隨處可見凍死的兵士和馬匹，行軍形勢異常嚴峻。將領問李愬要去哪裡，李愬平靜地說：「去蔡州捉拿吳元濟！」此情此景，將士

們一個個都大驚失色，以為這次是必死無疑了，但是已經如此，也沒有人敢違抗軍令，將士們只能想著拚死進行最後一戰。

唐軍急行 70 里，天還沒亮就到了蔡州。自從吳元濟的父親吳少陽對抗朝廷以來，蔡州城已經不見唐朝官軍三十多年了。因此蔡州城的防備非常鬆懈，大敵當前的時候淮西軍居然沒有任何像樣的抵抗。李愬快速攻進蔡州城，並占領戰略要地。

之前吳元濟聽說李愬已經占領蔡州時，他根本就不相信，但當他聽到李愬的號令後，才知道大事不好，倉促率兵抵抗。蔡州的民眾幫助官軍燒了內城南門，官軍攻入內城，活捉了吳元濟。當時淮西軍駐紮在泗曲的將領是董重質，李愬派人以厚禮安撫董重質的家屬，又讓董重質的兒子前往勸說父親投降。董重質感恩，率部投降了朝廷。淮西軍駐紮其他地方的守兵見吳元濟已經被抓，也紛紛投降。至此，李愬一舉平定了吳元濟的叛亂，持續數年的淮西之戰也告結束。

火攻篇

【原文】

孫子曰：凡火攻有五：一曰火[1]人，二曰火積，三曰火輜，四曰火庫，五曰火隊[2]。

行火必有因[3]，煙火必素具[4]。發火有時，起火有日。時者，天之燥也；日者，月在箕、壁、翼、軫[5]也，凡此四宿者，風起之日也。

【注釋】

[1] 火：作動詞，火燒的意思。

[2] 隊：糧道和運輸設施。

[3] 因：依靠，憑藉。這裡指火攻依據的條件。

[4] 素：平時。具：準備。

[5] 箕、壁、翼、軫：二十八宿中箕、壁、翼、軫四個星宿。古人認為月球行至這個四個星宿時，容易起風。

【譯文】

　　孫子說：火攻的方式共有五種：一是火燒敵軍的人馬；二是火燒敵軍的糧草；三是火燒敵軍的輜重；四是火燒敵軍的物資倉庫；五是火燒敵軍的糧道和運輸設施。

　　實施火攻必須具備一定的條件，火攻的器材必須在平時準備好。放火要看準天時，起火要選好日子。所謂天時，是指氣候乾燥的時候；所謂日子，是指月亮行經箕、壁、翼、軫四個星宿時，凡是月亮行經這四個星宿時，就是起風的日子。

【原文】

　　凡火攻，必因五火之變而應之①。火發於內，則早應之於外②。火發兵靜者，待而勿攻③；極其火力，可從而從之，不可從而止④。火可發於外，無待於內，以時⑤發之；火發上風，無攻下風；晝風久，夜風止⑥。凡軍必知有五火之變，以數守之⑦。

　　故以火佐攻者明⑧，以水佐攻者強。水可以絕⑨，不可以奪⑩。

【注釋】

① 五火：指上面提到的五種火攻方式。應：應付，對付。

② 早應之於外：當乘火燒初期，敵人驚亂時進攻，故應早早在敵營外準備，隨時準備進攻。張預曰：「火才發於內，則兵急擊於外，表裡齊攻，敵易驚亂。」

③ 火發兵靜者，待而勿攻：杜牧曰：「火作不驚，敵素有備，不可遽攻，須待其變者也。」

④ 極其火力，可從而從之，不可從而止：杜牧曰：「俟火盡已來，若敵人擾亂，則攻之；若敵人終靜不擾，則收兵而退也。」極其火力：大火燒盡，一指火勢極旺。

⑤ 時：適當的時機。

⑥ 晝風久，夜風止：梅堯臣曰：「凡晝風必夜止，夜風必晝止，數當然也。」數：天數，這裡指自然氣候規律。

⑦ 以數守之：指在適合放火的時候，要加強守備。一指在適當放火的時候發起火攻。張預曰：「不可止知以火攻人，亦當防人攻己。」

⑧ 明：顯明，明顯。與下文「強」互文。

⑨ 絕：隔絕，分隔。

⑩ 奪：奪取，這裡指毀滅。

【譯文】

　　凡是實施火攻，必須根據五種火攻所引起的敵情變化，採取靈活機動的方法對付敵人。如果在敵人營內放火，就要及早派兵在外面配合接應。如果火起之後敵人仍保持鎮靜，應當耐心等待，不要馬上發起進攻；等到火勢極旺時，再根據情況作出決定，可以進攻就發起進攻，不可以進攻就停止行動。如果可以從敵人營外放火，就不必等待內應，只要時機合適就可以放火；火應從上風口放起，不要從下風口進攻；如果白天風颳得很久，夜晚就會停止。凡是領兵打仗必須懂得這五種火攻的變化，在適合火攻的時候要嚴加防守，警惕敵襲。

　　所以，用火來輔助進攻，效果是比較明顯的；用水來輔助進攻，也可以加強攻勢。水可以把敵人分隔斷絕，但不如火那樣可以毀滅敵人的軍備物資。

【原文】

　　夫戰勝攻取，而不修其功①者，凶，命曰「費留②」。故曰：明主慮之，良將修③之。非利不動，非得④不用，非危不戰。

　　主不可以怒而興師，將不可以慍⑤而致戰。合於利而動，不合於利而止。怒可以復喜，慍可以復悅，亡國不可以復存，死者不可以復生。故明君慎之，良將警之，此安國全軍之道也。

【注釋】

① 不修其功：有四種解釋：第一，指不能及時論功行賞；第二，指不能鞏固勝利果實；第三，指不能建立「戰勝攻取」的功業；第四，指建

立「戰勝攻取」的功業後不能適可而止。杜牧、張預等取第一種解釋，趙本學等取第四種解釋。結合「費留」來看，當同趙說。

②費：指耗費資財。留：淹留不歸。一說「留」同「流」，指軍費如流水一般白白損失。

③修：研究。

④得：得到，指取勝。

⑤慍：惱怒，憤懣。

【譯文】

作戰取勝，攻取了敵人的土地、城邑後，如果不能適可而止，停止戰爭，那是很危險的，這種情況就叫作「費留」。所以說：英明的君主對此要慎重考慮，賢良的將帥對此要認真研究。無利可圖就不要行動，不能取勝就不要用兵，沒到危急關頭不要開戰。

君主不能因為一時的憤怒而發動戰爭，將帥不能因為一時的惱怒而輕率出戰。必須符合國家利益才可以行動，不符合國家利益就停止用兵。憤怒之後還會重新歡喜，惱怒之後還會重新喜悅，但是國家滅亡就不可能復存了，人死了就不可能復生了。因此，對於戰爭，英明的君主要慎重，賢良的將帥要警惕，這是關乎安定國家、保全軍隊的重要原則。

【經典戰例】

赤壁之戰

公元 200 年，曹操在官渡之戰中擊敗了袁紹，接著趁勝追擊，一舉消滅了袁紹集團的殘餘勢力。北征烏桓勝利後，曹操基本統一了北方。早有統一天下的野心的曹操開始積極準備消滅南方的割據勢力。曹操南下的進攻目標就是荊州的劉表和東吳的孫權。

荊州劉表年老多病，只求偏安一方，他的兩個兒子劉琦和劉琮為爭奪繼承權而相互爭鬥，集團內部不穩。而投靠他的劉備，領命屯兵在新野、樊城，以阻擋曹操。劉備是一個雄心勃勃的人，他在新野積極擴充勢力，招攬人才，等待時機占據荊州，成就霸業。劉備本有關羽、張

飛、趙雲等猛將，後又得到諸葛亮，雖兵力不多，但實力不可小視。東吳孫權有精兵十萬，又有大將周瑜、魯肅、程普、韓當、黃蓋等輔助，統治牢固，內部團結，實力較為強大。加上長江天險，東吳成為曹操統一天下的主要障礙。

公元 203 年，孫權攻取江夏，意在拿下荊州。曹操害怕孫權搶先占得荊州對自己不利，親率步騎十幾萬大軍大舉南下。劉表卻正在這個時候病死，其子劉琮繼任荊州牧。劉琮軟弱無能，居然不戰而降，這讓在樊城的劉備陷入被動。當劉備得知劉琮投降的消息後，曹操的大軍已經殺了過來。劉備自知無法抵抗聲勢浩大的曹軍，便率軍退守江陵。

曹操為了防止劉備占領江陵，親率 5000 騎兵日夜兼程地猛追，在當陽長阪坡追上劉備。劉備猝不及防，被曹操打敗，只帶了一干親信逃脫，退到了夏口，與劉表的大兒子劉琦會合。這時，他們總共只有一萬水兵和一萬步兵，無奈之下又進一步退守樊口。

曹操占領了荊州，除了獲得荊州的降兵外，還得到了大量的軍需物資。一路的勝利滋長了曹操的輕敵情緒，他急於占領南方，不聽手下休養生息的勸告，堅持向江東進軍，要攻打東吳孫權。局勢的發展使得劉備和孫權不得不聯合起來。

面對曹操號稱的八十萬大軍，東吳方面分為投降派和主戰派兩方，最終在周瑜、魯肅以及諸葛亮的努力下，孫權願意同劉備結為聯盟。諸葛亮給孫權分析了曹操大軍的幾個弱點：第一，曹軍勞師遠征，剛經過大戰，現在已經很疲勞了；第二，曹軍號稱八十萬，其實只有十來萬，加上荊州的降兵也不過二十幾萬，而且荊州兵並不是真心歸附，戰鬥必然不積極；第三，曹兵多是北方人，不擅長水戰，水土不服會大大影響戰鬥力。這樣一分析，更加堅定了孫權抗擊曹操的信心和決心。

不出諸葛亮的所料，曹操軍中的北方兵，由於水土不服，導致全軍上下疾病流行。而士卒又不習水性，受不了江上的風吹浪顛，疾病更加嚴重。為瞭解決這個問題，曹操命令手下將戰船用鐵鏈連接在一起，在上面鋪上木板。這樣確實平穩了許多，但戰船彼此牽制，行動極為不便。

周瑜和諸葛亮經過商討，根據曹操戰船連在一起的特點，一致決定採用火攻之計。為了更好地實施火攻，東吳老將黃蓋自告奮勇地以苦肉

計詐降曹操，約好時間帶著物資和手下投靠曹操，實則帶上燃料接近曹操戰船乘機放火。

11 月的一天晚上，東風大起。黃蓋帶著 10 艘大船，船上裝滿乾柴，浸上膏油，外面用布裏包偽裝，插上約定的旗號，向北岸曹操水軍營寨疾速駛去。同時在大船之後繫上快船，以便在放火後換乘。

即將接近曹軍水寨時，黃蓋命士兵舉起火把信號，齊聲呼喊：「黃蓋來投降了！」曹軍以為黃蓋真的來投降，紛紛走出船艙觀望。當黃蓋的 10 艘大船靠近了曹軍的水寨，船上的士兵同時放火點燃了柴草，然後跳上後面的小艇快速後退。

這時江面上刮著猛烈的東南風，燃起大火的船隻順風衝向曹軍水寨。頃刻間，曹軍的戰船都燃燒起來，火勢一直蔓延到岸上，燒著了曹軍步兵的營寨。曹營官兵被這突然起來的大火燒得措手不及，不禁驚慌失措。由於戰船是用鐵鎖連接起來的，一船燒著，其他船也被殃及，火勢一起，不可收拾，頓時曹營變成了一片火海。一片慌亂之中，曹軍被燒死、溺死、互相踩死者不計其數。這時候孫權和劉備的聯軍趁勢猛烈衝殺過來，將曹軍殺得大敗。

曹操領著殘兵敗將從陸路經華容道向江陵方向撤退。華容道泥濘不堪，曹軍戰馬陷入泥潭之中，前進不得。曹操派人到處尋找枯枝雜草鋪路，才使騎兵勉強通過。孫劉聯軍一路追擊，一直追到南郡，曹操才得以逃脫。

曹操留下曹仁和徐晃駐守江陵，樂進駐守襄陽，自己領兵回到了北方，從此休養生息，很長時間都沒有發動大規模的戰爭。赤壁之戰使得曹操元氣大傷，辛辛苦苦積累的優勢一下子灰飛煙滅，也為三國鼎立格局的形成奠定了基礎。

用間篇

【原文】

孫子曰：凡興師十萬，出征千里，百姓之費，公家之

奉，日費千金；內外騷動，怠於道路^①，不得操事者七十萬家^②。相守數年，以爭一日之勝，而愛^③爵祿百金，不知敵之情者，不仁之至也。非人之將也，非主之佐也，非勝之主也。故明君賢將，所以動而勝人，成功出於眾者，先知^④也。先知者，不可取於鬼神，不可象於事^⑤，不可驗於度^⑥，必取於人，知敵之情者也。

【注釋】

① 怠於道路：杜牧曰：「言七十萬家奉十萬之師，轉輸疲於道路也。」

② 不得操事者七十萬家：曹操曰：「古者，八家為鄰，一家從軍，七家奉之。言十萬之師，不事耕稼者七十萬家。」

③ 愛：吝嗇，吝惜。

④ 先知：預先探知敵情。

⑤ 不可象於事：不可用類比於其他事物的方法來探知敵情。曹操曰：「象者，類也。」張預曰：「不可以事之相類者，擬象而求。」

⑥ 驗：驗證。度：度數，指日月星辰運行的位置。

【譯文】

　　孫子說：凡是出兵十萬，出征千里，百姓的耗費，國家的開支，每天要花費千金巨資；國家內外動盪不安，民眾為運送軍用物資而奔波勞苦，不能正常從事農業生產的民眾多達七十萬家。敵我雙方相持數年，為的就是爭取一朝的勝利，如果將帥捨不得花費爵祿和金錢來使用間諜，最後因不瞭解敵情而打敗仗，實在是不仁到極點了。這樣的人不配做軍隊的統帥，不配做國君的輔佐者，也不可能成為戰爭勝敗的主宰者。英明的君主和賢良的將帥，之所以一出兵就能戰勝敵人，且成就的功業超過一般人，就在於他們預先掌握了敵情。想要預先掌握敵情，不能祈求於鬼神，不能用過去相近的事情來類比推測，也不能用日月星辰的運行位置去驗證，一定要取之於人，從真正熟悉敵情的人那裡獲得。

【原文】

　　故用間有五：有鄉間，有內間，有反間，有死間，有生

間。五間俱起，莫知其道^①，是謂神紀^②，人君之寶也。鄉間者，因其鄉人^③而用之；內間者，因其官人^④而用之；反間者，因其敵間而用之^⑤；死間者，為誑事於外，令吾間知之，而傳於敵間也^⑥；生間者，反報也^⑦。

【注釋】

① 道：規律，途徑。

② 神紀：神祕莫測的方法。

③ 鄉人：敵國的鄉野之人，普通民眾。

④ 官人：指敵國的官吏。

⑤ 反間者，因其敵間而用之：杜牧曰：「敵有間來窺我，我必先知之，或厚賄誘之，反為我用，或佯為不覺，示以偽情而縱之，則敵人之間反為我用也。」

⑥ 「死間者」四句：杜牧曰：「誑者，詐也。言吾間在敵，未知事情，我則詐立事蹟，令吾間憑其詐跡，以輸誠於敵，而得敵信也。若我進取，與詐跡不同，間者不能脫，則為敵所殺，故曰死間也。」

⑦ 生間者，反報也：杜牧曰：「往來相通報也。生間者，必取內明外愚、形劣心壯、捷勁勇、閑於鄙事、能忍饑寒垢恥者為之。」李零說：「『生間』，是我方派出，傳真情報回國的間諜。他要把情報安全送回來，一定要活著，所以叫『生間』。」反：通「返」，返回。

【譯文】

　　間諜使用的方式有鄉間、內間、反間、死間、生間五種。這五種間諜同時使用，能使敵人摸不清其中的規律，這就是神祕莫測的方法，是國君克敵制勝的法寶。所謂鄉間，就是利用敵國的鄉野之人充當間諜；所謂內間，就是利用敵國的官吏充當間諜；所謂反間，就是收買敵方的間諜，使其為我所用；所謂死間，是故意散佈假情報，讓我方間諜知道後傳給敵方的間諜；所謂生間，就是去敵方偵察後，能親自回來報告敵情的間諜。

【原文】

　　故三軍之事，莫親於間，賞莫厚於間，事莫密於間。非聖智①不能用間，非仁義②不能使間，非微妙③不能得間之實。微哉！微哉！無所不用間也。間事未發，而先聞者，間與所告者皆死④。

【注釋】

①聖智：指才智卓越的人。張預曰：「聖，則事無不通；智，則洞照幾先，然後能為間事。」

②仁義：張預曰：「仁則不愛爵祿，義則果決無疑。既啗以厚利，又待之至誠，則間者竭力。」

③微妙：指心思神妙的人。張預曰：「間以利害來告，須用心淵微精妙，乃能察其真偽。」

④「間事未發」三句：梅堯臣曰：「殺間者，惡其洩；殺告者，滅其言。」

【譯文】

　　所以主帥在處理三軍之事時，沒有人會比間諜更親信，沒有誰的獎賞會比間諜更優厚，沒有什麼事情會比使用間諜更機密。不是睿智聰穎的人，不能使用間諜；不是仁義慷慨的人，不能使用間諜；不是精深細算、心思神妙的人，不能從間諜活動中獲得真實的情報。微妙啊微妙！真是無處不可以使用間諜。如果用間的計劃尚未實施就被人事先知道，那麼間諜和告訴他的人都要被處死。

【原文】

　　凡軍之所欲擊，城之所欲攻，人之所欲殺，必先知其守將、左右、謁者、門者、舍人之姓名①，令吾間必索知之。

　　必索敵人之間來間我者，因而利②之，導而舍之③，故反間可得而用也。因是而知之，故鄉間、內間可得而使也；因是而知之，故死間為誑事，可使告敵；因是而知之，故生間

可使如期。五間之事，主必知之，知之必在於反間，故反間不可不厚也。

【注釋】
① 謁者：管通報的官吏。門人：負責守門的官吏。舍人：官名，多為親近左右的官吏。世指古代王公貴族家裡的門客。
② 利：指以重利收買。
③ 導：引導，誘導。舍：舍止，住宿，羈留；一指釋放。梅堯臣曰：「必探索知敵之來間者，因而利誘之，引而舍止之，然後可為我反間也。」

【譯文】
　　凡是我軍要攻打某支軍隊，要攻取某座城邑，要刺殺某個敵國重要人物，都必須預先瞭解敵方守將及其左右的親信、掌管傳達的官吏、負責守城門的官吏和門客幕僚的姓名，命令我方間諜全部偵察清楚。

　　一定要查出敵人派來的間諜，以重利誘惑收買他，誘導他為我所用，然後釋放他們，這樣就可以利用反間了。根據反間提供的情報，才能判斷鄉間、內間是否可用；根據反間提供的情報，才能判斷死間是否可以製造假情報，並將此報告給敵人；根據反間提供的情報，就知道我方生間是否可以如期安全返回匯報敵情。五種間諜的情況，國君都必須瞭解，其中的關鍵在於利用反間。所以，對反間不可以不給予特別優待。

【原文】
　　昔殷之興也，伊摯①在夏；周之興也，呂牙②在殷。故惟明君賢將，能以上智為間者，必成大功。此兵之要，三軍之所恃而動也。

【注釋】
① 伊摯：即伊尹，原為商湯妃有莘氏之媵臣，受湯賞識，委以國政，佐湯滅夏，建立商朝。

②呂牙：即呂尚，又名姜尚、姜子牙，俗稱姜太公。相傳他年老時隱居渭水之陽垂釣，周文王出獵相遇，與語大悅，迎為太師。武王即位後，尊為師尚父。佐武王滅商，建立周朝。孫子這裡認為伊尹和呂尚曾經在夏朝和商朝做間諜，但先秦文獻並無明確記載，僅有他們曾遊歷於夏、商的說法。

【譯文】

從前殷商之所以興起，是因為伊尹曾在夏朝為官；周朝之所以興起，是因為呂尚曾在殷商為臣。所以，英明的國君、賢良的將帥，能任用智慧超群的人做間諜，必定能夠成就大業。這是用兵作戰的要訣，三軍都要依靠他們提供的情報來部署軍事行動。

【經典戰例】

陳平巧施離間計

秦朝末年，各路起義軍風起雲湧，最終合力推翻了秦朝的統治。秦亡後，出現了眾多割據勢力，其中以西楚霸王項羽和漢王劉邦的實力最為強勁。項羽為一代猛將，手下兵多將廣，占有很大的優勢。

公元前 205 年，項羽率兵圍攻滎陽，漢兵只有招架之功而無還手之力，只得閉城固守。漢王劉邦召集謀臣商議破敵之計，陳平獻計說：「項羽手下的得力幹將，不過范增、鍾離眛等幾人。大王如果捨得，可以以重金賄賂利誘楚人散佈謠言，離間項羽君臣之間的關係，使他們相互猜疑，然後乘隙進攻，何愁楚軍不破。」劉邦大喜，立刻撥出四萬斤黃金交給陳平，讓他著手實施離間計。

陳平派自己的心腹帶足金錢，混入楚營收買間諜，讓他們在楚軍中散佈謠言。不久，楚營中便到處傳言，稱鍾離眛功勞很大，卻得不到封賞。現在鍾離眛準備和漢王聯手，滅了項羽後瓜分楚地。項羽生性多疑，聽到謠言後立刻起了疑心，雖然沒有處置鍾離眛，但從此不再找鍾離眛商議大事。

首戰告捷，陳平將目標轉向了范增。范增是項羽的首席謀臣，項羽

尊稱他為「亞父」，無論大事小事都找他商議。鴻門宴上，范增曾竭力主張殺掉劉邦，可惜項羽婦人之仁沒有施行，不然劉邦早已性命不保。范增是個智謀高超之人，這次項羽圍攻滎陽，劉邦假意求和，又被范增識破，他對項羽說：「這不過是劉邦的緩兵之計罷了，劉邦有意在拖延時間，等待韓信的救兵，必須加速攻城，消滅劉邦之後，再消滅韓信。」項羽聽後猛攻滎陽，但一連幾天未能拿下。這時劉邦又派人到楚軍營中求和，願意以滎陽為界，與楚分東西而治。項羽嘴上不答應議和，卻又派使者到漢營探聽虛實，這下給了陳平機會。

楚使向劉邦轉達了項羽不肯議和的旨意後，被陳平接到驛館以諸侯之禮隆重招待，設下了豐盛的筵席。尚未開席，陳平就向楚使打聽范增的情況，而隻字不提項羽。使者說：「我受項王之命出使，並非是受亞父的派遣。」陳平一聽，裝作很吃驚的樣子，然後臉色大變，沒有了先前的殷勤，漫不經心地說：「原來你是項王派來的！」說完扭頭就走，並命人撤去筵席和服侍人員。楚使一人獨坐驛館，好久都沒有人來答理他，直到天色已晚，才有人送來了晚飯。晚飯很是簡單，只是一般的粗茶淡飯，沒有半點葷腥不說，還有一股臭味，連酒也是酸的。楚使氣憤不已，便不告而別，逕自返回了楚營。回去之後，楚使一五一十把情況全部匯報給了項羽。本來性格就暴躁多疑的項羽聽後不禁勃然大怒，對范增也產生了懷疑。

此時的范增還蒙在鼓裡，仍是忠心不二地為項羽出謀劃策。范增見項羽攻城不力，便催促加緊攻城，並說：「現在劉邦兵困滎陽，是上天賜予的滅漢的良機，如果不從速決斷，再次放虎歸山，後果將不堪設想。」項羽聽了范增的指責，忍不住氣上心頭，生氣地說：「你要我攻打滎陽，並不是我不想攻，只是怕我滎陽還沒攻下，我的性命就被你送掉了。」范增聽後吃驚不小，心想項羽從來沒有對自己說過這樣難聽的話，一定是近來聽信了謠言，懷疑自己的忠心了。

范增本來也不是什麼心胸多寬廣的人，長期以來受著項羽的尊敬，突然被冷落，很是心灰意冷，便對項羽說：「我老了，請讓我告老還鄉吧。」范增本意並不是真的想走，他只是想故作姿態，讓項羽挽留自己。哪知道項羽也是一個　人，聽范增這麼一說，絲毫不做挽留，揮揮手直接同意了。范增沒有台階下，無奈之下只有交出印綬，草草收拾行

李離開了楚營。一路上范增越想越氣，本來就年老多病，又鬱結於心，在回家途中就發病身亡了。

范增一死，項羽沒有了左右手，實力大損，爭霸事業也開始走下坡路，沒幾年就被劉邦逼得四面楚歌，在烏江自刎了。

孫臏兵法

前　言

　　《孫臏兵法》是中國古代的著名兵書，是繼《孫子兵法》之後的又一兵家力作。又名《齊孫子》。「齊」即「等同，並列」之意，可見其在後人眼中的地位。

　　孫臏，齊國人，活躍於戰國初期，原名不詳，因受過臏刑故名孫臏，是春秋兵家祖師孫武的後代。

　　據說，孫臏曾與龐涓同在鬼谷子門下學習兵法。龐涓先出師，任魏惠王的將軍。他深知自己的才能不及孫臏，於是密謀把孫臏召到魏國，並捏造罪名將孫臏處以臏刑和黥刑，想使他埋沒於世不為人知。

　　齊國使者出使魏國，孫臏以刑徒的身分祕密拜見齊國使者，用言辭打動了他。齊國使者覺得孫臏不同凡響，於是偷偷地用車將他載回齊國。逃奔到齊國的孫臏得到了田忌的賞識，於是他寄居於田忌門下擔任門客。「田忌賽馬」後，田忌將孫臏推薦給齊威王，齊威王向他請教兵法並讓他擔任自己的兵法老師。

　　公元前 354 年，趙國進攻魏國的盟國衛國，魏國出兵干涉，包圍趙國都城邯鄲。次年，趙國向齊、楚求救。齊威王便以田忌為主將，孫臏為軍師，率軍八萬救援趙國。此戰中，田忌採納了孫臏的建議，採用了「圍魏救趙」之計，迫使魏將龐涓回師，並於桂陵設伏，一舉擒獲龐涓。但桂陵之戰並沒有擊潰魏軍主力，魏國仍然是當時最強的諸侯國。龐涓後被釋放，回魏再度為將。

　　公元前 342 年，魏國進攻韓國，韓昭侯派使者向齊國求救。齊威王派田忌、田盼為主將，田嬰為副將，孫臏為軍師，率軍援助韓國。此戰中，孫臏重施「圍魏救趙」之計，率軍襲擊魏國首都大梁，龐涓得知消息後急忙從韓國撤軍返回魏國，但齊軍此時已向西進軍。龐涓自恃其勇，率軍追擊。孫臏便採用「減灶計」，營造出齊軍畏戰的假象，以麻痺魏軍，引誘魏軍進入埋伏圈。

　　馬陵道路狹窄，兩旁又多是峻隘險阻，孫臏於是命士兵削去道旁大樹的樹皮，露出白木，在樹幹寫上「龐涓死於此樹之下」，然後命令一

萬名弓弩手埋伏在馬陵道兩旁，約定「天黑在此處看到有火光就萬箭齊發」。龐涓果然當晚趕到砍去樹皮的大樹下，見到白木上寫著字，於是點火查看。字還沒讀完，齊軍伏兵萬箭齊發，魏軍大亂。龐涓自知敗局已定，於是拔劍自刎，臨死前說道：「遂成豎子之名！」齊軍乘勝追擊，殲滅魏軍十萬人，俘虜魏國主將太子申。經此一戰魏國元氣大傷，失去霸主地位，而齊國則稱霸東方。

成侯鄒忌一向與田忌不和。馬陵之戰後，孫臏勸田忌以重兵入臨淄，掌握齊國大權，逼迫鄒忌出逃。但田忌沒有聽從。後鄒忌在齊威王面前進讒，聲稱田忌有謀反之心。田忌大為恐慌，逃至楚國，後被楚宣王封於江南。孫臏這時也隨田忌來到楚國，有可能一起去了田忌在江南的封地，在那裡與弟子潛心著述。《孫臏兵法》的大部分篇章，可能是在楚國完成的。

齊宣王繼位後得知田忌被陷害，將田忌召回國內官復原職，而孫臏也於此時返回齊國。《太平御覽》記載孫臏曾為齊宣王獻上收服燕、趙兩國來對抗秦國的計策。後孫臏返回故地樂安頤養天年。孫臏晚年退隱鄄邑孫家花園，設館授徒，鑽研兵法戰策，著有《孫臏兵法》89 篇，圖4 卷。

《漢書·藝文志》中記載孫臏著有《齊孫子》89 篇、圖 4 卷，但自《隋書·經籍志》始，便不見於歷代正史文獻著錄，大約在東漢末年便已失傳。宋代以後，許多學者對《孫臏兵法》的有無提出了種種懷疑，有些人甚至認為孫臏和孫武實際為同一人。1972 年，山東省臨沂市銀雀山漢墓同時出土了竹簡本的《孫子兵法》和《孫臏兵法》，這兩部古兵法才得以重見天日。但由於年代久遠，竹簡殘缺不全，損壞嚴重。經整理考證，文物出版社於 1975 年出版了簡本《孫臏兵法》，共收竹簡 364 枚，分上、下編，各 15 篇，共約 1.1 萬字。對於這批竹簡文，學術界一般認為，上篇當屬原著無疑，係在孫臏著述和言論的基礎上經弟子輯錄、整理而成；下篇內容雖與上篇內容相類，但也存在著編撰體例上的不同，是否為孫臏及其弟子所著尚無充分的證據。

《孫臏兵法》在繼承孫武、吳起軍事思想的基礎上，又有了新的發展。它總結和吸收了戰國前期豐富的戰爭實踐經驗，反映了戰國中期的兵家思想和政治傾向。書中豐富和發展了春秋以來的陣法，還概括出一

套使用八陣作戰的理論，在一系列戰略戰術上也提出了不少有價值的指導原則，這些在軍事思想史上都占有重要的地位。書中還提出了許多獨到的見解，揭示了一些帶有普遍意義的戰爭規律，這對我國古代軍事理論的形成與發展作出了重大貢獻。

　　本書主要依據 1975 年文物出版社據出土殘簡整理的《孫臏兵法》。書中不能辨認或竹簡殘斷而脫去的字，用□表示；脫去內容的字數較多或字數無法確定的，則用……表示；根據上下文意思補出或簡文原脫去的字，則外加〔　〕表示。每篇所附可能屬於該篇但不能確定其具體位置的殘簡釋文，則用三個☆與正文分開。這些殘簡，多半無法譯出。

擒龐涓

【原文】

　　昔者，梁（梁）君將攻邯鄲[①]，使將軍龐涓[②]、帶甲八萬至於茬丘。齊君[③]聞之，使將軍忌子[④]、帶甲八萬至……競（境）。龐子攻衛□□□，將軍忌〔子〕……□衛□□，救與……曰：「若不救衛，將何為？」孫子[⑤]曰：「請南攻平陵[⑥]。平陵，其城小而縣大，人眾甲兵盛，東陽[⑦]戰邑，難攻也。吾將示之疑。吾攻平陵，南有宋，北有衛，當涂（途）有市丘[⑧]，是吾糧涂（途）絕也。吾將示之不智（知）事。」

　　於是徙舍而走平陵[⑨]。……〔□□〕陵，忌子召孫子而問曰：「事將何為？」孫子曰：「都大夫孰為不識事[⑩]？」曰：「齊城、高唐[⑪]。」孫子曰：「請取所……二大夫□以□□□臧□□都橫捲四達環涂□橫捲所□陣也[⑫]。環涂軷甲之所處也[⑬]。吾末甲[⑭]勁，本甲[⑮]不斷。環涂擊柀[⑯]其後，二大夫可殺也。」

　　於是段[⑰]齊城、高唐為兩，直將蟻附[⑱]平陵。挾[⑲]環涂夾擊其後，齊城、高唐，當術而大敗[⑳]。將軍忌子召孫子問曰：「吾攻平陵不得，而亡齊城、高唐，當術而厥[㉑]，事將何為？」孫子曰：「請遣輕車西馳梁（梁）郊，以怒其氣。分卒而從之，示之寡。」於是為之。

　　龐子果棄其輜重，兼趣舍而至[㉒]。孫子弗息而擊之桂陵[㉓]，而禽（擒）龐涓。故曰：孫子之所以為者，盡矣。

四百六^㉔。

☆☆☆

……子曰：「吾□……」

……□孫子曰：「毋侍（待）三日□……」

【注釋】

① 梁君：指魏國國君魏惠王，名罃（音英）。魏國在惠王時遷都大梁
（今河南開封），故魏又稱梁。邯鄲：趙國都城，今河北邯鄲。

② 龐涓：戰國初魏國名將，曾陷害孫臏，後在馬陵之戰中自刎而亡。

③ 齊君：指齊國君主齊威王，名因齊。

④ 忌子：即田忌，齊國名將，曾向齊威王推薦孫臏。

⑤ 孫子：即孫臏。

⑥ 平陵：魏國地名，今河南睢縣西。一說今山東菏澤西南安陵鎮。

⑦ 東陽：指魏國都城大梁以東的地區。

⑧ 市丘：魏國地名。

⑨ 徙舍：拔營。走：急趨。

⑩ 不識事：對用兵打仗的事不是非常精通。

⑪ 齊城：疑指齊國都城臨淄，在今山東臨淄。高唐：在今山東高唐、禹
城之間。

⑫ 橫、卷、環涂：魏軍駐地名。

⑬ 軝：同「彼」。

⑭ 末甲：前鋒部隊。

⑮ 本甲：主力部隊。

⑯ 柀：同「破」。

⑰ 段：同「斷」，指分兵。

⑱ 蟻附：指攻城。形容軍士攻城時攀登城牆，如螞蟻附壁而上。

⑲ 挾：疑是魏軍駐地或將領之名。一說借為浹渫，形容軍隊相連不斷。

⑳ 當：在。術：道路。

㉑ 厥：同「蹶」，摔倒。這裡指兵敗。

㉒ 趣：通「趨」，行進。舍：止息。兼趣舍：指急行軍，晝夜不停。

㉓ 弗息：不停息。桂陵：魏國地名，位於今河南長垣西北。

㉔ 四百六：為本篇字數總計。

【譯文】

　　從前，魏惠王準備攻打趙國都城邯鄲，派將軍龐涓率軍八萬到達衛國的茬丘。齊威王得知後，派將軍田忌率軍八萬到達齊國和魏國的邊境。龐涓攻打衛國，田忌想要率兵救援衛國，可孫臏表示反對，他認為救援衛國是違誤軍令。田忌問道：「如果不救援衛國，該怎麼辦呢？」孫臏說：「請將軍南下攻打魏國的平陵。平陵，城池雖小，可管轄的地區很大，人口眾多，兵力強盛，是魏國東陽地區的戰略要地，是很難攻克的。我打算用假象迷惑敵人。我軍進攻平陵，平陵南面是宋國，北面是衛國，進軍途中還要經過魏國的市丘，在這裡我軍的運糧通道很容易被切斷。我們要裝出不知道這件事的利害。」

　　於是，齊軍拔營向平陵進軍。接近半陵時，田忌召來孫臏，問他說：「現在應該怎麼辦？」孫臏說：「都邑大夫中有誰不甚明白用兵打仗的事呢？」田忌說：「齊城、高唐的大夫。」孫臏說：「請命令這兩位大夫率兵繞過橫、卷、環涂，開往平陵。環涂是魏軍屯駐之地。我軍的前鋒部隊發起猛烈進攻，主力部隊不斷跟進。環涂的魏軍必定會在背後猛攻，到時候就可以犧牲這兩位大夫，任其敗退了。」

　　於是，將齊城、高唐的部隊分為兩路，直撲平陵，並發起猛攻。果然，挾和環涂兩地的魏軍從背後夾擊齊軍，兩路齊軍大敗。將軍田忌召來孫臏，問他說：「我軍攻打平陵未能取勝，反而折損了齊城、高唐的兩路部隊，如今他們兵敗，下一步應該怎麼辦？」孫臏說：「請將軍派出輕裝戰車向西直搗魏國都城大梁的城郊，以激怒龐涓。我們將部隊分散，逐步跟進，給魏軍造成我軍兵力薄弱的假象。」田忌於是依計行事。

　　龐涓聽說齊軍進攻大梁，果然丟掉輜重，日夜兼程，回師救援。孫臏遂不失時機地在桂陵設伏，突襲魏軍，一舉擒獲龐涓。所以說：孫臏對於這場戰役的謀劃，真是到了盡善盡美的境界了。

李牧示弱破匈奴

　　戰國後期，趙國不僅要提防秦、魏、齊等強鄰，另外還有一個對手，那便是北邊的匈奴。匈奴部落與中原百姓不同，他們不事農耕，而以遊牧為生，在茫茫大漠中飄忽不定。這種動盪的生活方式養成其剽悍的稟性，他們不時南下攻擾，以搶掠彌補其不足。

　　匈奴行蹤無定，說到防犯，著實不易。趙國大將李牧久鎮邊關，與匈奴周旋多時，摸索出一套對付他們的辦法。漫長的邊防線上沒有那麼多兵力屯守，李牧便在險要處築好要塞，建造烽火台，派出許多密探，隨時瞭解匈奴動態，一有情況就點燃烽火報警，並號令部眾：「如果匈奴舉兵來犯，立即將人馬、物資撤回要塞固守。不能反擊，即使對小股遊兵也不能對抗，違者嚴懲不貸。」

　　當兵不准禦敵，那還能幹些什麼？敵強時退守也就罷了，為何要處處退縮？將士多有不解，然而李牧治軍嚴明，誰也不敢違令。

　　其實，李牧此舉是經過深思熟慮的。匈奴不同於別的諸侯國，他們感興趣的並非城池地盤，而是糧食財富，與之對陣，勝負難以預料，兵敗之後便會慘遭洗劫，因此不如將財富都集中於要塞之中，堅壁固守。匈奴長於野戰，攻城不占便宜，既沒什麼可搶的，又不能很快攻破要塞，就只好撤軍。

　　自打採取這個策略後，一連數年趙國都沒有遭受大的損失。匈奴興沖沖地趕來，圍著要塞又激又罵，李牧一律高掛免戰牌，任憑其喊破喉嚨，始終不肯應戰。匈奴兵奈何不得，只得兩手空空打道回府。

　　匈奴始終不能得手，但他們也認定李牧怯懦，氣焰一次比一次囂張，並暗中謀劃要糾集大軍，攻打趙軍固守的堡壘。

　　匈奴瞧不起趙軍，趙軍將士也憋著一肚子窩囊氣，私下議論紛紛，埋怨李牧膽子太小。李牧聽而不聞，依然我行我素。

　　這些議論傳到邯鄲，趙王得知匈奴在邊境任意往來，百般辱罵，將趙軍視作懦夫，心中老大不快，數次下詔要李牧出戰。李牧則以為將在外，君命有所不受，既然讓我守邊，只要不讓匈奴深入境內即可，至於

採取什麼辦法，就不要你操心了，要是信不過我，可以把我撤了。趙王則想我一國堂堂之君，難道還少不了你一個李牧？盛怒之下，果真把李牧給撤了。李牧也無異議，交出兵權後回家享福去了。

新上任的大將摸透趙王心思，也指望早建功勳以立威名，因此將李牧所制定的規則一概推翻，要求士卒只准向前，不准退縮，定要與匈奴決個勝負。

此後，匈奴每次來犯，趙軍都出陣應戰，將士果然也極為賣力，無奈匈奴甚為驍勇，趙軍屢遭挫折。趙軍本來就兵力不足，損兵折將後就更加捉襟見肘，無法有效地瞭解匈奴的動靜，百姓也來不及退避，被掠走的財物難以計數，到後來就連正常的耕作放牧都無法維持了。

經過這番挫敗，趙王終於瞭解到李牧的高明之處，派人請他復出。李牧暗忖：君王反覆無常，需要的時候，好話講一大堆，一有風言風語，難保不會變卦；與其被來往撥弄，還不如留在家中安逸。

趙王得知李牧稱病不出，推測是心有怨氣，便將他召進宮來，先是承認自己的不是，再嚴令其重新駐防雁門、代郡。李牧見無法再推辭，說：「大王若一定要用我，就必須允許我恢復原來的方式，並不再干預，否則我不敢受命。」趙王說：「我已明白你做得對，怎麼還會妨礙你呢？你只管放心前去吧！」李牧跪下接過帥印，啟程返回邊關。

李牧重新走馬上任，將所有規矩都改了回來。趙王授予他的權限極大，不僅可以直接任命官吏，而且當地的賦稅也都由他收取，以用作軍餉。李牧令人每日宰殺好幾頭肥牛，保證將士吃飽吃好，並親自率領其訓練騎射。

匈奴見趙軍故技重演，只當其吃了苦頭，又縮回去了。他們幾次三番來搶劫都毫無收穫，又認定李牧怯戰，便開始調集各部人馬，準備一舉摧毀趙軍的要塞。不料這正中李牧的下懷。

李牧退守一方面是為了自保，更深一層的用意卻是示己之不能，好麻痺對手。匈奴精於騎射，打得贏就打，打不贏就跑，這邊鑽不進來，換個地方再來個偷襲，因此僅僅滿足於將他們趕走根本解決不了問題，必須狠狠打上一下，令其傷筋動骨，方能使其有所收斂，不再輕易尋釁。匈奴認定趙軍怯懦，其實恰恰是中了李牧之計。李牧在退縮的掩護下，積聚兵力，選好戰車一千三百乘，良馬一萬三千匹，勇士五萬人，

還有十萬弓箭手。眾將士每日得到優厚的待遇，訓練中表現出眾的還有
獎賞，都覺得受之有愧，急切要求上陣廝殺，以報效國家。李牧見部眾
士氣高昂，知道已是可以一展身手的時候了。

　　一切準備就緒後，李牧令邊民四處放牧，邊境上漫山遍野都是牛
羊。匈奴聞訊，縱兵搶掠，劫走大批牲畜，並俘獲數十名趙人。這又是
李牧的誘敵之計。匈奴單于見趙軍如此不頂用，就調集所有人馬大舉深
入，想趁機大撈一把。而這正好撞入李牧布下的奇陣之中。李牧遙望亂
鬨哄的匈奴兵毫無防犯地闖入陣中，將手中令旗一揮，左右兩路車騎截
住匈奴退路，十萬弓箭手突然躍出，箭如飛蝗，直向匈奴堆裡射去。多
年來積壓在心底的怒火驟然迸發，趙軍將士無不奮勇，竟讓匈奴兵無招
架之力。匈奴單于見勢不妙，奮力殺出重圍，落荒而逃，但他的十多萬
部眾卻沒有這般幸運了，大多讓趙軍給消滅了。

　　李牧乘勝追擊，又攻破東胡，逼降林胡，匈奴單于遠遁而去，此後
十多年一直不敢靠近趙國邊境。

見威王

【原文】

　　孫子見威王，曰：「夫兵者，非士恆勢也①。此先王之傳②
道也。戰勝，則所以在亡國而繼絕世也③；戰不勝，則所以
削地而危社稷也。是故兵者不可不察。然夫樂兵④者亡，而
利勝者辱。兵非所樂也，而勝非所利也。事備而後動。故城
小而守固者，有委⑤也；卒寡而兵強者，有義也。夫守而無
委，戰而無義，天下無能以固且強者。

　　堯有天下之時，詘（黜）王命而弗行者七，夷⑥有二，
中國⑦四……素佚而至（致）利也⑧。戰勝而強立，故天下服
矣。

　　昔者，神戎（農）戰斧遂⑨；黃帝戰蜀祿⑩；堯伐共工⑪；

舜伐厥□□而並三苗^⑫，□□……管；湯汸（放）桀；武王伐紂；帝奄反^⑬，故周公淺^⑭之。故曰，德不若五帝，而能不及三王，知（智）不若周公，曰我將欲責^⑮仁義，式^⑯禮樂，垂衣常（裳）^⑰，以禁爭（奪）。此堯舜非弗欲也，不可得，故舉兵繩^⑱之。

【注釋】

① 士：同「恃」。恆勢：指軍事上永恆不變的有利形勢。

② 傅：同「敷」，施，傳佈。

③ 在：存，復辟。亡國：即將滅亡的國家。絕世：即將斷絕的世系。

④ 樂兵：好戰，輕率用兵。

⑤ 委：委積，即物資儲備。

⑥ 夷：指古代我國東方地區的部族。

⑦ 中國：指中原地區。

⑧ 素佚而至（致）利也：此句上文殘缺，大意是指堯在面臨天下不穩的局面時，沒有輕率發動戰爭，而是注意休養生息，積蓄實力，創造出有利條件，然後再用兵征伐。一指沒有帝王一向貪圖安逸，無所事事，卻能使國家強盛，百姓富足的。

⑨ 斧遂：或作補遂。《戰國策・秦策》：「昔者神農伐補遂。」

⑩ 蜀祿：即涿鹿，地名。《戰國策・秦策》：「黃帝伐涿鹿而禽蚩尤。」

⑪ 共工：傳說中的部落首領。

⑫ 厥（音決）：疑為部落名。並：同「屏」，屏除。三苗：南方部落名。

⑬ 帝：疑是「商」字之誤。奄：商的同盟國。商紂之子武庚在周武王死後，聯合奄、徐、薄姑等東方諸部落發動大規模武裝叛亂。

⑭ 淺：同「踐」，毀，滅。

⑮ 責：同「積」。

⑯ 式：用。

⑰ 垂衣常（裳）：比喻雍容禮讓，不進行戰爭。

⑱ 繩：糾正，指以戰爭解決問題。

【譯文】

孫臏拜見齊威王，說：「戰爭，沒有永恆不變的有利形勢可以依賴，這是先王所傳佈下來的道理。戰爭獲勝，就能挽救即將滅亡的國家，延續即將斷絕的世系；戰爭失敗，就要割讓土地，危及國家的社稷。所以，對於用兵這件事，不可不認真考察。那些輕率用兵的人必將敗亡，貪圖勝利所得利益的人必將反受其辱。所以說，用兵決不能輕率，勝利也不是靠貪求利益就能獲得的。用兵必須做好充足的準備，然後才能採取行動。所以，城池很小卻能防守穩固，是因為有充足的物資儲備；兵力雖少但戰鬥力很強，是因為正義在自己一方。如果進行防守卻沒有充足的物資儲備，發起戰爭卻不是正義的，那麼天下沒有人能使這樣的軍隊防守穩固，戰鬥力強盛。

堯治理天下時，違抗王命，拒不執行的部落有七個，其中東夷地區有兩個，中原地區有四個……只因堯注意休養生息，積蓄力量，才創造了有利條件，最終戰勝了各部落而居於強者地位，所以天下人都歸服於他。

從前，神農氏討伐斧遂；黃帝在涿鹿與蚩尤交戰；堯征伐共工；舜討伐厥而平定三苗……商湯流放夏桀；周武王討伐商紂；商、奄叛亂，因而周公率兵東征，將其平定。所以說，那些德行不如五帝，才能不如三王，智慧不如周公的人，卻口口聲聲地說什麼我要以積蓄仁義、推行禮樂、不用武力，來制止爭奪，實在是太幼稚了。其實，這種方法，並不是堯、舜不想去做，而是這種方法根本行不通，所以只好用戰爭來制止戰爭。

【經典戰例】

郭威妙計平叛

後漢乾祐元年（948），高祖劉知遠千辛萬苦打下江山，卻無福享用，匆匆病死，把社稷交給了兒子劉承祐。護國節度使兼中書令李守貞不甘屈居人下，串通永興、鳳翔二鎮同時反叛。

這李守貞原先與杜重威、劉知遠同為後晉大將，當年後晉出帝石重貴將所有精銳部隊都交給杜重威、李守貞二人，令其抵禦遼軍。不料此

二人都是「有奶便是娘」的小人，非但不救國難，反而賣主求榮，投降了遼國，實乃亡晉的罪魁禍首。等到劉知遠得天下後，此二人搖身一變，又成了後漢重臣。不過劉知遠對他們知根知底，因此處處防範，臨終前下詔殺了杜重威父子，以絕後患。

李守貞得知杜重威被殺，不免兔死狐悲。數十年的風風雨雨使他懂得一個道理：成則為王，敗則為寇，前者以劉知遠為例子，後者杜重威就是典型，結果任人宰割。現在劉、杜都已去世，後晉大將就自己還健在。劉承祐僅是個十幾歲的毛頭小子，朝中掌權的都是些默默無聞的新貴，這是上天有意要讓自己成大業啊！

說來也巧，此時有位游雲遊僧求見，自稱法號總倫，說是此地凝聚帝王之氣，李守貞便是將來的真龍天子，並當場施出法術印證。李守貞樂得心花怒放，尊其為國師，留在身邊輔助。從此李守貞招納亡命之徒，豢養敢死之士，加固城牆壕塹，修繕兵器鎧甲，毫不鬆懈。

一日，他與將佐聚宴，飲到微醺之際喚手下取來弓箭，指著遠處的一幅《虎舐掌圖》說：「我來日若得大福，此箭當射中虎舌。」說完拉滿勁弓，嗖的一聲射去，不偏不倚，正中虎舌。眾將佐哄堂喝采，起身祝賀，李守貞得意非凡。

李守貞自封秦王抗拒朝廷之後，隱帝劉承祐心急如焚，召集朝臣商議。眾臣都說李守貞勇猛凶悍，又有王景崇、趙思綰與他遙相呼應，是個不可輕視的勁敵，必須有一員重臣親臨督戰。大家一致推舉郭威掛帥。於是，劉承祐就任命老將郭威為西面軍前招慰安撫使，各軍都歸其節制。

郭威出征前，向太師馮道請教破敵良策。馮道沉吟良久，才緩緩說：「李守貞屢建奇功，這還在其次。他平日慷慨好施，頗能收買人心，而朝廷對將士過於苛刻，這是不利之處。你此去不能各惜官家的財物，要多拿些出來賞賜士兵，這樣李守貞就失去優勢了。」郭威謹記在心，拜謝了馮道。

郭威又召集眾將領商議軍事，大多數人都主張先對付長安的趙思綰和鳳翔的王景崇，唯獨鎮國節度使扈從珂說：「現在三個叛藩聯合，推舉李守貞為主，擒賊先擒王，只要打敗李守貞，其他兩處便不攻自破。如果捨近取遠，去攻長安、鳳翔，萬一王景崇、趙思綰拼命抵抗，李守

貞從後面夾擊，那就十分危險了。」郭威連連點頭稱是，於是兵分三路先取河中。

一路上郭威與眾將士同甘共苦，士兵稍立軍功就受到賞賜，稍有傷痛就親自看望；謀士獻策，不論是否高明，都和顏悅色地聽其陳述；即便是別人觸犯了他，他也不生氣發怒……結果人人都傳稱郭威體恤部下，個個都願為他效力。

李守貞聽說郭威率領禁軍前來，曾暗暗得意，因為那些士兵都曾是他的部下，受過他的恩惠。李守貞深知這批士兵驕橫異常，不服管束，曾因後漢軍法嚴峻而叫苦連天，只要許以厚賜，不難使其臨陣倒戈，擁戴自己為君主，於是放心大膽地穩坐等待。

等到郭威大軍兵臨城下，李守貞登高瞭望，只見旌旗飛揚，戰鼓急擂，氣勢雄壯，大出意料之外。李守貞認為許多將領都是他的舊部屬，便呼喊他們的姓名，問候致意，不料回答他的都是「叛賊」、「該死」一類的辱罵。原來那些將領都認定了郭威，早將李守貞拋到了九霄雲外。馮道的一策使得郭威尚未交手就贏了第一回合。

眾將領都想早日凱旋，催促郭威儘快下令攻城。郭威說：「李守貞是前朝宿將，勇猛善鬥，又慷慨好施，很有聲威。況且城池臨近黃河，城牆高大堅固，易守難攻，硬拚不知要斷送多少將士性命。」眾將疑惑地問：「我們長途跋涉而來，就是為了攻城，不然又有何求？」郭威胸有成竹地說：「要攻城不假，但有個怎麼攻的問題。士氣有盛有衰，進攻有急有緩，時機有可有不可，辦事有先有後。我們不妨先設下層層包圍圈將其困住，使得他上天無路入地無門。我們則磨洗兵器，放牧戰馬，坐享源源不斷運來的糧食，養精蓄銳。等到城中的存糧耗盡了，然後架起雲梯衝車，飛傳羽檄招降。那時他們都各自保命要緊，即使是父子兄弟都顧不上了，何況是烏合之眾！」

眾將仍有些不放心，說：「長安、鳳翔與河中串通，要是趕來相救，我們豈不是會腹背受敵？」郭威道：「趙思綰、王景崇有郭從義、趙暉對付，足以令其自顧不暇了，不必在意。」

眾將見郭威已有周密計劃，便不再提出異議。

郭威命令白文珂等督領各州徵來的數萬民夫挖深壕，築連城，將河中城圍得嚴嚴實實。城中叛軍經常登城眺望，似乎並不驚恐。郭威又對

眾將說：「李守貞先前畏懼高祖，不敢輕舉妄動。他將我們都看作後輩，沒有什麼功勛，因此敢造反。我們乾脆讓他再自我得意一陣子，覺得我們不敢跟他交手，正好以靜來制伏他。」

於是，郭威下令將旌旗戰鼓統統收起，退守營壘之中。另一方面沿黃河設置火鋪傳遞軍情，連綿數十里，派步卒輪流守護；又派水軍船隻停泊在岸邊，捕捉敵方的信使。這樣後漢軍消息靈通，機動應變能力強，牢牢控制了主動權。這綿裡藏針的一招將叛軍罩在羅網之中，隔絕了與外界的聯繫，使其動彈不得。

李守貞也看出了郭威的計策，只能以突圍來求生存。但一離開城池，優勢就轉到後漢軍一邊。郭威督促將士憑藉堅固的工事一次次將叛軍擊退。李守貞又派人帶上蠟丸密信向南唐、後蜀、遼國求救，但後漢軍防守嚴密，信使都被俘獲，沒走脫一人一騎。

城中的糧食快吃完了，有很多人活活餓死。李守貞滿臉愁雲，召國師總倫和尚責問：「當初你說我命定是真龍天子，如今為什麼遭此大劫？」總倫不慌不忙地說：「大王當為天子，不是凡人所能剝奪的。但此分野有災，必須等磨難盡，只剩下一人一馬，才是大王鵲起的時候。」李守貞不知是真糊塗，還是情願白日做夢，反正聽信總倫之言，又當沒事一般。

李守貞困在城中已有一年，糧食耗盡，守中軍民餓死大半。他實在撐不下去了，召集了五千名敢死隊員，分作五路，帶著梯子和搭橋器械，猛攻長圍的西北角。郭威早有預料，派都監吳虔裕從旁邊橫掃過去，將五路人馬一一殺退，繳獲全部器械。

過了數日，叛軍又來突圍。後漢兵將其引入埋伏之中，一聲炮響，伏兵四起，叛軍將領魏延朗、鄭賓被困在重圍之中，只得束手就擒。郭威好言撫慰，魏、鄭二人為謝不殺之恩，願作書招降城中守軍。大將周光遜接到射來的招降書，知道再待下去只會白白送命，就與王繼勳、聶知遇串通，帶著一千多士卒趁天黑之際打開城門出來投降。從此叛軍分崩離析，偷偷跑出城來的難以計數。

郭威料定李守貞的大限到了，率領全軍，發起全面總攻。守軍困頓不堪，見生龍活虎的後漢兵蟻附而上，嚇得肝膽俱裂，連弓都拉不開，靠著手持利劍的將校督戰，勉強支撐數日。外城被攻破了，又有大批叛

軍投降。李守貞帶領一批親信死黨退守子城。眾將領請求一鼓作氣拿下子城，偏偏郭威沉得住氣說：「鳥沒處逃時還會啄人，何況是一支軍隊！把水慢慢舀乾了再抓魚，不必這麼性急！我們已經等了一年多，不再乎再多等幾天。」

李守貞龜縮在彈丸之地，不再做「一人一馬鵲起」的美夢了，在府中堆積柴草，點了一把大火，與妻子兒子一同葬身火海。

守衛子城的叛軍見李守貞自焚，便打開大門投降。郭威率領軍隊入城，收捕叛亂的首惡分子。在此之前，長安、鳳翔也已平定，三鎮叛亂就此告終。

威 王 問

【原文】

齊威王問用兵孫子，曰：「兩軍相當，兩將相望，皆堅而固，莫敢先舉，為之奈何？」

孫子合（答）曰：「以輕卒嘗之①，賤而勇者將之②，期於北③，毋期於得④。為之微陳（陣）⑤以觸其廁（側）。是胃（謂）大得。」

威王曰：「用眾用寡，有道乎？」

孫子曰：「有。」

威王曰：「我強敵弱，我眾敵寡，用之奈何？」

孫子再拜，曰：「明王之問。夫眾且強，猶問用之，則安國之道也。命之曰贊師。毀卒亂行⑥，以順其志，則必戰矣。」

威王曰：「敵眾我寡，敵強我弱，用之奈何？」

孫子曰：「命曰讓威。必藏其尾⑦，令之能歸。長兵在前，短兵在□，為之流弩⑧，以助其急者。□□毋動，以侍（待）敵能⑨。」

威王曰：「我出敵出，未知眾少，用之奈何？」

孫子〔曰〕：「命曰□□……」

威王曰：「擊窮寇奈何？」

孫子〔曰〕：「……可以待生計矣。」

威王曰：「擊鈞（均）奈何⑩？」

孫子曰：「營而離之⑪，我並卒而擊之，毋令敵知之。然而不離，按而止，毋擊疑。」

威王曰：「以一擊十，有道乎？」

孫子曰：「有。功（攻）其無備，出其不意。」

威王曰：「地平卒齊⑫，合⑬而北者，何也？」

孫子曰：「其陳（陣）無逢（鋒）也。」

威王曰：「令民素⑭聽，奈何？」

孫子曰：「素信。」

威王曰：「善哉！言兵勢不窮。」

【注釋】

① 輕卒：輕裝部隊，少量兵力。嘗：試探。

② 賤：地位卑賤者。將：率領。

③ 期：預期。北：敗北。

④ 得：得勝。

⑤ 微陳（陣）：隱蔽的部隊。

⑥ 毀：亂。卒：古代軍隊組織的一種單位。行：指隊列。

⑦ 尾：後面的主力部隊。

⑧ 弩：用機械發箭的弓。流弩：即機動的弩兵。

⑨ 能：《通典》卷一百五十九引《孫子兵法》佚文：「敵鼓噪不進，以觀吾能。」這裡的「能」字用法與此相近。

⑩ 鈞（均）：勢均力敵的敵人。

⑪ 營：迷惑。離：分離。

⑫ 地平：地勢條件相當。卒齊：兵力相當。地平卒齊：或指地勢平坦，隊伍整齊。

⑬ 合：交戰。
⑭ 素：平時，一貫。

【譯文】

　　齊威王向孫臏詢問用兵作戰的方法，說：「兩軍實力相當，雙方將領對峙，陣勢都很堅固，誰也不敢先採取行動，這種情況應該怎麼辦？」

　　孫子回答說：「先派出少量兵力去試探敵軍，由地位低而勇敢的軍官率領，要做好試探失敗的準備，不要只想取勝。然後用隱蔽的隊伍去猛攻敵陣側翼。這就是取得大勝的方法。」

　　威王問：「使用較多的兵力和使用較少的兵力作戰，有規律可循嗎？」

　　孫臏說：「有。」

　　威王問：「我強而敵弱，我眾而敵寡，這種情況應該怎麼辦？」

　　孫臏向威王行再拜之禮，說：「這是英明的君王所提出的問題。在我方兵多勢強的形勢下，還問如何用兵，這種謹慎的態度，是安邦定國的根本。這種情況下，用兵的方法叫作贊師，即示弱驕敵，誘敵出戰。故意使我方軍隊陣型散亂，以迎合敵人貪勝的心理，敵人就必然會尋我作戰了。」

　　威王問：「敵眾而我寡，敵強而我弱，這種情況應該怎麼辦？」

　　孫子說：「這種情況下，用兵的方法叫作讓威，即避開敵人的鋒銳。必須隱蔽好後面的主力部隊，以便必要時能安全撤退。要讓持長兵器的士卒在前面開路，持短兵器的士卒在後掩護，並配備機動的弩兵，作為應急之用。我方主力部隊必須按兵不動，等到敵軍疲憊時再發起反擊。」

　　威王問：「我軍和敵軍同時出動，不知道對方的兵力有多少，這種情況應該怎麼辦？」

　　孫臏說：「這種情況下，用兵的方法叫作……」

　　威王問：「應如何追擊窮途末路的敵人？」

　　孫臏說：「敵人在絕境中必會殊死搏鬥，這樣想要獲勝，必須付出很大代價，不如給他們留下一線生機，那樣敵人會喪失鬥志，一心只想

逃生，離開堅固的工事，到時便可輕易殲滅。」

威王問：「敵我雙方勢均力敵，這種情況應該怎麼辦？」

孫臏說：「迷惑敵軍，使其兵力分散，然我軍抓住時機，集中兵力，發起攻擊，但決不要讓敵人知道我軍的意圖。如果敵人不中計，沒有分散兵力，那麼我軍就按兵不動，千萬不要盲目出擊因對我軍行動起疑而加強戒備的敵軍。」

威王問：「如我軍和敵軍的兵力為一比十，有攻擊敵軍的辦法嗎？」

孫臏說：「有。可以採用『攻其不備，出其不意』的戰術。」

威王問：「在地勢條件和兵力都和敵軍相當的情況下，與敵軍交戰卻打了敗仗，這是為什麼呢？」

孫臏說：「這是因為自己的軍陣中沒有精銳的前鋒部隊。」

威王問：「要使軍民一貫地服從命令，應該怎麼做？」

孫臏說：「必須對軍民一貫嚴守信用。」

威王說：「你說得太好啦！你講的用兵的奧妙真是讓我受用無窮啊！」

【原文】

田忌問孫子曰：「患兵者何也？困敵者何也？壁延①不得者何也？失天者何也？失地者何也？失人者何也？請問此六者有道乎？」

孫子曰：「有。患兵者地也，困敵者險也。故曰，三里〔灊〕（沮）泇②將患軍……涉將留大甲③。故曰，患兵者地也，困敵者險也，壁延不得者〔蜑〕寒④也。……」

〔田忌曰〕：「……奈何？」

孫子曰：「鼓而坐⑤之，十而揄之⑥。」

田忌曰：「行陳（陣）已定，動而令士必聽，奈何？」

孫子曰：「嚴而視（示）之利⑦。」

田忌曰：「賞罰者，兵之急者⑧邪（耶）？」

孫子曰：「非。夫賞者，所以喜眾，令士忘死也；罰者，所以正亂[9]，令民畏上也。可以益[10]勝，非其急者也。」

田忌曰：「權、勢、謀、詐，兵之急者邪（耶）？」

孫子曰：「非也。夫權者，所以聚眾也；勢者，所以令士必鬥也；謀者，所以令敵無備也；詐者，所以困敵也。可以益勝，非其急者也。」

田忌忿然作色：「此六者，皆善者所用，而子大夫[11]曰非其急者也。然則其急者何也？」

孫子曰：「繚（料）敵計險[12]，必察遠近……將之道也。必攻不守，兵之急者也。□……骨也。」

【注釋】

① 壁延：壁壘溝塹。

② 灖（沮）洳（音沮如）：沼澤泥濘之地。

③ 涉：渡河。大甲：指全副武裝、鎧甲堅厚的大部隊。

④ 蜑寒：疑同「渠憶」，亦稱「渠答」，張在城上防矢石的設備。一說渠答就是蒺藜。

⑤ 坐：指不出兵。

⑥ 十：指採取多種方法。揄：引。

⑦ 視（示）之利：把獎勵擺在士卒面前，以激勵士卒拼死作戰，建立軍功。

⑧ 急者：最要緊的事項。

⑨ 正亂：整治軍中違法亂紀。

⑩ 益：有助於。

⑪ 子大夫：敬稱，這裡指孫臏。

⑫ 繚（料）敵計險：分析敵情，審察地形。

【譯文】

田忌問孫臏說：「用兵的憂患是什麼？使敵軍陷入困境的辦法是什麼？不能攻占壁壘壕溝的原因是什麼？失去天時的原因是什麼？失去地利的原因是什麼？失去人心的原因是什麼？請問這六個方面有沒有規律

可循？」

孫臏說：「有。用兵最大的憂患是不得地利，使敵人陷入困境的辦法是占據險要的地勢。所以說，數里的沼澤地帶就能妨礙軍隊行動……涉渡江河湖泊就會滯阻大部隊的行進。所以說，用兵最大的憂患是不得地利，使敵人陷入困境的辦法是險要的地勢，壁壘壕溝不能攻占是因為敵人有得力的防禦措施……」

田忌問：「敵軍堅守不出，我軍應該怎麼辦？」

孫臏說：「我軍擊鼓，但不行軍，坐待敵軍來攻，用多種方法引誘、調動敵人。」

田忌問：「作戰部署已經確定，要使士卒在行動中完全服從命令，應該怎麼辦？」

孫臏說：「嚴明軍紀，同時又明令獎賞。」

田忌說：「賞罰，是用兵最要緊的事項嗎？」

孫臏說：「不是。賞賜，是用來鼓舞士卒，使他們捨生忘死，奮力作戰的手段；懲罰，是用來整治違法亂紀，使士卒敬畏上級的手段。賞罰有助於取得勝利，但不是用兵最要緊的事項。」

田忌問：「權力、威勢、智謀、詭詐，是用兵最要緊的事項嗎？」

孫臏說：「不是。權力，是用來調集和指揮軍隊的；威勢，是用以促使士卒奮力作戰的；智謀，是用以使敵人無所防備的；詭詐，是用以使敵人陷入困境的。這些都有助於取得勝利，但不是用兵最要緊的事項。」

田忌氣得變了臉色，說：「這六個方面，都是善於用兵的人經常使用的，而你卻說它們不是用兵最要緊的事項。那你覺得用兵最要緊的事項是什麼呢？」

孫臏說：「分析敵情，研究地形的險易，詳細察明距離的遠近……這是用兵作戰的規律。在戰場上，要善於進攻，牢牢掌握主動權，而不是消極防守，這是用兵最要緊的事項……」

【原文】

田忌問孫子曰：「張軍①毋戰，有道？」

孫子曰：「有。倅②險贈（增）壘，諍戒③毋動，毋可□

前，毋可怒。」

田忌曰：「敵眾且武，必戰，有道乎？」

孫子曰：「有。埤④壘廣志，嚴正輯眾⑤，辟（避）而驕之，引而勞之，攻其無備，出其不意，必以為久。」

田忌問孫子曰：「錐行⑥者何也？雁行者何也？篡（選）卒力士者何也？勁弩趨發者何也？剽（飄）風⑦之陳（陣）者何也？眾卒⑧者何也？」

孫子曰：「錐行者，所以衝堅毀兌（銳）也；雁行者，所以觸廁（側）應□〔也〕；篡（選）卒力士者，所以絕⑨陳（陣）取將也；勁弩趨發者，所以甘戰⑩持久也；剽（飄）風之陳（陣）者，所以回□〔□□也〕；眾卒者，所以分功（攻）有勝也。」孫子曰：「明主、知道之將，不以眾卒幾⑪功。」

【注釋】

① 張軍：陳兵，擺開了陣勢。

② 倅：同「萃」，居止的意思。

③ 諍戒：告誡。諍：或指靜。戒：或指戒備。

④ 埤：增加。

⑤ 正：同「政」，指軍紀。輯：團結。

⑥ 錐行、雁行：皆陣名。

⑦ 飄風：旋風，暴風。

⑧ 眾卒：一般士卒。

⑨ 絕：攻破。

⑩ 甘：同「酣」。甘戰：酣戰，相持而長時間的激戰。

⑪ 幾：指望。

【譯文】

田忌問孫臏說：「敵軍擺開陣勢，卻不交戰，有辦法對付嗎？」

孫臏說：「有。占據險要地勢，加固壁壘，告誡士兵要嚴加防備，

切不可輕舉妄動……決不能被敵軍的挑釁所激怒。」

田忌問：「敵軍兵多而且勇猛，非交戰不可，有辦法應付嗎？」

孫臏說：「有。加固壁壘，激勵士卒鬥志。嚴明軍紀，團結士卒。避開敵人的鋒芒，使其驕傲自大，並設法牽引敵軍，使其疲勞，然後攻其不備，出其不意。同時要做好打持久戰的準備。」

田忌問孫臏說：「錐形陣有什麼作用？雁行陣有什麼作用？選拔精銳士卒有什麼作用？配備能快速發射的強弩有什麼作用？用飄風一般快速機動的隊形有什麼作用？普通士卒有什麼作用？」

孫臏說：「錐形陣，是用來衝破敵軍堅固陣地的；雁形陣，是用來進攻敵人的側翼，並回應中路的；選拔精銳士卒，是用來攻破敵陣，擒殺敵將的；配備能快速發射的強弩，是為了在雙方相持不下時能夠持久作戰的；使用飄風一般快速機動的隊形，是用來迂迴包抄敵人的；普通士卒，是用來配合作戰，保障戰鬥勝利的。」孫臏又說：「明智的君王、精通兵法的將帥，不會用普通士卒去完成關鍵任務，更不會指望他們奪取戰爭的勝利。」

【原文】

孫子出，而弟子問曰：「威王、田忌，臣主之問何如？」

孫子曰：「威王問九，田忌問七，幾①知兵矣，而未達於道。吾聞素信者昌，立義……用兵無備者傷，窮兵者亡。齊三枼（世）其憂矣②。」

☆☆☆

……善則敵為之備矣。孫子曰……

……孫子曰：「八陳（陣）已陳……」

……□孫子……

……險成，險成敵將為正，出為三陳（陣），一□……

……倍人也，按而止之，盈而侍（待）之，然而不□……

……無備者困於地，不□者□□……

……□士死□而傅……

【注釋】

① 幾：接近。

② 齊三葉（世）其憂矣：指三代之後，齊國的國運大概就值得憂慮了。按齊國在威王、宣王時，國勢很強，至湣王末年為燕國所敗之後，國勢遂衰。自威王至湣王，恰為三世。由此看來，孫臏兵法有可能是孫臏後學在湣王以後寫定的。一解此句意為田氏齊國已傳了三代，應該有憂患意識啊。其：表推測。

【譯文】

問答完畢，孫臏走出來，他的弟子問道：「威王和田忌君臣二人所問的問題怎麼樣？」

孫臏說：「威王問了九個問題，田忌問了七個問題，他們可以算懂得用兵之道，但還沒有達到掌握用兵規律的程度。我聽聞，一貫講信用的君王，其國家必定昌盛；主持正義的……用兵作戰，如果不做好充足準備，必會受到損失；窮兵黷武，必會滅亡。三代之後，齊國的命運大概就值得憂慮了。」

【經典戰例】

裴行儉兩平突厥

唐高宗年間，裴行儉兵不血刃，智擒十姓可汗阿史那都支和他的別帥李庶匐，平定了西突厥，卻不料東突厥又來尋釁。

調露元年（679）十月，單于都府突厥阿史德溫傅與奉職兩部起兵反抗唐朝，擁立阿史那泥熟匐為可汗，所轄二十四州酋長一同起兵響應，擁兵數十萬人。唐朝派遣鴻臚寺卿單于都護府長史蕭嗣業以及花大智、李景嘉等人率大軍討伐。剛開始唐軍屢戰屢捷，蕭嗣業恃勝而驕，滋長了輕敵之心，當時正遇連天大雪，蕭嗣業以為突厥已嚇得逃竄，因

此不加防備，結果突厥軍乘著夜色前來偷襲，大敗唐軍。

於是，剛剛平定西突厥的裴行儉正班師回朝，征塵未洗，又被任命為定襄道行軍大總管，領30萬大軍前去救急。

大軍出征，糧草運輸是個關鍵，當初蕭嗣業兵敗，運糧車多次被突厥兵所劫掠，使得將士經常忍飢挨餓也是一個原因。裴行儉要保持運糧道路暢通，頗為費神。

進軍來到朔州時，他召集將佐商議，說：「突厥先前數次斷我軍糧道，以困我軍，現在他們肯定還會用這個辦法來對付我們，大家想想有何克敵良策。」

一員猛將上前，說：「我率數千精兵護送，保管糧食萬無一失。」

裴行儉搖搖頭，說：「你是一員大將，陣前另有重用，數千精兵來回折騰也不是辦法。再說敵人在暗處，我們在明處，防不勝防。」

聽裴行儉這麼一說，眾將領都覺得為難，這漫長的運糧路要經歷千山萬水，不用精兵護送，怎能保糧草無恙？裴行儉沉思良久，緩緩說道：「用兵之道，安撫士卒，貴在志誠；克敵制勝，貴在用謀。我有一策，不知是否可行。」他壓低嗓門說出妙策，眾將佐一個個聽得直點頭。

第二天，突厥的探子發現300輛唐軍的運糧車正緩緩而來，且僅由數百名老弱殘兵押運，馬上飛報酋長。酋長聽後哈哈大笑：「唐兵果然孝順，知道我需要糧草，就乖乖地送上門來了。」說完立即點起手下精兵，呼嘯而去。

唐軍見突厥兵殺來，也不抵抗，一哄而散，四處逃命。突厥兵不費吹灰之力就得到三百車糧草，樂得嘴都合不攏，立刻駕車而去。到了一處水草豐美的地方，突厥兵下馬，解鞍牧馬，準備吃些乾糧，休息一下再卸車取糧。突然間三百輛糧車的篷蓋全被掀開，跳出無數唐軍，手持強弓大刀，遠射近砍。突厥兵猝不及防，撿起刀槍剛要抵抗，又聽得四周鼓聲急擂，埋伏著的唐軍如猛虎撲食般殺來。突厥兵的戰馬早被驚跑，又無路可逃，被唐軍切菜似的砍了個橫屍遍野，剩下的全都叩頭求饒。

突厥上了這次當之後，再也不敢靠近唐軍的運糧隊。裴行儉見解決了後顧之患，便放心大膽地繼續向前進軍。

大軍行進到黑山，遇到阿史那泥熟匐可汗與奉職酋長率領的突厥大軍。雙方擺開陣勢決一死戰。奉職自恃強悍，想趁唐軍立足未穩之際先占個上風，便躍馬前來挑戰。裴行儉令豐州都督程務挺統率左軍，幽州都督李文暕統率右軍，嚴陣以待。

　　奉職揮舞狼牙棒數次衝擊均被殺回，惱羞成怒，指揮部下一同衝鋒。突厥兵嗷嗷叫著縱馬前來，又被一陣亂箭射回。

　　幾次三番沒撈到半點便宜，突厥的戰馬又累得大汗淋漓，眾將士也都一個個口喘粗氣。裴行儉要的就是這個效果，只見他令旗一揮，唐軍排山倒海一般殺出，將突厥兵團團圍住。奉職還要逞強，躍馬朝裴行儉衝來，卻被當胸一箭射中，怪叫一聲，把狼牙棒扔出數丈遠，翻身落馬。唐軍一擁而上，將他五花大綁擒住了。

　　阿史那泥熟匐見奉職被擒，魂魄俱散，帶著一幫士卒拍馬想溜。裴行儉躍上高丘，大喊道：「罪在阿史那泥熟匐與奉職二人！奉職已擒，只要阿史那泥熟匐一人首級，其他人放下武裝，概不追究，立功有賞！」

　　突厥兵聽到這話，紛紛扔下兵器，趴在地上，撅著屁股投降。阿史那泥熟匐身邊僅有數騎，對他們哀求道：「你們保我殺出重圍，將來共享富貴。」不料那幾人翻臉道：「我們跟你走只有一條死路，你將首級給我們，倒能讓咱哥兒們享一番富貴。」說完，一刀砍下了他的腦袋，獻給裴行儉。

　　這場大戰，突厥兵大多被殲，阿史德溫傅留守兵營，因此僥倖撿得一命。他收拾起若干殘兵敗將，匆匆逃往狼山。

　　這次教訓不能說不深刻，但突厥仍不甘心。裴行儉率領大軍撤回之後，突厥阿史那伏念自立為可汗，聯合阿史德溫傅，再次作亂，出兵侵擾唐朝邊境。開耀元年（681），唐高宗讓裴行儉再辛苦一趟，出任定襄道大總管，討伐突厥。

　　邊患連年不絕，總得有個長久之計。除惡務盡，阿史德溫傅乃上次叛亂的元兇，裴行儉當時就想一鼓作氣將他殲滅，無奈高宗得知唐軍大勝，急於召他回京嘉獎，使得今日阿史德溫傅捲土重來。不過，阿史德溫傅驕橫不羈，未必能服阿史那伏念。同樣，阿史那伏念也對阿史德溫傅有防犯之心。只有利用他二人之間的矛盾，才能將他們各個擊破，保

一方平安。想到此處，裴行儉已有破敵之策。

裴行儉駐軍代州的陘口，派右武衛將軍曹懷舜率領前軍先行，同時用反間計四處放風，挑得阿史那伏念與阿史德溫傳互相猜疑。

曹懷舜正率軍北上，探得阿史那伏念與阿史德溫傳在黑沙，身邊僅有二十多個保鏢。這可真是天賜良機！曹懷舜將老弱士卒留在瓠蘆泊，自己親率輕騎精兵火速趕去。到了黑沙，設下包圍圈，慢慢逼近，卻連一個突厥兵都沒發現，曹懷舜這才知道上了大當，這時已是人困馬乏，眾將士垂頭喪氣地往回趕。行進到橫水，突然嗷嗷吶喊聲四起，山坡上數不清的突厥兵飛馬殺來。箭矢如雨，唐軍紛紛倒下。曹懷舜且戰且退，十分狼狽，只得收集金帛賄賂阿史那伏念，同他議和，殺牛訂盟。

阿史那伏念用計贏了一仗，又得到許多金銀財物，自然得意非凡，凱旋回金牙山。不料迎接他的卻是當頭一棒：金牙山已插滿了大唐旗幟！阿史那伏念嚇得臉色煞白。原來裴行儉在他出兵襲擊曹懷舜之時，派遣大將何迦密從通漠道，大將程務挺從石地道兩路包抄金牙山，搗了阿史那伏念的老巢。

阿史那伏念的妻子兒女和輜重都留在金牙山，現都落入唐軍之手，怎能不令他心寒？裴行儉還給他留有一信，阿史那伏念哆哆唆唆地打開，只見上面寫著：「你侵擾大唐疆域，又冒犯天國之師，罪大惡極。現你已窮途末路，妻子兒女又都在我手中。我這裡給你指一條生路：殺了阿史德溫傳，將功折罪，方可保全性命，否則只有死路一條。」阿史那伏念一時拿不定主意，率領部隊先撤往細沙。

數日之後，塵土飛揚，一路大軍急馳而來。唐軍哨兵驚慌地跑來向裴行儉稟告。裴行儉一面召集將士，一面說道：「不必恐懼，肯定是阿史那伏念捉拿阿史德溫傳前來投降。不過，受降如迎敵，必須嚴加防範。」裴行儉派一位官員出營去迎接慰勞，其他人各就各位，做好準備。沒過多久，阿史那伏念果然率領眾部屬綁著阿史德溫傳到軍營前請罪。

原來，阿史那伏念離開之後，裴行儉派副總管劉敬同、大將程務挺隨後急逼，阿史那伏念走投無路，士卒又多患傳染病，更害怕阿史德溫傳先被唐軍買通，將他綁去獻功，只得就範，設計拿下了阿史德溫傳。

裴行儉兩次出征，終於平定突厥之亂。

陳忌①問壘

【原文】

田忌問孫子曰：「吾卒□□……不禁，為之奈何？」

孫子曰：「明將之問也。此者人之所過而不急也。此□之所以疾……志也。」

田忌曰：「可得聞乎？」

曰：「可。用此者，所以應卒（猝）窘處隘塞死地之中也②。是吾所以取龐〔涓〕而禽（擒）泰（太）子申也。」

田忌曰：「善。事已往，而刑（形）不見。」

孫子曰：「疾利（蒺藜）者③，所以當溝池也④。車者，所以當壘〔也〕。〔□□者〕，所以當堞⑤也。發者，所以當埤堄⑥也。長兵次之，所以救其隋⑦也。從（縱）⑧ 次之者，所以為長兵〔□□〕也。短兵次之者，所以難其歸而檄其衰也⑨。弩次之者，所以當投幾（機）⑩ 也。中央無人，故盈之以□……卒已定，乃具其法。制曰：以弩次疾利（蒺藜），然後以其法射之。壘上弩戟分。法曰：見使椠⑪來言而動□……去守五里直（置）候⑫，令相見也。高則方之，下則員（圓）之。夜則擊鼓，晝則舉旗。」

☆☆☆

……田忌問孫子曰：「子言晉邦之將荀息、孫軫之於兵也，未□……」

「……無以軍恐不守。」忌子曰：「善。」田忌問孫子曰：「子言晉邦之將荀息、孫〔軫〕……」

「……也，勁將之陳（陣）也。」孫子曰：「士卒……」

……田忌曰：「善。獨行之將也……」

「……言而後中。」田忌請問……

「……人。」田忌請問兵請（情）奈何？……

「……見弗取。」田忌服，問孫〔子〕……

「……□囊□□□焉。」孫子曰：「兵之□……」

「……□應之。」孫子曰：「伍□……」

……孫子曰：「□……」

「……□見之。」孫子……

「……以也。」孫……

……將戰書柧，所以哀正也。誅〔亂〕規旗，所以嚴後也。善為陳（陣）者，必□□賢……

……□明之吳越，言之於齊。曰：智（知）孫氏之道者，必合於天地。孫氏者……

「……求其道，國故長久。」孫子……

「……□問智（知）道奈何。」孫子……

……〔未戰〕而先智（知）勝不勝之謂智（知）道。〔已〕戰而知其所……

……所以智（知）敵，所以曰智，故兵無……

【注釋】

① 陳忌：即田忌，陳、田二字古代音近通用。

② 應卒（猝）：應付突然發生的事變。窘處：困處。

③ 蒺藜：古代用木或金屬製成的帶刺的障礙物，布在地面以阻礙敵軍前進。因與蒺藜果實形似，故名蒺藜。

④ 溝：溝塹。池：護城河。

⑤ 堞：城牆上的矮牆。

⑥ 埤堄：城上呈凹凸形而有射孔的矮牆，既可防禦，又可往外射箭，亦稱女牆。

⑦ 隋：同「隳」，崩毀。

⑧ 從（鎩）：古代一種小矛。

⑨ 徼：通「邀」，截擊。衰：疲憊。

⑩ 投幾（機）：投石機。

⑪ 枼：同「諜」，間諜。

⑫ 候：斥候，這裡指哨崗。

【譯文】

田忌問孫臏說：「我軍兵力薄弱，彼此不能相顧，突遇強敵，難以制止其進攻，應該怎麼辦？」

孫臏說：「這真是明智的將領所提出的問題。這也是人們常常忽略的問題。這是用來迅速⋯⋯」

田忌說：「您能講給我聽聽嗎？」

孫臏說：「可以。這個辦法，是在猝不及防中被圍困於狹窄的險塞、進退不得的死地時所採用的。也是我用以戰勝龐涓，俘虜魏太子申的戰法。」

田忌說：「太好了！但可惜事情已經過去很久了，當時佈陣設壘的情形已無法看到了。」

孫臏說：「蒺藜散佈在地上，可以用來當作溝塹和護城河；戰車並排連接，可以用來當作壁壘城牆⋯⋯放在車上，可以用來當作城上的矮牆；盾牌排列開來，可以用來當作城上的女牆。後面部署使用長兵器的部隊，用來救援防線被突破的地方。其後面部署使用小矛的部隊，用來支持使用長兵器的部隊。再後面部署使用短兵器的部隊，用來阻斷敵軍後路，截擊疲睏的敵軍。最後面部署弓弩部隊，強弩硬弓可以用來當作投石機。中央部隊空虛無人，因此以⋯⋯來充實。完成了上述部署，就算做好了打壁壘戰的準備。兵法上說：要把弓弩兵部署在蒺藜之後，然後按照要求射殺敵人。在壁壘上，使用弓弩的部隊和使用長戟的部隊各占一半。兵法上又說：要等派出去偵察的間諜回來報告敵情後再決定行動計劃⋯⋯要在距離守衛陣地五里遠的地方設置崗哨，使守衛陣地與哨崗能夠相互看得見。哨所在高處，就建成方形。在低窪處，就建成圓形。夜晚以鼓聲聯絡，白天以旗幟聯絡。」

諸葛亮火燒博望坡

　　東漢末年，曹操打敗袁紹，奪得冀州，又收服遼東之後，形成了獨霸北方，虎視南疆的局面。這時曹操的帳下，真是文官武將濟濟一堂，兵強馬壯，實力超群。

　　一日，曹操召集文武眾人商議南征，夏侯惇請求領兵除去劉備。曹操早已把劉備看作強勁對手，正想趁其羽毛未豐時一舉翦除，於是任命夏侯惇為都督，于禁、李典、夏侯蘭、韓浩為副將，讓他們領兵 10 萬，到博望坡去見機行事，伺機消滅劉備。

　　夏侯惇帶領 10 萬大軍，而劉備當時只不過借小城新野暫時棲身，兵馬總計也不過幾千人，夏侯惇哪裡會把劉備放在眼裡，只不過將其視作「鼠輩」而已；諸葛亮當時還是無名之輩，在他眼中更無地位，拿他的話說，只不過是「草芥」。夏侯惇帶領大軍耀武揚威，直奔新野。

　　劉備得報，不免緊張焦急，忙請諸葛亮來商議。諸葛亮卻不慌不忙，向劉備借了印信和寶劍，召集眾將聽令。他一一分配任務，叫關羽、張飛、趙雲、劉備等人分頭去執行。這時，供他支配的兵力主要是他新近招募訓練的 3000 新兵。對他的指揮部署，連劉備都覺得沒有底，關、張二人更是不相信，不服氣。關羽甚至質問諸葛亮：「我們都去迎敵，不知軍師做什麼事？」諸葛亮說：「我就坐守縣城！」張飛聽了大笑說：「我們都去拚殺，你卻在家裡閒坐，好自在喲！」可是，諸葛亮印、劍在手，關、張二人也不得不聽令照辦。

　　再說那夏侯惇，領兵到達博望坡，分出一半精兵，由他親自帶領，加緊趕路。忽然看見前面塵土飛揚。夏侯惇把人馬擺開，親自出馬到陣前迎敵。一看，趙雲僅帶幾百軍兵前來迎戰，不禁大笑道：「我笑徐元直在丞相面前，把諸葛亮誇成神仙，現在看他用兵，用這樣的軍馬和我對陣，這不是趕著狗和羊去與虎豹相鬥嗎？我今天定能實現在丞相面前許下的諾言，活捉劉備和諸葛亮！」說完，便驅馬上前，大罵趙雲，挺槍直刺。趙雲沒戰幾個回合，返身「敗退」。夏侯惇緊追不捨，跑了十多里，趙雲回馬再戰，沒幾個回合，再次「敗逃」。夏侯惇更加狂傲，

驅軍追趕。韓浩提醒他謹防埋伏，夏侯惇說：「就這樣的敵軍，就算他十面埋伏，我又怕他什麼呢？」

　　夏侯惇縱馬急追，又遇劉備接應趙雲與其交戰，他更樂了：「這就是埋伏的兵馬啊！今天晚上，我不到新野誓不罷兵！」誰知，夏侯惇剛追到博望坡左面的狹窄地帶，突然兩邊蘆葦叢燃起大火，這時風正大，剎時四面八方火光衝天，燒得曹軍人喊馬嘶，自相踐踏，死傷不計其數。趙雲回馬殺來，夏侯惇冒煙突火飛逃而去。曹軍沿途又被關羽、張飛衝殺，糧草被燒燬，幾乎全軍覆沒。

　　諸葛亮談笑之間，以 3000 新兵，戰敗曹軍 10 萬人馬，其原因就在於他善於利用地形佈陣。原來博望坡左面有一座豫山，山右面有座樹林，名叫安林，道路兩邊還有濃密的蘆葦叢，正是設伏的火攻地形。諸葛亮又通過觀測算定當天必有大風，風助火勢，更是理想的火攻天氣。諸葛亮再命趙雲、劉備連連「敗退」，使用驕兵之計，引誘曹軍中計。地利、天時、人和，諸葛亮全利用了，大獲全勝也就是必然的了。

篡　卒

【原文】

　　孫子曰：兵之勝在於篡（選）卒，其勇在於制①，其巧在於勢，其利②在於信，其德在於道③，其富在於亟歸④，其強在於休民，其傷在於數戰。

　　孫子曰：德行者，兵之厚積⑤也。信者，兵〔之〕明賞也。惡戰⑥者，兵之王器⑦也。取眾者，勝□□□也。

　　孫子曰：恆勝有五：得主剸（專）制⑧，勝。知道，勝。得眾，勝。左右和，勝。量敵計險，勝。

　　孫子曰：恆不勝有五：御將⑨，不勝。不知道，不勝。乖將⑩，不勝。不用間，不勝。不得眾，不勝。

　　孫子曰：勝在盡□……明賞，撰（選）卒，乘敵之□。

是謂泰武之葆⑪。

　　孫子曰：不得主弗將也……

　　☆☆☆

　　……□□令，一曰信，二曰忠，三曰敢。安忠？忠王。
安信？信賞。安敢？敢去不善⑫。不忠於王，不敢用其兵。
不信於賞，百姓弗德。不敢去不善，百姓弗畏。

　　二百卅五。

【注釋】

① 制：指以嚴明的軍紀約束限制。

② 利：銳利，指軍隊戰鬥力強大。

③ 德：指軍隊具有良好的政治素質。道：教育，引導。

④ 富：富足。亟歸：急歸，指速戰速決。

⑤ 厚積：豐富的儲備，這裡指深厚基礎。

⑥ 惡戰：厭戰，不好戰。

⑦ 王器：王者之器，即成就王霸之業的重要條件，這裡指最高原則。

⑧ 剸（專）制：指君主完全信任將帥，使其有充分的自主指揮權。

⑨ 御將：指君主駕馭、控制將帥，使其不能自主指揮。

⑩ 乖：離異。乖將：指將帥不和。

⑪ 泰武：強大的武力。這裡指軍隊獲得勝利。葆：同「寶」，這裡指珍
　貴的法寶；一指保障。

⑫ 不善：不正確的東西；一指壞人、壞事。

【譯文】

　　孫臏說：要想取得作戰的勝利，關鍵在於選拔精銳士卒；要想士卒勇
猛，關鍵在於嚴明軍紀；要想軍隊作戰機動靈活，關鍵在於審時度勢；要
想軍隊銳不可當，關鍵在於將帥賞罰有信；要想軍隊政治素質好，關鍵在
於教育引導有方；要想軍需充足，關鍵在於速戰速決；要想軍隊實力強
大，關鍵在於養精蓄銳；軍隊戰鬥力削弱，是因為作戰頻繁。

　　孫臏說：良好的德行，是軍隊鞏固的深厚基礎；將帥嚴守信用，是
軍隊賞罰嚴明的有力保證；國君和將帥不好戰，是用兵的最高原則；得

到眾人的擁護，是取得勝利的重要條件。

孫臏說：軍隊能夠常勝的條件有五個：將帥得到國君的充分信任，可以取勝；將帥懂得用兵的規律，可以取勝；將帥深得廣大士卒的擁護，可以取勝；軍隊上下同心同德，可以取勝；將帥能夠認真分析敵情，深入研究地形險易，可以取勝。

孫臏說：軍隊常敗的原因有五個：將帥受到國君的牽制，不能取勝；將帥不懂得用兵的規律，不能取勝；將帥之間不和，不能取勝；將帥不用間諜，不能取勝；將帥得不到廣大士卒的擁護，不能取勝。

孫臏說：要想取勝，關鍵在於將帥盡心儘力……嚴明賞罰，選拔精銳士卒，乘敵之隙。這是用兵取勝，建立戰功的法寶。

孫臏說：將帥若不能得到君主的充分信任，就不能統兵作戰……

☆☆☆

……命令，一是信，二是忠，三是敢。忠於誰？忠於君王。誠信於什麼？誠信於獎賞。敢於做什麼？敢於拋棄不正確的東西。將帥如果不忠於君王，君王就不敢用其領兵作戰。將帥獎罰不守信用，士卒們就不會擁護他。將帥不能拋棄錯誤的東西，士卒們就不會敬畏他。

【經典戰例】

司馬懿臨危受命

三國時期，魏主曹丕病死之後，曹真等大臣擁立曹睿繼位，是為魏明帝。當時曹睿年幼，朝政實際由曹真、曹休、陳群和司馬懿四位顧命大臣執掌。

身在蜀中的諸葛亮想趁魏主曹睿年幼，司馬懿訓練兵馬尚未成功之際，進兵伐魏，完成他輔佐蜀主，統一中原的心願。但諸葛亮仍然擔心司馬懿領兵作戰，難於取勝。這時，馬謖建議乘魏國新喪，曹睿剛登基，年齡又小，朝臣爭權之機，用反間計除去司馬懿。

諸葛亮採納馬謖的意見，派人去散佈流言，張貼告示，說司馬懿要謀反，這一計謀果然奏效，曹睿信以為真，太尉華韶和司徒王朗又乘機進言除掉司馬懿。司馬懿被罷去官職，回歸故里，他所統領的雍、涼兵

馬，改由曹休統領。

　　諸葛亮聞訊後十分高興，當即上《出師表》，請求出兵伐魏。蜀後主當然批准。諸葛亮帶領戰將數十員，大軍 30 萬，屯駐漢中。趙雲自願請戰，擔任先鋒，由鄧芝隨同，帶領副將十員，精兵 5000，先行進入魏國境內。

　　魏主得報，大吃一驚，慌忙向群臣問計，夏侯惇自告奮勇，願領兵拒敵。曹睿就任命他為大都督，統領關西兵馬前去迎敵。

　　蜀魏兩軍在鳳鳴山相遇，魏軍先鋒韓德的四個兒子很快敗在趙雲手下，有死的、有傷的、有被活捉的，無一倖免。韓德嚇破了膽，搶先逃跑，8 萬士兵潰不成軍。

　　韓德回報，夏侯惇親自出戰，又是大敗而回。後來諸葛亮領軍到來，施用巧計，連破魏軍幾座城池，大軍直出祁山，兵臨渭水西岸，魏軍的大都督夏侯惇也成了蜀軍的俘虜。

　　魏主曹睿得到戰報，嚇得要命，忙問：「誰能給我打退蜀兵？」魏國朝臣互相推諉，最後由曹真任大都督，王朗任軍師，調集 20 萬大軍前去迎戰蜀軍。結果，第一次對陣，諸葛亮就在陣前罵死了王朗，接著又將計就計，利用魏軍前來劫寨的機會，大敗魏軍。以後又經幾番較量，諸葛亮指揮蜀軍兵將，連敗魏軍及魏軍千方百計請來的 15 萬羌兵。

　　曹真一籌莫展，趕忙派人回朝求援。曹睿得報，毫無主意，太傅鍾繇建議重新起用司馬懿，曹睿點頭同意。曹睿準備親率兵馬抵擋蜀軍，並命司馬懿都督荊、豫二州諸軍事，屯兵宛城，以便東西接應。

　　這日，司馬懿在宛城，正坐在堂上與兒子司馬師、司馬昭商議軍情，忽報魏興郡太守申儀家人有機密事求見。司馬懿將其喚入密室對談，來人密告孟達準備謀反。

　　這孟達本是劉璋的部下，後投靠劉備，劉備讓他當了宜都太守，駐軍上庸。關羽被圍麥城時，曾派人向孟達求救，孟達以上庸剛剛收復，人心不穩為藉口，拒不發兵，致使關羽被殺，為此劉備非常惱火。此後劉備派義子劉封去協助孟達，但這兩人性格不合，水火不容，孟達一生氣，竟率部投歸曹魏。

　　魏王曹丕很喜歡孟達，任他為新城太守，封平陽亭侯，賞賜無數。

但明帝曹睿即位後，就有人在他面前說：「孟達善於玩弄權謀，缺乏感恩之心。」「新城郡跟蜀漢、東吳接壤，萬一有變，將會帶來災禍，不可不防。」曹睿一聽，就漸漸疏遠了孟達，孟達日感孤單和不安。

諸葛亮得知孟達的處境後，幾次暗中與其聯絡，勸說他再回蜀漢。孟達也回信給諸葛亮表示同意，諸葛亮自然十分高興。

當諸葛亮得知司馬懿再次為將時，特地寫信囑咐孟達要小心提防，誰知孟達不僅不引以為戒，更笑諸葛亮膽小，他回信道：「宛城離洛陽約 800 里，到新城為 1200 里。即使司馬懿知道我要舉事，他若想出兵，必須先表奏魏主，得到魏主許可。這樣往返就需要一個月時間。到那時我城池已十分堅固，將士據守險要之地，有什麼可擔心的呢？請丞相儘管放心，靜候捷音便是！」

這邊司馬懿已得知孟達叛變的消息，他以手加額，不勝慶幸地說：「這真是皇上齊天洪福！諸葛亮領兵攻我，已出漢中，屯兵石馬城。如果讓孟達得逞，中原就危險了。孟達私通諸葛亮，我先將他拿下，諸葛亮定然心寒，只好退兵。」

長子司馬師說：「事關重大，父親可急奏天子，以待天子聖旨。」

司馬懿略作思索，說：「要等聖旨下，往返得一個月時間，事情可就來不及了。將在外君命有所不受，豈可因迂腐而誤事？」

司馬懿當機立斷，立刻親領兵馬起行，命令一日要走二日路程，慢者立斬。司馬懿又命參軍梁畿攜帶要孟達等準備出征的命令，星夜先去新城，並把自己去新城的兵馬，說成是去長安。

梁畿到達新城，傳達司馬懿將令：「司馬都督今奉天子詔，起各路軍抵禦蜀兵，太守集本郡兵馬聽候調遣。」

孟達一聽，暗自竊喜，他覺得自己的計劃天衣無縫，司馬懿根本毫無察覺。

可就在梁畿走後不久，孟達還在新城做著美夢的時候，守城士卒忽報司馬懿領兵殺到。孟達根本毫無防備，倉促之下，急令提起吊橋，閉上城門。

新城因工事未固，準備不足，在魏軍優勢兵力攻擊下，軍心動搖，難以支持。經過十六天鏖戰，孟達手下部將開門出降。魏軍入城斬殺孟達，俘獲叛軍一萬多人。

諸葛亮探得司馬懿出兵，急忙派出一支人馬救援新城，但大軍剛出發，孟達敗死的消息就傳來了，援軍只得撤回。

司馬懿斬殺孟達以後，再去洛陽，晉見魏帝曹睿，上奏道：「臣聞孟達謀反，本該表奏陛下，只是擔心往返耽誤時機，所以不待聖旨，星夜而去，望陛下治罪。」

曹睿十分高興，大大誇獎了司馬懿一番，說：「愛卿是大大的功臣，何罪之有？你就是寡人的孫武、吳起！」曹睿又賜給司馬懿金鉞一對，詔示以後遇要緊之事，不必先行奏聞，可以見機行事，然後命司馬懿出師抵禦蜀軍。

不久，司馬懿又利用諸葛亮誤用馬謖的錯誤，攻下街亭，諸葛亮見形勢不利，只好含恨退兵。

月　戰

【原文】

孫子曰：間於天地之間，莫貴於人。戰□□□□不單。天時、地利、人和，三者不得，雖勝有央（殃）。是以必付與而□戰，不得已而後戰。故撫時①而戰，不復使其眾。無方而戰者小勝以付曆②者也。

孫子曰：十戰而六勝，以星也。十戰而七勝，以日者也。十戰而八勝，以月者也。十戰而九勝，月有……〔十戰〕而十勝，將善而生過③者也。一單……

☆☆☆

……所不勝者也五，五者有所壹，不勝。故戰之道，有多殺人而不得將卒者，有得將卒而不得舍④者，有得舍而不得將軍者，有覆軍殺將⑤者。故得其道，則雖欲生不可得也。

八十。

【注釋】

①撫時：指把握戰機，及時出擊。

②曆：同「歷」，曆法，天時。

③生過：指我軍戰鬥力勝過敵軍。一說指敵軍出現失誤。

④舍：軍舍，營壘。

⑤覆軍殺將：殲滅敵軍，殺敵將。一說指己方全軍覆沒，主帥被殺。

【譯文】

孫臏說：天地之間，沒有比人更寶貴的了。戰勝敵人的因素並不是單一的。在戰爭中，如果天時、地利、人和這三項條件不能完全具備，那麼即使取得了勝利，也必定留下後患。因此，必須三項條件齊備才能出戰，如果三項條件不能齊備，除非萬不得已，不然決不可作戰。只要能夠把握時機作戰，就可一戰而勝，不需要再次用兵。沒有作戰計劃就去作戰，卻能取得小勝，那是由於天時符合。

孫臏說：作戰十次而取勝六次，是因為根據星辰變化的規律而制定作戰計劃；作戰十次而取勝七次，是因為根據太陽運行的規律而制定作戰計劃；作戰十次而取勝八次，是因為根據月亮運行的規律而制定作戰計劃；作戰十次而取勝九次，是因為……作戰十次全部獲勝，是因為將帥善於用兵，且我軍士卒的戰鬥力又勝過敵軍……

☆☆☆

……不能全勝的情況也有五種，有了這五種情況中的任何一種，都不能算全勝。所以，在戰爭中所出現的通常情況是：有時殺傷敵人很多，卻沒有俘獲敵軍的將帥和士卒；有時俘獲了敵軍的將帥和士卒，卻沒有占據敵軍的營壘；有時占據了敵軍的營壘，卻沒有殺死敵軍的統帥；有時殲滅了敵軍並殺死了敵軍的統帥。所以只要掌握了取得全勝的用兵規律，那麼敵軍想要逃生也是不可能的。

劉備失策兵敗身死

　　建安二十四年（219），關羽敗走麥城，從臨沮小路逃走時，中了吳軍的埋伏，被吳將馬忠捉住。隨後關雲長的義子關平來救，也被捉住。關雲長父子不肯投降，被孫權下令斬首。至此，孫、劉聯盟也宣告破產，盟友成為敵人。

　　劉備得報，哭得死去活來，在登基的第二天就要御駕親征，討伐東吳，為關羽報仇。相傳劉備、關羽、張飛三人結為異姓兄弟，立誓不願同日同時生，但願同日同時死。

　　當時蜀漢軍營中有主戰、主和兩派，跟隨劉備多年的大將趙雲進諫道：「國賊是曹操，不是孫權。如果先滅了魏，再去對付吳自然就手到擒來。如今曹操雖死，但其子曹丕篡位。應當趁此人心不服之際，早日奪取關中，占據黃河、渭水的上游，討伐逆賊曹丕。這樣的話，關東義士必然攜糧驅馬，迎接王師。棄魏而與吳戰，決非上策。」

　　劉備恨恨地說：「孫權殺我兄弟，此仇不共戴天，待我先收拾了東吳，回頭再殺曹賊。」

　　趙雲見劉備執迷不悟，苦苦相勸：「漢賊之仇，為國家之仇；兄弟之仇，則為私人之仇，願陛下以天下為重。」但趙雲這些肺腑之言，劉備就是聽不進去。

　　主和的蜀國文臣武將要諸葛亮出頭再諫劉備。劉備向來尊重諸葛亮，聽了諸葛亮的話有所觸動。可這時，張飛從閬中匆匆回來，火上澆油，說是劉備忘了兄弟情分，就算他張飛只有獨自一個也要為二哥關羽報仇。張飛這番話又讓劉備鐵了心，以至益州從事秦宓攔馬力諫，劉備竟也將其囚入監獄。

　　而此時又節外生枝，為關羽報仇心切的張飛，因平時對其部屬暴躁寡恩，在出師前夕，竟被帳下部將張達、范強刺殺。他倆拿著張飛的人頭投奔孫權，邀功請賞。劉備聞報之後，更為悲痛，頓時放聲大哭，嚷著非要消滅孫權不可。

　　蜀漢章武元年（221）七月，劉備御駕親征，率領大軍東下。面對

蜀軍強勢來襲，孫權確實有些驚慌。因為，此時如果曹丕乘人之危，也出師南下，夾擊東吳，孫權勢必難以招架。

孫權清楚地認識到這一危險，不惜卑躬屈膝，忍辱負重，先是派人向劉備求和，以願意割讓荊州等為條件，與劉備重修舊好，並由諸葛亮的哥哥、東吳南郡太守諸葛瑾寫信給劉備。信中說：「關羽之親，總不如先帝；荊州再大，也比不過海內。」指出曹丕是當前頭號大敵，吳、蜀應該一致對抗曹魏。但劉備斷然拒絕了孫權的求和。

孫權看到吳蜀交戰已不可避免，便轉而向曹丕「寫表稱臣」。曹丕很高興，欣然接受。孫權排除了兩面受敵的可能性，得以專心一致來對付劉備。

卻說劉備親統大軍，由將軍吳班、馮習、張南等率領，沿長江東下，出巫峽，一時軍勢頗盛，接連收復巫縣、秭歸，浩浩蕩蕩直撲江陵。自秭歸出發時，治中從事黃權建議劉備：「吳人善戰，不可輕視。水軍沿流而下，進易退難。臣請為先驅，陛下宜為後鎮。」這個建議，從戰略方面考慮，比較周到，劉備卻不接受，反而任命黃權為鎮北將軍，防備魏軍。

劉備大軍推進到夷陵便棄舟登岸，在江岸處結營，樹柵連營七百里。劉備親率主力屯兵於猇亭。此時蜀軍已深入東吳腹地五六百里，這幾百里的江岸兩側，都是高山連云，草木叢生的山林地帶，地形複雜，劉備偏偏選擇這個不利地形，來和東吳作戰。

當劉備舉兵東下，孫權求和不得後，便任命陸遜為大都督，率朱然、潘璋、宋謙、韓當、徐盛等大將抗敵。一批謀士認為，陸遜不過一介書生，年紀又輕，委此重任，很不放心。一班武將則更不服氣。陸遜卻胸有成竹，指揮若定。

陸遜上任後便定下了後發制人戰略。他一到前線，東吳三軍將領紛紛請求立即與蜀軍決一死戰。陸遜卻說：「劉備率軍東下，士氣高昂，銳不可當。而且紮營高處，據守險要，難以攻擊。」他命令各將嚴防隘口，不許出擊。這也就是把企圖速戰速決的敵手，拖入曠日持久的對峙之中。使長驅而來的進擊者，後援、補給等各方面產生困難。士兵處於困境，身心容易疲憊，而吳軍則可以逸待勞。

吳軍一些將領，對陸遜這一舉措大為不滿，都在背後譏笑其怯懦，

有的老將甚至說：「讓這樣一個毛頭小子當大將，東吳恐怕要亡了！」有的老將，更是倚老賣老，自以為百戰沙場，視死如歸，當面頂撞陸遜，說：「只守不戰，不能殺退蜀兵，反而挫了吳兵銳氣。」陸遜等他們都說夠了，突然拔出寶劍，屬聲說道：「陛下將此重任交給我，是以為我多少有可取之處。我之長處就是能忍辱負重，而今只要諸將堅守險要，不許妄動。違者必以軍法論處！」

陸遜親自走遍各關隘口，撫慰將士，令其固守。

劉備讓部分兵馬進入平地築營，有些吳軍將領認為戰機來了，主張發起攻擊。陸遜飛馬趕到，遠看蜀兵漫山遍野，軍中隱隱有黃羅蓋傘。一旁的將領說：「軍中一定有劉備，應當速攻。」陸遜說：「此中一定有詭計，再仔細看看吧。」

蜀軍見吳軍沒有反應，果然撤出了山谷中的伏兵。吳將不得不佩服陸遜的判斷正確。陸遜說：「蜀兵耀武揚威、橫衝直撞，自以為得志；我堅守不出，他求戰不得，待其兵卒疲憊，士氣沮喪，便可一舉擊破。」

蜀軍自公元222年2月來到巫峽至夷陵一帶，與吳軍相持到這年六月。自春而夏，在草木叢生的山林地帶安營下寨，戰線綿亙數百里，不知不覺中已犯了兵家大忌：把大軍鋪開駐紮在地形過於複雜的大片地方，使得兵力極度分散，首尾不能相顧，很容易為敵方所制。當時又是盛夏，赤日炎炎，劉備想等到秋天再併力進兵。陸遜見蜀兵已經懈怠，時機已到，就著手安排反攻。

陸遜在反攻以前，為進一步麻痺敵人，又進行了一次「試敵」計謀：安排小部分吳軍主動出擊蜀兵，故意戰敗。

蜀、吳兩軍相持多時，也有部將進諫劉備：「陸遜詭計多端，不能掉以輕心。」劉備倚老賣老，說：「我用兵多年，什麼樣的陣勢沒見過，難道還敵不過一個嘴邊無毛的小娃娃？」

陸遜以佯敗試陣，使蜀軍更放鬆了對吳軍突然襲擊的戒備。

就在吳兵佯敗的次日，陸遜下令全面出擊。蜀軍開始察覺到一些微候，報告了劉備，劉備卻還在說：「吳軍昨夜剛被我們殺得大敗而歸，今天怎麼敢再來挑釁？」認為只不過是疑兵罷了。

但就在這時，陸遜命令士卒手執茅草，內藏硫磺等引火之物，並帶

上火種，潛入蜀營，四處順風縱火。一時間，長江兩岸，火煙陡起。劉備聞報急忙披甲上馬，出營瞭望，只見四面八方，一片火光，草木統被燒著，漸漸蔓延逼到御營。漫山遍野，殺聲震天動地，也不知有多少吳兵埋伏。蜀漢大將馮習、張南先後陣亡。

劉備率軍倉皇退守馬鞍山。陸遜親自督戰，四面圍攻，蜀軍又損折了近萬人。劉備乘夜從馬鞍山突出重圍，退到秭歸，再從秭歸退到白帝城。將軍傅肜殿後，後來連同部屬全都戰死。從事程畿率艦隊向西逆江撤退，也戰死。陸遜縱兵追擊，連破蜀軍四十餘營，一直挺進到巫縣。蜀軍的舟船器械，水步軍資，丟棄一地，屍骸順江水飄流而下。此時，正在江北防禦魏軍的鎮北將軍黃權因劉備兵敗，後無退路，只得投降曹丕。

劉備退到白帝城，吳國將領徐盛、潘璋、宋謙等，紛紛上書孫權，要求繼續追擊。陸遜則上書孫權說：「曹丕知我追趕蜀兵，必乘虛來襲，我若深入四川，很難全身而退。」於是，他令一將斷後，大軍迅速班師。

果然不出陸遜所料，在吳蜀會戰後不到四個月，曹丕分兵兩路，進攻東吳濡須和江陵。

劉備在白帝城，後悔當初不該不聽趙雲等人所言，致使數萬大軍斷送於己手，抑鬱成疾，到第二年的 4 月，便在自責自怨中撒手西去，死得也夠淒涼。

八　陣

【原文】

孫子曰：智不足，將兵，自恃也。勇不足，將兵，自廣①也。不知道，數戰不足②，將兵，幸也。夫安萬乘國③，廣萬乘王④，全萬乘之民命者，惟知道。知道者，上知天之道，下知地之理，內得其民之心，外知敵之情，陳（陣）則知八陳（陣）之經，見勝而戰，弗見而諍⑤，此王者之將也。

孫子曰：用八陳（陣）戰者，因地之利，用八陳（陣）之宜，用陳（陣）參（三）分，誨⑥陳（陣）有蜂（鋒），誨逢（鋒）有後，皆侍（待）令而動。鬥一，守二。以一侵敵，以二收。敵弱以⑦亂，先其選卒以乘之；敵強以治，先其下卒以誘之。車騎與戰者，分以為三，一在於右，一在於左，一在於後。易⑧則多其車，險則多其騎，厄⑨則多其弩。險易必知生地、死地⑩，居生擊死。

二百一十四。八陳（陣）

【注釋】

① 自廣：自寬，自我安慰。
② 數戰不足：指沒有經歷過多次戰鬥，戰爭經驗不足。
③ 萬乘國：有萬乘兵車的大國。
④ 王：王霸之業，統轄範圍。
⑤ 諍：指靜，按兵不動。
⑥ 誨：同「每」。
⑦ 以：相當於「而」，表並列。
⑧ 易：開闊平坦之地。
⑨ 厄：兩邊高峻狹窄的地形。
⑩ 生地：有利的地形。死地：不利的地形。

【譯文】

孫子說：智謀不足的人，卻去統兵作戰，這是自以為有能力；勇氣不足的人，卻去統兵作戰，這是自以為勇敢；不懂得用兵規律，缺乏實戰經驗的人，卻去統兵作戰，這是心存僥倖。要安定萬乘大國的統治，擴大萬乘大國的統轄範圍，保全萬乘大國人民的生命財產，只能依靠懂得用兵作戰規律的將帥。懂得用兵作戰規律的將帥，上知天文，下知地理，內得民心，外察敵情，排兵佈陣則熟悉八種陣法的要領。預見到必勝才出戰，沒有勝利的把握就堅決不出戰，這樣的將帥才是能夠幫助君主建立王霸之業的。

孫臏說：用八種兵陣作戰的將領，必須根據地理形勢，選用適宜的

陣勢。佈陣時要把兵力分為三部分，每陣都有先鋒，先鋒之後要有後續部隊配合，所有將士都待命而動。以三分之一的兵力與敵人交鋒，以三分之二的兵力留守待命。以三分之一的兵力突破敵陣，然後以三分之二的兵力聚殲敵人，結束戰鬥。如果敵軍兵力弱且陣勢混亂，我軍就先以精銳部隊乘虛進攻；如果敵軍兵力強且陣容整齊，我軍就先以弱兵去誘敵。參加戰鬥的戰車和騎兵，也要一分為三，一部分在右側，一部分在左側，一部分斷後。在地勢開闊平坦的地方，就多用戰車；在地勢險要、高低起伏的地方，就多用騎兵；在地勢狹窄、兩邊高峻的地方，就多用弩兵。無論是在地勢險要還是平坦的地方，都必須先弄清楚哪裡是生地，哪裡是死地，然後占據生地，將敵人殲滅於死地之中。

【經典戰例】

李世民智平薛仁杲

　　唐高祖李淵在長安登基之後，便想平定隴西，以解除後顧之憂。當時，占據隴西的薛舉也已稱帝，且有數十萬軍兵，實力很強。

　　武德元年（618），薛舉領兵去攻涇州。李淵任命秦王李世民為元帥，統率八路總管的軍隊與之對壘。開始，兩軍數次交鋒，互有勝負，薛舉步步進逼，直抵高。說來也真是不巧，李世民偏偏在這關鍵時刻得了瘧疾，臥床不起，只得將軍事委託給劉文靜與殷開山，鄭重其事地說：「薛舉孤軍深入，糧草供給不足，肯定會急於找我們決戰。我們應深挖壕溝，高築壁壘，不去應戰，等我病好之後，再來收拾他們。」

　　劉文靜說：「秦王只管安心養病，軍中之事我們會小心處置的。」李世民點點頭，閉目休息。

　　劉文靜與殷開山退出帳篷，只見眾將士正忙忙碌碌修築工事。殷開山說：「秦王是擔心我們對付不了薛舉才這樣說的。賊兵聽說秦王病了，肯定會輕視我們，我們如果避而不戰，更會助長了他們的氣焰，而我們自己的士氣就會受挫，因此並非良策，我覺得應該先給他一個下馬威，讓他不敢小瞧咱們。」

　　劉文靜沉思良久，覺得有理，再說唐軍兵多將廣，憑什麼怕他薛

舉？於是把秦王的囑託置於腦後，在高墌西南的曠野上擺開陣勢。

　　薛舉看似魯莽，卻也懂得兵法。他以聲東擊西之術，祕密進襲唐軍的背後。唐軍被打了個措手不及，八大總管先後敗下陣來，大將慕容羅戰死，李安遠、劉弘基被俘，士卒傷亡過半。李世民狼狽地收拾殘兵退回長安。薛舉占領高墌，耀武揚威，收拾唐兵屍首築成高台。

　　兩個月之後，薛舉病死，他的兒子薛仁杲（音稿）繼位。此人與他老子一般凶蠻強狠，被稱為「萬人敵」，是員誰見了都會發怵的猛將。登基不久，薛仁杲又領兵來攻涇州。

　　駐守涇州的是唐驃騎將軍劉感。當時城中存糧很少，薛仁杲圍城多日，城中眼看著便要斷炊。劉感忍痛殺了自己的戰馬，分給眾將士充飢，但僧多粥少，又怎能填飽那麼多人的肚子？劉感自己沒吃一點肉，只用些木屑澆上肉湯來充飢，可見涇州城已危在旦夕。

　　正當薛仁杲就要拿下涇州之時，唐長平王李叔良率援軍趕到。薛仁杲好不掃興，而他營中的軍糧也即將告罄，不能長此耗下去，於是就想出一個詭計，放出風聲說薛仁杲糧食吃完了，已領兵朝南面去了。又派高墌人去見李叔良，假裝獻城投降。唐軍早就想收復高墌，李叔良聽說薛仁杲已經退去，就派劉感率部前去接收高墌。

　　劉感來到高墌城前，只見城門緊閉。他派軍士敲門喊話，裡面的人應答道：「賊兵已經退去，但城門打不開，你們可以翻城牆進來。」劉感覺得蹊蹺，下令抱來柴草火燒城門。不料火剛剛點著，城牆上劈頭蓋腦倒下數盆涼水，把火苗全都撲滅。

　　劉感知道有詐，傳令撤軍，但為時已晚。城上燃起三堆烽火，四處高原上薛仁杲的大軍殺聲震天，像洪水般湧來。劉感被賊兵團團圍住，雖奮力抵抗，終因寡不敵眾，戰敗被俘。

　　薛仁杲捉到劉感，又來圍攻涇州。他對劉感說：「你老老實實聽我的，向李叔良喊話，讓他打開城門投降，我會饒你不死。」劉感點頭答應，大跨步走到城下，喊道：「反賊糧草將盡，已經在挨餓，支撐不了幾天了。秦王率領的幾十萬大軍就要趕到，請務必守住城池！」薛仁杲惱羞成怒，捉住劉感，把他半截身子埋在泥土之中，當作活靶子，馳馬張弓射箭。劉感身上插滿箭矢，血流如注，仍罵不絕口。李叔良等唐軍將士在城上觀望，慘不忍睹，卻又無力相救。

薛仁杲如此猖狂，終究是心腹大患，李淵下決心要拔了這顆釘子。他仍然起用秦王李世民為元帥，前去對付薛仁杲。

李世民到了高墌紮下營盤，修築工事，按兵不動。薛仁杲派驍將宗羅睺前來挑戰。宗羅睺肆意謾罵、百般嘲笑，把唐軍將士氣得心肺都要炸裂，紛紛前來請戰。但李世民依舊穩如泰山，認準了要堅守營壘。他告誡部下說：「我們剛打了敗仗，士氣沮喪，敵人因為勝利而士氣高昂，必定輕敵好勝。我們按兵不動，挫其銳氣，等他士氣衰落時再出戰，保管一戰定乾坤。」李世民還擔心將士不服管束，加重語氣說：「再有請戰的一律斬首。」軍令如山，哪個還敢多言？於是唐軍的免戰牌高掛不是一天兩天，而是整整六十天。李世民硬是沉得住氣，任憑宗羅睺天天扯破喉嚨乾瞪眼也決不出戰。

薛仁杲當太子時就凶虐殘暴目中無人，與許多將領不和，登基之後手下不少人都疑忌不安。現在與唐軍對峙，勞而無功，軍中存糧將盡，進不得退不去，各人心中都有自己的一把小算盤。大將牟君才、內史令翟長懇、左僕射鍾俱仇先後率部投降。

李世民還要再消耗一下敵軍的實力，命令行軍總管梁實率領部下到淺水原紮營誘敵。宗羅睺見狀大喜，指揮精銳部隊急攻梁實。梁實憑險固守，營中沒有水源，人馬數日沒喝上水，但將士奮勇抗擊，頂住了宗羅睺的進攻。

宗羅睺連日猛攻，已經十分疲憊。李世民看在眼中，知道殲敵建功的時機到了，召集眾將領面授機宜。

第二天凌晨，霧氣剛剛散去，淺水原南面一彪兵馬排列整齊，領頭的一將金盔鐵甲，乃大唐右武侯大將軍龐玉。宗羅睺終於等到唐軍來與他對陣了，掉頭就來廝殺。這幫悍兵驍將就像是餓昏了的猛虎，仍有一股蠻勁。龐玉督師酣戰，苦苦支撐。正在危急之時，淺水原北面又殺出一隊精兵，秦王的帥旗迎風招展。宗羅睺分兵抵抗，已先亂了陣腳。李世民親自率領數十名驍騎，闖入敵陣，刀槍相接，血肉相搏。唐軍聲勢大振，宗羅睺潰不成軍，落荒而逃，投奔薛仁杲去了。

李世民率領兩千多騎兵乘勝追擊，秦州總管竇軌是他舅舅，曾吃過薛仁杲的虧。他一把拉住李世民的馬韁，說：「薛仁杲還占據著堅固的城池，我們雖然擊敗了宗羅睺，但不能輕易冒進，請暫時按兵不動，觀

察一下薛仁杲的動靜。」李世民聽出竇軌的言外之意是兩千騎兵如何攻得了城，笑著說：「舅舅不必多慮，我軍如今勢如破竹，機不可失。」於是率軍直逼薛仁杲的老巢折墌城。

薛仁杲得知李世民來攻，再沒有先前那股驕橫之氣，慌忙召集兵馬出城佈陣抵禦。李世民隔著涇水紮下營寨，這一攻一防剛好與先前相顛倒。兩軍尚未交手，薛仁杲手下的大將渾幹先向唐軍投降。薛仁杲知道這仗沒法打了，把軍隊全部撤進城去固守。

天快黑時，唐軍大部隊相繼到達，將折墌城圍了個水洩不通。城中守軍見唐軍聲勢浩大，都嚇破了膽，薛仁杲眾叛親離，許多人紛紛逃出城來投降。薛仁杲無計可施，也只得豎起了白旗。

唐軍大捷，諸將向李世民祝賀，詢問道：「秦王一戰就取得勝利，又捨棄步兵，沒帶攻城的用具，率輕騎直抵城下，大家都認為無法攻克的城池，偏偏就讓你攻下了，這是什麼原因？」李世民笑著說：「這也沒什麼奧妙。宗羅睺所率領的都是隴西的人，將領驍勇，士卒剽悍，我只是出其不意戰勝了他，殺傷並不多。如果不乘勝追擊，薛仁杲很快會把他們召集起來，到時候仍然是一支令人生畏的部隊。我們窮追不捨，將他們趕到隴西，折墌就成了一座孤城。薛仁杲嚇破了膽，沒時間謀劃，這就是取勝的原因。」諸將聽了，無不心悅誠服。

地　葆

【原文】

孫子曰：凡地之道：陽為表，陰為裡，直者為剛（綱），術①者為紀。紀剛（綱）則得，陳（陣）乃不惑。直者毛產②，術者半死③。凡戰地也，日其精也，八風將來，必勿忘也。絕④水、迎陵、逆溜（流）⑤、居殺地、迎眾樹者，鈞（均）舉也，五者皆不勝。南陳（陣）之山⑥，生山也；東陳（陣）之山⑦，死山也。東注之水，生水也；北注之水，死水〔也〕。不留（流），死水也。

五地之勝曰：山勝陵，陵勝阜⑧，阜勝陳丘⑨，陳丘勝林平地。五草之勝曰：藩、棘、椐、茅、莎⑩。五壤之勝：青勝黃，黃勝黑，黑勝赤，赤勝白，白勝青。五地之敗曰：溪、川、澤、斥⑪、□。五地之殺曰：天井、天宛、天離、天隙、天〔招〕⑫。五墓，殺地也，勿居也，勿□也。春毋降，秋毋登。軍與陳（陣）皆毋政⑬前右，右周毋左周。

地葆。二百。

【注釋】

① 術：道路，這裡指複雜曲折的小路。

② 毛、產：二者皆有生長之意，這裡指軍隊有生機，對作戰有利。

③ 半死：折損一半，這裡指在軍隊只能發揮一半的戰鬥力。

④ 絕：渡。

⑤ 逆溜（流）：軍陣處於河流下游。

⑥ 南陳（陣）之山：指南部易守難攻從而有利於軍隊在山的南部駐紮的山，即東西走向的山。

⑦ 東陳（陣）之山：指東部易守難攻從而有利於軍隊在山的東部駐紮的山，即南北走向的山。

⑧ 阜：土山。

⑨ 陳丘：綿延起伏的小土山。

⑩ 藩：藩籬，籬笆，這裡指叢生如籬笆的樹林。棘：荊棘。椐：一種滿身結節的古木，即靈壽木，可用為老人的手杖，這裡指灌木叢。茅：茅草。莎：草名，又稱香附子。

⑪ 溪：山澗。川：平坦之地，一說河流。斥：鹽鹼地。

⑫《孫子兵法·行軍篇》中提到天井、天牢、天羅、天隙、天陷五種不利地形，此處當與其相似。天井：四邊高，中間低窪的地形。天宛：疑與「天牢」相當，指高山環繞，形同牢獄的地形。天離：即天羅，離、羅二字古代音近通用。指草木茂盛，密如羅網的地形。天隙：指出道少而狹的地形。天招：疑即「天陷」。銀雀山竹簡本《孫子兵法》中，「天陷」作「天魁」，這裡「天」當為「天魁」的異文。指地勢低，泥濘難行，車馬易陷的地形。

⑬ 政：同「正」，匡正，改變。

【譯文】

　　孫臏說：戰爭中利用地形的原則是：向陽高亢的地方為表，背陰低窪的地方為裡，寬廣平直的大路為綱，狹窄曲折的小路為紀。掌握了大小道路的分佈情況，佈陣用兵就不會有困惑了。在寬廣平直的地形上作戰是十分有利的，軍隊可充分發揮戰鬥力，而在狹窄曲折的地形上作戰則非常不利，可能會有一半的兵力無法發揮作用。凡駐軍作戰的地方，日照條件是極為重要的，對於四面八方風向的變化，也千萬不能忘記觀察瞭解。渡河涉水、面向山陵、處在河流下游、占據殺地、面向樹林，這五種情況對佈陣用兵極為不利，即使是在雙方勢均力敵的情況下，也不能取得勝利。適於軍隊在南面佈陣的山嶺，是有利於作戰的山嶺；適於軍隊在東面佈陣的山嶺，是不利於作戰的山嶺；向東流注的江河，是有利於作戰的江河；向北流注的江河，是不利於作戰的江河；不流動的水域，也是不利於作戰的。

　　就五種地形對用兵的優劣比較而言：山地勝過丘陵，丘陵勝過土山，土山勝過小土丘，小土丘又勝過有樹林的平坦地。五種草木植被的優劣依次是：叢生如籬笆的樹木、密密麻麻的荊棘、大片的灌木叢、茂密的茅草、低矮的莎草。五種土壤的優劣比較是：青土勝過黃土，黃土勝過黑土，黑土勝過紅土，紅土勝過白土，白土又勝過青土。五種可能導致作戰失敗的地形是：狹窄的山澗、奔流的江河、泥濘難行的沼澤、土質不良鹽鹼地……五種可能導致全軍覆沒的地形是：天井、天牢、天羅、天隙、天陷。這五種地形，是可能招致滅亡的殺地，千萬不能駐紮，更不能在此排兵佈陣與敵交鋒。春天時，不要駐紮在低窪之處，以防水淹；秋天時，千萬不要駐紮在高處，以防缺水。駐軍和佈陣時，都不要破壞前方和右側的有利地形，應當右側靠山，而不應當左側靠山。

【經典戰例】

背水一戰破強敵

　　楚漢相爭時，趙王歇自立為王。趙國位於黃河北岸，太行山以東，其西面就是代國。劉邦部下大將韓信，建議分兵北伐、東擊、南下，大

軍先翦除項羽的羽翼，再會師滎陽，與項羽最後決戰。劉邦欣然同意，並命令韓信統兵北伐，去消滅代、趙、燕，之後又加派熟悉趙地地理人事的張耳為韓信駐守。

此時的趙國實際是由復國功臣陳餘掌權，而這個陳餘同張耳還有過一段恩怨。原來兩人曾是「刎頸之交」，關係甚好，一齊參加陳勝義軍，又一起挑動武臣自封為趙王。後來，張耳參加消滅秦軍主力的鉅鹿之戰，一度被秦軍圍困，幾次派人要求陳餘出兵相助。陳餘擁兵數萬，駐紮在鉅鹿北，因懼於秦軍強大，不敢發兵救急，兩人就此鬧翻了。秦被滅以後，項羽封張耳為常山王，得趙故地。原趙王歇，遷封代地。陳餘未得封王，只得南皮等三個縣，因此內心十分不滿。後來，當劉邦出兵東征三秦時，陳餘起兵攻擊張耳都城。張耳潰敗，逃奔劉邦。陳餘把趙王歇接到邯鄲。趙王歇便封陳餘為代王。陳餘仍留在邯鄲，輔佐趙王歇，另外任命夏說為相，到代國處理政事。

再說劉邦南下時，曾打著為被項羽所殺的楚懷王復仇的旗號，號召各路諸侯攜手討伐項羽。趙國陳餘提出要劉邦先斬殺張耳，趙國才同意起兵。劉邦就找到一個與張耳酷似的人，將其斬首，把頭顱送給陳餘，騙得陳餘起兵參加反項戰爭。後來劉邦彭城戰敗，陳餘又得知張耳並未被除，就與劉邦斷絕往來。

這年冬天，韓信與張耳起兵攻趙。先攻下代地，擒獲夏說。趙王歇與陳餘聞訊，立即在井陘口屯兵20萬，阻止漢軍東進。

井陘口地勢險要，關隘狹窄，歷來為兵家所必爭。韓信素知此地險要，便在離井陘口30里外停兵下寨，派人探聽前方虛實，再做安排。

此時，趙國謀臣李左車向陳餘進言：「韓信過黃河，俘魏王豹，擒夏說，其勢正盛。如今又得張耳協助，乘勝攻趙，銳不可當。不過，漢軍遠道而來，供給困難，利在速戰。我軍在國門防守，又有井陘口之險阻，關口車馬不能同行，漢軍的糧草輜重必定無法跟上。所以，我軍應該深溝高壘，堅營固守，不與漢軍決戰。另外可以給我三萬人馬，出小路繞到漢軍背後截取其糧秣輜重，斷其供給。這樣，漢軍進則欲戰不能，退則沒有歸路，處在荒涼山野之中，得不到任何接濟，不出十天就可以將韓信、張耳的頭顱送到趙王面前。」

陳餘自恃才高，其實只是一介書生，迂腐得很。他以兵法「十則圍

之，倍則戰」為依據，對李左車說：「韓信號稱數萬，其實是虛張聲勢。他千里奔襲，士兵早已疲憊不堪。我軍如果避而不戰，將來若碰到更強大的敵手，又該如何對付？諸侯豈不譏笑我軍膽怯，由此更不把我趙軍放在眼裡？」

韓信得知陳餘拒用李左車的計謀，非常高興。他立馬喚來騎都尉靳歙、左騎將傅寬、常山太守張蒼，分別授以密計，令其分頭行事。當天夜裡，韓信親自領兵拔寨起行，及抵井陘口，正好天色微明。他傳令將士就地吃些乾糧，並說：「大家先將就點，今日即可破趙，待破趙後，全軍美餐一頓。」

眾人都感到驚訝，仗還沒開始打，怎麼能夠如此肯定呢？但大家都不好問，韓信也不解釋，只是挑選精兵千人，背靠泜水，擺出一個背水陣。

趙軍將領在營壘中望見，不禁大笑，不是說韓信用兵如神嗎？原來是徒有虛名，兵法有云，背水是為「絕地」，背水列陣成為「廢軍」，他這不是在自掘墳墓嗎？

這時，就連張耳心中也在犯疑，但他知韓信用兵常常出人意料，所以也不好反對。

韓信如此佈置以後，便笑著對張耳說：「趙軍占據險要，正急欲與我作一決戰，只是未見我統帥旗鼓，所以按兵不動。你我一同去陣前督戰吧！」

這一說讓張耳也十分惶恐，如此打法，豈不是驅羊群入虎口？也不等張耳說什麼，韓信即命豎起統帥大旗，擂起戰鼓，大模大樣向井陘口闖去。

那頭趙軍報卒早已將消息告知陳餘，陳餘便大開營門，率兵出戰。雙方擺開陣勢，兵對兵，將對將，大戰一場。趙軍仗著人多，逐漸包圍漢軍。這時，韓信命士兵拋去旗幟，丟掉戰鼓，一起朝泜水方向撤退。趙軍一見，全部出動，一面爭搶漢軍旗鼓，一面追擊韓信、張耳。漢軍主力與背水列陣的漢軍會合後，返身再次與趙軍激戰。

漢軍背水作戰，前有20萬趙軍追殺，後是水深流急的泜水，出路只有一條，與其後退淹死在河中，不如向前拚死以求活路。漢軍將士個個英勇異常，拚死戰鬥，使得趙軍損失慘重。自早晨戰至中午，趙軍還

是不能取勝，眼見將士都飢腸轆轆，陳餘決定暫且收軍回營。

回撤的趙軍行至營前，遙見營中依然旗幟隨風獵獵飄揚，卻分明是漢軍旗幟，便急報陳餘。陳餘不由嚇得魂飛魄散，全軍也是亂作一團。

正當趙軍進退兩難之際，兩旁又殺出兩支伏兵，那就是韓信事先授以密計的左騎將傅寬和常山太守張蒼。他們預先埋伏在趙營附近，等到陳餘回軍，分頭截殺。另一支由騎都尉靳歙率領的輕騎兵，則已在深夜出發，繞到趙營後面，暗暗埋伏，當趙軍傾巢出動，營壘空虛之時，立即衝入，占領了趙營，拔掉所有趙軍旗幟，換上漢軍旗幟。

這時他們也敞開寨門殺了出來。趙軍被三面圍擊，只得又向泜水方向邊戰邊退，可韓信率領的漢軍主力又圍了上來。趙軍走投無路，紛紛向漢軍投降。陳餘東逃西竄之際，冤家路窄，碰上張耳，被張耳殺於泜水上。趙軍由此全軍覆沒，趙王歇也束手就擒。

韓信果真在一日之內消滅了數十萬趙軍，事後有將領問：「背水列陣乃兵家大忌，為何這次反而大獲成功？」韓信說：「這是只知其一，不知其二。『陷之死地而後生，置之亡地而後存』何嘗又不是絕妙的兵法？我軍隊伍龐雜，許多是臨時徵集來的，尚未經過正規訓練，唯置其絕境，才能令其各自為戰，拚死一搏。」大家聽了，無不信服。

勢　備

【原文】

孫子曰：夫陷①齒戴角，前爪後距，喜而合，怒而鬥，天之道也，不可止也。故無天兵②者自為備，聖人之事也。黃帝作劍，以陳（陣）象之。羿作弓弩，以勢象之。禹作舟車，以變象之。湯、武作長兵，以權③象之。凡此四者，兵之用也。

何以知劍之為陳（陣）也？旦暮服之，未必用也。故曰，陳（陣）而不戰，劍之為陳（陣）也。劍無封（鋒），

惟（雖）孟賁④〔之勇〕，不敢〔鬥臧獲⑤〕。陳（陣）無蜂（鋒），非孟賁之勇也，敢將而進者，不智（知）兵之至也。劍無首鋌⑥，惟（雖）巧士不能進〔拒敵〕。陳（陣）無後，非巧士敢將而進者，不知兵之請（情）者。故有蜂（鋒）有後，相信⑦不動，敵人必走。無蜂（鋒）無後……□券不道。

何以知弓奴（弩）之為勢也？發於肩應（膺）之間，殺人百步之外，不識其所道⑧至。故曰，弓弩，勢也。何以〔知舟車〕之為變也？高則……何以知長兵之〔為〕權也？擊非高下非……□盧⑨毀肩。故曰，長兵，權也。凡此四……中之近……也，視之近，中之遠。權者，晝多旗，夜多鼓，所以送戰也。凡此四者，兵之用也。〔眾〕皆以為用，而莫徹其道。……□功。凡兵之道四：曰陳（陣），曰勢，曰變，曰權。察此四者，所以破強敵、取孟（猛）將也⑩。

☆☆☆

……〔陣〕之有蜂（鋒）者，選陳（陣）〔者〕也。爵……
……□得四者生，失四者死□□□□

【注釋】

① 陷：同「含」。「含齒戴角、前爪後距」，指有牙、角、爪、距的禽獸。
② 天兵：自然賦予的武器，如齒、角、爪、距等。
③ 權：兵權，即將帥統率三軍的權力，這裡有具體指揮作戰的意思。
④ 孟賁：戰國時期魏國人，古代著名武士。
⑤ 臧獲：古代對奴僕的賤稱。
⑥ 首鋌：劍的把柄。
⑦ 相信：相互信賴、依賴、配合。
⑧ 道：由，從。
⑨ 盧：同「顱」，頭部。
⑩ 自「……□功」至段末為一殘簡，這一簡的位置也可能在上文「凡此四……」與「……中之近」之間。

　　孫臏說：凡長有利齒、尖角、銳爪、硬距的禽獸，都是高興時便聚集成群，相互嬉戲；發怒時便互相角鬥，這是自然現象，是無法制止的。所以，人雖不如禽獸那樣具有天生的武器，卻可以自己製造，古代的聖人就是這樣做的。黃帝製造了劍，可以用它來比喻戰陣；后羿製造了弓弩，可以用它來比喻兵勢；大禹製造了舟車，可以用它來比喻戰場上的機變；商湯、周武王製造了長兵器，可以用來比喻兵權。以上四個方面，都可運用到軍事作戰中。

　　如何知道劍可以比作戰陣呢？劍無論早晚都佩戴在身上，但未必會使用。所以說，軍隊要隨時保持陣型，但不一定會作戰，在這個意義上說，佩劍和佈陣是一樣的道理。劍如果沒有鋒芒，那麼即使是孟賁那樣的勇士，也不敢和卑賤的奴僕搏鬥。軍陣沒有前鋒，又不像孟賁那樣勇猛，卻敢帶兵進攻敵軍的人，真是不懂用兵到了極點。劍如果沒有把柄，那麼即使是劍術高超的人也不能用它去殺敵。軍陣沒有後援部隊，又不是善於用兵的人，卻敢帶兵進攻敵人，這是不懂用兵道理的人。所以說，軍陣有前鋒又有後援，互相協調配合，保持陣勢穩定，敵人就必定會敗走。軍隊既無前鋒又無後援，那麼戰鬥中就可能腹背受敵而遭受嚴重損失。

　　如何知道弓弩可以比作兵勢呢？使用弓弩，箭矢從肩部和胸部之間發射出去，在百步之外殺傷敵人，而敵人還不知道箭是從什麼地方射來的。所以說，弓弩，就如同兵勢。如何知道舟車可以比作戰場上的機變呢？……如何知道長兵器可以比作兵權呢？長兵器打擊敵人時既不能過高，又不能過低，必須看準目標，猛擊敵人的頭部和肩部。所以說，長兵器就像戰爭中的兵權。這四項……看起來近，擊中的目標遠。兵權，就是白天多用旗幟，夜間多用金鼓，藉以傳達命令，指揮作戰。這四個方面，都可以運用到軍事作戰中，現在人們雖然都在應用它們，但是沒有人完全明白其中所包含的深刻道理……用兵的道理有四個方面：一是戰陣，二是兵勢，三是機變，四是兵權。只要能明察這四個方面，就可以用來擊敗強敵，擒獲敵軍猛將。

陳慶之孤軍入魏

　　北魏末年，內憂外患，把持朝政的胡太后已根本控制不了局面。境內扯旗造反的杜洛周、葛榮等氣勢浩大，割去大片土地，朝中大臣及握有重兵的大將又各懷異心。北海王元顥正奉命抵擋南下的葛榮，大都督爾朱榮趁孝明帝死得不明不白之際發難，占領京師，處死獨攬大權的胡太后以及由她所立的三歲小皇帝元釗，另外扶植元子攸登基繼位，即為孝莊帝。

　　為了拉攏元顥，控制了朝政的爾朱榮提升他為太傅，讓他去戰葛榮。元顥擠在兩強之中，料定爾朱榮不懷好意，便擁兵自保，以擴張自己的實力。爾朱榮早有防範，對其多方箝制。元顥害怕遭到吞併，出逃投奔南朝梁。

　　元顥拜見梁武帝蕭衍，哭訴北魏朝廷無道。南朝以往與北魏干戈不止，蕭衍有心扶植一名對自己友善的人，以求得南北相安無事，便立元顥為魏王，撥給兵馬，送他北歸。

　　護送元顥的梁將名叫陳慶之。此人智勇雙全，是南朝屈指可數的將才。他手下七千士卒也個個能征善戰，驍勇過人。這一回梁軍趁虛而入，首戰襲取銍城，攻到梁國城下。

　　北魏在此地屯有重兵，守將丘大千率七萬人馬據守九座堡壘，本來實力強於梁軍。無奈魏軍倉促應戰，士氣全無，不到一天時間就讓陳慶之攻下三座堡壘。丘大千見梁軍越戰越勇，料知不是對手，竟敞開城門投降。

　　北魏濟陰王元暉業率領二萬羽林軍趕來救援，得知梁國城已失陷，便駐紮在考城，以阻擋元顥、陳慶之。考城四周環水，城池堅固，不料梁軍憑著銳氣，浮水築壘，一鼓作氣又攻破城池。元暉業來不及出逃，只得束手就擒。

　　元顥自己也沒料到出師竟如此順利，喜出望外，在睢陽城南登壇燃火祈告天地，自稱魏帝，改元孝基。陳慶之則名聲大振，令魏軍心寒。

　　陳慶之連戰告捷固然靠著梁軍驍勇善戰，同時也因為北魏正忙於應

付其他的戰亂，以為元顥討得這點兵馬成不了氣候。等到陳慶之連克梁國城與考城之後，北魏君臣才知道低估了對手，連忙調兵遣將，任命東南道大都督楊昱鎮守滎陽，尚書僕射爾朱世隆鎮守虎牢，侍中爾朱世承鎮守嶮坂，朝廷內外戒嚴，徵調各路兵馬，集中力量，嚴陣以待，對付元顥。

元顥任命陳慶之為衛將軍、徐州刺史、武都公，繼續朝北魏都城洛陽推進，很快抵達滎陽。楊昱知道陳慶之的厲害，不敢再有疏忽大意，早早作好了準備。梁軍攻到城下，箭矢飛蝗般射來，根本無法靠近，幾次進攻均無功而返。

自出師以來，陳慶之第一次遇到勁敵，正思索攻城之策。元顥則是派人給楊昱送信，說爾朱榮是篡權的大奸臣，元子攸不過是他手中的傀儡，根本沒資格稱帝，只有他元顥才是合法的繼承人，讓楊昱投靠過來，保證高官厚祿。楊昱卻毫不理睬，繼續固守城池。

梁軍久攻滎陽不下，而北魏大將元天穆和爾朱吐沒兒率領大軍正陸續趕來，形勢變得越來越嚴峻。

以往南北兩朝交鋒，互有勝負，還是北朝略占上風，像這般梁軍深入魏國腹地，連戰告捷的情景是絕無僅有的。梁軍將士也不敢指望永遠吉星高照，他們找到陳慶之，請求道：「這次出征令魏軍聞風喪膽，真正是揚眉吐氣了，但也該見好就收為是。一支孤軍難以有再大的作為，搞得不好會前功盡棄。再說我們也沒必要摻和在北魏內部的爭鬥之中。」

陳慶之正解著馬鞍，準備讓剛剛退下陣來的坐騎休息，聽到這話，伸出兩隻手問道：「你們看看自己這雙手，沾了多少血跡？」將士相互望望，不知是什麼意思。陳慶之又說：「我們屠城略地，殺到這兒，死在我們刀下的人不計其數，此刻想要走，有那麼容易嗎？元天穆的部下，都視我們為仇敵，決不會放過我們的。如今我們一共才七千人馬，敵軍則有三十萬之眾，如果後撤，他們勢必掩殺過來。後撤之軍心理上就處於下風，一定會驚慌失措，到那時只怕都會被輾作灰末。」

眾將士聽得此話，更加惶恐，眼巴巴地望著陳慶之，指望有一條求生之路。陳慶之正是要大家斷絕其他一切念頭，見已達到效果，接著又說：「敵軍騎兵眾多，我們與他們野戰，肯定不能取勝，只有趁其尚未

孫子兵法／孫臏兵法

全部到達之際攻下滎陽，然後據城固守，才能死裡逃生。」

梁軍抱著必死之心再次強攻滎陽。戰鼓急擂，殺聲震天，眾將士任憑箭矢如雨，毫無退縮之意，豎起雲梯，爭相蟻附而上。軍校宋景休、魚天愍左手持盾，右手握刀，最先登上城牆，左劈右砍，如有神助。魏軍從未遇到如此凶悍的對手，無人敢與他二人爭鋒。這時梁軍陸續攀上城來，滎陽城終於被攻克。

梁軍剛剛占領滎陽，元天穆率領的大隊魏軍就趕到了。眾將請求固守城池，陳慶之說：「一座孤城能撐到何時，只有趁著連勝的銳氣擊潰強敵，方能保全自己。」

於是他點起三千精兵，親自率領馳出城門，背城擺下陣勢。魏軍雖然人多勢眾，卻已被梁軍打得驚魂未定。陳慶之立馬陣前，威風凜凜，魏軍士卒竟不敢仰視。

元天穆仗著兵多將廣，輪番出陣廝殺；而梁軍全然不懼，反而越戰越勇。陳慶之斬殺多員魏將，又截住北魏大將魯安交手。鬥了數個回合，魯安膽怯，竟於陣上乞降。這下魏軍士氣更加渙散，陳慶之揮師掩殺，元天穆、爾朱吐沒兒抵擋不住，帶著少許殘兵敗將落荒而逃。

滎陽已失，元天穆又敗，爾朱世隆的虎牢已暴露在梁軍面前。梁軍步步緊逼，爾朱世隆不敢以卵擊石，棄城而逃。

虎牢再失，京師洛陽已無險可守了。孝莊帝元子攸嚇得渡過黃河，逃往并州，以躲避兵鋒。滯留洛陽的臨淮王元彧、安豐王元延明，帶領文武百官迎接元顥入城。

元顥得意非凡，步入洛陽宮，改元建武，大赦天下，任命陳慶之為侍中、車騎大將軍、左光祿大夫，增加封邑一萬戶。其餘梁軍將士也論功行賞。

陳慶之所率之軍皆穿白袍，僅用一百四十天時間就打到洛陽，攻克城池三十二座，大小四十七戰，所向無敵。當時洛陽流傳著一首童謠：「名師大將莫自牢，千兵萬馬避白袍。」

元顥靠著七千人馬就入主洛陽魏宮，總以為是天命所歸，頗懷驕怠。元子攸倉皇出逃，宮中嬪妃都來不及帶走，元顥現成取來，日夜縱酒淫樂，毫不在意軍國大事，更無體恤百姓之心。

其實，元顥雖然占據了洛陽，但許多州郡並不歸附他，朱爾榮手中

更是握有重兵，局勢依然嚴峻。

　　陳慶之勸元顥說：「我們遠道而來，人心不服，若讓敵人知道了我們的虛實，聯合起來包圍洛陽，又如何抵擋得住？不如上啟梁朝天子，增派精兵。另外再敕令各州，將梁朝陷沒各處的人召集來，亦能為我所用。」

　　元顥前些時候曾與元彧、元延明密謀反叛梁朝，只因局勢仍太混亂，暫且還想藉助陳慶之的兵力，一時沒有下手。陳慶之也正是看出這點，才讓元顥向梁朝多求援軍，其實是為了自保。元顥以為陳慶之毫無感覺，想趁勢向梁朝多要些人馬以對付朱爾榮、元子攸，就召來元延明商議。

　　元延明聽了連連搖頭，說：「這怎麼行，陳慶之僅數千人馬，您已很難駕馭，如果再任其增兵，只怕大魏的江山要落入他人之手了。」元顥一聽又害怕了，便拒絕了陳慶之的請求，並親自給梁武帝寫了封信，說：「現在河南、河北都已平定，雖然爾朱榮仍負隅頑抗，但有我與陳慶之將軍，足以對付。各州郡剛剛歸順，不宜增派兵力，造成百姓惶恐。」梁武帝不知就裡，詔令各路兵馬不得踏入魏境。

　　在洛陽的梁軍不足萬人，而魏軍的各處兵馬卻有數十萬，陳慶之遭到猜忌，處境險惡，副將馬佛念獻策道：「將軍威震中原，功高招忌，不如先下手殺了元顥，占領洛陽，倒是千載難逢的良機。否則，難免不測。」陳慶之心有所動，但總覺得太冒險，不敢貿然行事。

　　元顥、陳慶之互相防備，爾朱榮已調齊兵馬大舉來犯。雖然陳慶之多次殺退魏軍，無奈寡不敵眾。爾朱榮首先突破元顥的防線，渡過黃河，原先歸附元顥的兵馬又臨陣倒戈，元顥只帶了數百騎兵向南潰逃。

　　陳慶之見陣腳大亂，只得收攏自己的部下後撤。朱爾榮數十萬大軍合攏上來，梁軍拚死苦戰，損失慘重。退至嵩高河，又逢河水暴漲，淹死無數士卒。陳慶之孤身一人，剃光頭髮、鬍鬚，扮作和尚，才僥倖逃回建康。元顥則在臨潁被吏卒所殺，傳首洛陽。

兵　情

【原文】

　　孫子曰：若欲知兵之請（情），弩矢其法也。矢，卒也。弩，將也。發者①，主也。矢，金在前，羽在後，故犀而善走②。前……□今治卒則後重而前輕，陳（陣）之則辨③，趣（趨）之敵則不聽，人治卒不法矢也。弩者，將也。弩張柄不正，偏強偏弱而不和，其兩洋之送矢也不壹④，矢惟（雖）輕重得，前後適，猶不中〔招⑤也〕……□□□將之用心不和……得，猶不勝敵也。矢輕重得，前〔後〕適，而弩張正，其送矢壹，發者非⑥也，猶不中招也。卒輕重得，前……兵……猶不勝敵也。故曰，弩之中彀合於四，兵有功……將也，卒也，□也。故曰，兵勝敵也，不異於弩之中召（招）也。此兵之道也。

　　☆☆☆

　　……所循以成道也。知其道者，兵有功，主有名。

【注釋】

① 發者：指使用弓弩射箭的人。
② 犀：犀利，銳利。走：疾行。
③ 辨：同「辦」，指能夠辦到，完成。
④ 洋：同「翔」。兩洋：兩翼。
⑤ 招：箭靶。
⑥ 非：指射箭的人技術不精。

【譯文】

　　孫臏說：如果想要明白用兵打仗之道，去體會弓弩的構造和發射原理就行了。箭矢，就好比是士卒；弓弩，就好比是將帥；用弓弩射箭的人，就是君王。箭矢的結構是金屬箭頭在前，羽毛箭翎在後，前重後

輕，所以箭能銳利、迅速並且射得遠……現在帶兵的人在部署兵力時卻把精銳士卒放在後面，把老弱殘兵放在前面，造成嚴重的前輕後重的局面。這樣在列陣時，士卒尚能聽從號令，而一旦命令他們衝向敵軍，就指揮不靈了，這是因為用兵的人沒有傚法箭矢的結構原理。弓弩，就好比是將領。弩張開時弩臂不正，強弱不協調，弩的兩翼發射箭的力量就不一致，這種情況下，即使箭的輕重比例得當，前後位置適宜，但仍然不能射中目標……將領之間不和……仍然無法戰勝敵人。箭的輕重比例得當，前後位置適宜，且弩張開時弩臂很正，弩兩翼發射箭的力量也完全一致，可要是射箭的人技術太差，仍然不能射中目標。士卒的強弱配置得當，前後距離適宜，但是……仍然無法戰勝敵人。所以說，要想箭射中目標，必須符合上述四個條件，軍隊要想作戰取勝，也必須……將帥、士卒、君主一定要齊心協力。所以說，用兵戰勝敵人和用箭射中目標沒有什麼兩樣。這就是用兵作戰的道理。

　　☆☆☆

　　……如能從（弩弓發射）中悟出道理，就會領會用兵的規律，按這個規律去用兵，就能建立功勳，君王也能威名遠颺。

【經典戰例】

昏庸齊主自毀長城

　　南北朝時期，北周與北齊在北方對立。北周大將韋孝寬，以足智多謀、善於用兵著稱，在與北齊的對峙交戰過程中，他訓練了大量特工，源源不斷地派往對方陣營；又用重金收買的方式，在北齊朝廷的重要部門安插耳目，使得自己對北齊從軍機大事到君臣關係等方方面面都瞭如指掌。知己知彼，百戰不殆，韋孝寬最得意的大手筆就是用反間計一舉除去了北齊的擎天支柱斛律光。

　　斛律光，字明月，其父斛律金為北齊的開國元勛。斛律光從小就顯露出非凡的軍事才能，長大後驍勇善戰，屢建奇功，深受北齊先後多位皇帝的器重。河清三年（564），北周大司馬尉遲迥、齊國公宇文憲、庸國公王雄等率10萬大軍攻打洛陽，斛律光帶兵馳援，與北周軍戰於

黃河邊的邙山。北周軍兵多將廣，氣勢逼人，但斛律光全然不懼，抖擻精神越戰越勇，一箭射死王雄，殺得北周兵潰不成軍。宇文憲、尉遲迥落荒而逃，狼狽不堪。

北齊與北周以黃河為界，分而治之，早先是齊強周弱，北周怕北齊前來侵犯，因此每年冬天都會在黃河邊布下重兵，鑿開冰塊，以阻止齊兵過河。但齊後主高緯繼位後，沉浸於聲色犬馬，國勢驟衰，反過來輪到每年由齊兵來鑿黃河之冰了。斛律光追憶先帝的雄圖大業，感嘆不已。

天統五年（569）十二月，周將宇文傑等又率大軍圍攻洛陽，洛陽城危在旦夕。斛律光率三萬兵馬趕到，浴血奮戰，將周兵殺得大敗而歸。回軍路上，斛律光又擊敗趕來增援的北周齊王宇文憲。

武平二年（571）冬，斛律光率五萬兵馬在玉壁修築華谷、龍門兩座城池，以抵抗宇文憲，使其不敢輕舉妄動。

北周大將抱罕公普屯威、韋孝寬等進逼平隴，不料又是斛律光猶如神兵天降。這一回韋孝寬算是真正領教了斛律光的厲害，只見他躍馬橫槍，八面威風，銳不可當。韋孝寬與其交手數回，僥倖逃得性命，便知此人只可智取，無法力敵。

此後，北周大將紇干廣略圍攻宜陽，斛律光馬不停蹄地前往增援，於宜陽城下惡戰一場，乘勝追擊攻下建安等四處北周要塞，俘獲千餘周兵。

斛律光率軍凱旋而歸，回京請賞，半途中卻接到朝廷發來的命令，讓將士就地解散，不得進京。斛律光沒料到朝廷竟如此昏庸。齊後主寵幸佞臣，整日裡花天酒地，紙醉金迷，讓將士連年浴血征戰，得勝之後卻連點表面文章都不肯做一下，以後誰還肯如此賣命？

斛律光壓下這條命令，另寫明理由火速送往宮中申辯，同時讓部隊照常行進。齊後主見斛律光不聽詔令，十分生氣，再派人前去阻止。此時斛律光已將部隊駐紮在京城外的紫陌，等待朝廷大員前去慰問。齊後主迫不得已，只得敷衍應付一下，內心卻對斛律光十分惱怒。

齊後主昏庸懦弱，但對功高震主這一點還是明白的。他見斛律光名望越來越高，內心恐懼不已，生怕危及自己的寶座，因此對斛律光打勝仗的感情十分複雜，時不時要設置一些障礙。所有這一切，韋孝寬都知

道得一清二楚。

韋孝寬還知道斛律光得罪了兩個能一手遮天的佞臣。這兩個小人一個叫祖珽，另一個喚作穆提婆。

斛律光耿直正派，疾惡如仇，眼中容不得沙子，十分厭惡朝中那幫結黨營私的小人。祖珽以阿諛奉承深得齊後主的寵幸，勢傾朝野，斛律光對他尤為蔑視。有一回，斛律光放下簾子，在室內閉目養神，祖珽騎著馬大搖大擺地從門前走過，斛律光怒罵道：「這小子竟敢如此無禮！」另有一次，祖珽在朝中夸夸其談，旁若無人，正好斛律光從一旁經過，又怒罵其「小人得志」。祖珽知道斛律光對自己看不順眼，就賄賂斛律光的一個隨從以試探口風。那個隨從也是見錢眼開之輩，收下禮物後竟順著祖珽的心思大加發揮：「自從大人受到重用之後，相王每天晚上都要抱著膝蓋嘆氣道：『盲人當政，國家還能不亡嗎？』」祖珽的雙眼曾因煙熏而失明，故有「盲人」之稱。由此祖珽便與斛律光結下死怨。

穆提婆原先見斛律光位尊勢大，多次想巴結他，曾提出要娶斛律光小妾所生的女兒，但被斛律光一口拒絕。穆提婆碰了一鼻子灰，自然不快。後來齊後主又想將晉陽的大片土地賜給穆提婆，斛律光在朝中當眾反對，說：「這塊田地從神武帝起就種植莊稼，用來餵養戰馬，如賜予穆提婆，就會妨礙軍需。」齊後主只得作罷。

另一次，齊後主將京城附近一個供應朝中百官蔬菜的清風園給了穆提婆，結果使得京城中出現了菜荒，朝中官員無菜可吃，只能到外地去買，多花了許多錢，又是斛律光站出來說話：「這菜園賜予穆提婆，他一家菜是吃不完了；但要是不給穆提婆，朝中百官都有菜吃。」諸如此類的事還有許多，怎能不令穆提婆恨得咬牙切齒？

韋孝寬一看時機已經成熟，就開始動用那幫潛伏的特工。他讓手下潛入北齊的京城，四處放風，說什麼「百升飛上天，明月照長安」、「高山不推自崩，槲樹不扶自豎」。「百升」即為一斛，「明月」則是斛律光的字，意思再明白不過了，都是暗示斛律光要篡奪帝位。

祖珽聽到這些謠傳，不由竊喜，又添油加醋地續上兩句：「盲眼老公背上下大斧，饒舌長母不得語」，教小孩四處吟唱，整個京城都沸沸揚揚。「盲眼老公」指的是祖珽自己，「饒舌長母」則是指穆提婆的母

親陸令萱。此人自恃做過齊後主的保姆，在宮中盛氣凌人、作威作福，偏偏後主對她又十分依從。於是，祖珽便將穆提婆與陸令萱拉在一起向皇上施加壓力，說：「斛律一族執掌兵權，斛律光聲望太大，女兒做了皇后，兒子娶了公主，外面都在傳說他要篡位，皇上不可不防。」

　　齊後主聽得心驚肉跳，方寸大亂，想要治斛律光的罪，又拿不定主意，忙向朝中大臣詢問。那些正直的大臣都認為這是無稽之談，斛律光忠心耿耿，不可輕信謠傳。齊後主這才稍稍鬆了口氣。

　　祖珽見一時未能奏效，又生一計，拉攏齊後主身邊的侍從一同進讒言。先前斛律光曾說過：「當今將士出生入死卻連褲子都穿不上，宮中那幫小人寸功未立卻一賜數萬匹，國庫都被掏空了，真是豈有此理！」因此得罪了齊後主的那些侍從。這回他們見機會來了，也想出這口氣。有一次祖珽向齊後主重提此事時，內侍何洪珍在一邊小聲說：「皇上對斛律光一點不懷疑也就罷了，但要是將信將疑卻又猶豫不決，萬一洩露出去，後果不堪設想。」一番話說得昏君連連點頭。

　　祖珽把一切可以利用的力量都調動起來，今天這個來對齊後主說斛律光圖謀不軌；明天那個以天象為證，說「上將星盛」，不早下手，必有災禍，並編造種種怪異的凶兆，嚇得齊後主魂不附體。在這些鋪墊都完成之後，祖珽使出了致命的一擊。丞相府佐吏封士讓密告齊後主：「上次斛律光西討還軍，敕令其就地解散部隊，可斛律光置之不理，領兵進逼京城，圖謀不軌，只是沒有得逞而已。他家中藏有大量兵器，並養著數千名家兵家將，還與兩個兄弟頻繁往來密謀，狼子野心昭然若揭。皇上如再不痛下決心，只怕斛律光就要得逞了。」

　　如果說以前那些都是傳聞，這回可是「真憑實據」，進逼京城一事齊後主自己就耿耿於懷，因此不由得不信。齊後主對斛律光之所以遲遲不肯下手，並非心慈手軟，而是北齊這社稷江山有大半是靠斛律光撐著的，如果斛律光一倒，只怕這皇位也坐不穩，所以他一直心存僥倖。但這回認為斛律光馬上就要下手了，齊後主哪裡還顧得上今後的社稷江山！

　　齊後主讓何洪珍立即召祖珽進宮，商議除去斛律光之計。祖珽說：「突然召他進宮，恐怕會引起他的懷疑，不如賜他一匹駿馬，讓他明日騎馬伴隨您前往東山遊覽，他必會前來謝恩，到時便可伺機下手。」後

主自己沒有什麼主意，就讓祖珽依計而行。

　　第二天，斛律光果然前來謝恩，被引入涼風堂，但不見齊後主，剛覺得奇怪，身後就刮來一股勁風，卻是劉桃枝惡狠狠地撲上來。斛律光頓時明白過來，說：「你這無恥小人，只知道幹這般偷雞摸狗的勾當。我斛律光忠心為國，日月可鑒！」劉桃枝充耳不聞，招呼侍衛趕快下手。這些侍衛都是擒拿高手，任斛律光武藝再是高超，但終究是雙拳難敵四手，最後劉桃枝取出弓弦勒死了斛律光。虎落平陽遭犬欺，可憐一位叱吒風雲的大將軍，竟遭此毒手。

　　此後，齊後主下詔稱斛律光謀反未遂，已被誅殺，接著又將其滅族。為了找到斛律光謀反的證據，祖珽還派人到斛律光府上挖地三尺，裡裡外外查了一遍，但只找到十五張弓，一百支宴射用箭，七口刀，二支御賜矛槊。祖珽不信，追問還有什麼。去搜查的手下回答說：「還有二十束帶刺的棗樹枝。據說斛律光家的奴僕如與他人爭鬥，不論其是非，先用此鞭打一百下。」

　　斛律光一死，得益的自然是北周。韋孝寬聞訊大喜，慶幸秘計告成，急忙向周武帝報功。周武帝喜出望外，下詔大赦天下，舉朝慶賀，揚揚得意地宣稱「斛律光一死，北齊之地都是我囊中之物」。

　　公元 577 年，周武帝攻破北齊國都鄴城，北齊亡國。周武帝指著齊後主誅殺斛律光的詔書對手下說：「要是此人不死，我今天哪能進入鄴城？」

　　出於對敵手的尊重，周武帝追封斛律光為上柱國、崇國公。由敵國皇帝來為自己的臣下洗冤昭雪，齊後主在地下不知有何感觸！

行　篡

【原文】

　　孫子曰：用兵移民①之道，權衡也。權衡，所以篡賢取良也。陰陽，所以聚眾合敵也。正衡再累……既忠，是謂不窮。稱鄉縣（懸）衡②，雖（惟）其宜也。

私公之財壹也，夫民有不足於壽而有餘於貨者，有不足於貨而有餘於壽者，惟明王聖人智（知）之，故能留之。死者不壽③，奪者不溫（慍），此無窮……□□□□民皆儘力，近者弗則遠者無能④。貨多則辨⑤，辨則民不德其上。貨少則□，□則天下以為尊。然則為民賕⑥也，吾所以為賕也，此兵之久也。用兵之……

【注釋】

① 移民：使民歸附。

② 稱：確定。鄉：同「向」。縣：同「懸」。衡：天平。縣（懸）衡：衡量輕重利弊。

③ 壽：痛恨。

④ 能：疲憊，懈怠。

⑤ 辨：疑同「辯」，抱怨。

⑥ 賕（音求）：原指賄賂，這裡指積蓄財物。

【譯文】

孫臏說：用兵使民心歸附的原則是仔細地衡量、比較人的德才優劣。衡量、比較人的德才優劣，是為了選拔賢良的人才。運用陰陽相合的規律選拔人才，是為了聚集民眾的力量去與敵交戰。一定要反覆權衡，反複比較，務求對人才的評價準確公正，而且要持續不斷地進行選拔，這樣國家就可以人才輩出，無窮無盡了。確定方向，衡量利弊，權衡、比較人的德才，務求適當，只要真才實學，就應該毫不遲疑地任用。

公私財產從根本上說是一體的，應當統一安排使用。民眾之中，有的人財物很多卻貪生怕死，有的人財物少卻不怕死，只有英明的君王和聖人才深知這一點，因而能夠因勢利導，投其所好，不僅留住了他們，還使其為我所用。於是，貪財而輕生的人就算犧牲了也沒有怨恨，貪生而輕財的人就算被徵用大量財物也不會惱怒。這樣，能夠為我所用的人就能源源不斷，無窮無盡……百姓們都會盡心儘力，親近的人不敢違法亂紀，關係疏遠的不敢消沉懈怠。國家如果徵用財物過多，百姓就會有

怨言，就會對君王不滿。國家如果徵用的財物少，百姓就會高興，君主就會得到天下百姓的擁護。既然如此，那麼就應該讓百姓積累財物。我之所以主張讓百姓積累財物，是因為只有這樣才能維持曠日持久的戰爭……

【經典戰例】

曹孟德唯才是用

東漢末年，群雄割據之初，曹操力量並不強大，只是在打敗青州的黃巾軍，招降 30 多萬人馬之後，他又實行了兩項得力舉措，這才使其一躍而成為群雄中的一支主要力量。這兩條舉措之一是實行屯墾，他選出黃巾降兵中的精銳，組成著名的「青州兵」，而讓其餘的軍兵都去從事農墾，這樣一來，他很快就既有精兵，又有充足的糧草，實力大增。舉措之二是在兗州招賢納士。他很快就招募到一大批得力謀士和勇猛戰將。先是荀彧叔侄二人來投奔曹操，一席談話，曹操大喜，封荀彧為行軍司馬，封荀彧的侄子荀攸為行軍教授。荀彧又推薦兗州賢士東阿人程昱，曹操當即派人去禮聘。程昱見了曹操當即推薦荀彧的同鄉賢士郭嘉，郭嘉再薦漢光武帝的嫡系子孫劉曄，劉曄又推薦了昌邑人滿寵和武城人呂虔，滿、呂二人又共同推薦平丘人毛玠。就這樣，曹操一下子得到了八名很有才能的謀士，真可謂一下子就人才濟濟，智囊滿堂。

八人之中，荀彧是曹操統一北方的首席謀臣和功臣，自小就被人稱為「王佐之才」，他在戰略上為曹操制定並規劃了統一北方的藍圖和軍事路線。迎奉漢獻帝、平定呂布之亂、奇襲荊州都是他的奇謀。荀攸也是傑出的戰術家，被曹操稱為「謀主」，擅長靈活多變的戰術和軍事策略。程昱則明於軍計，善於審時度勢，曹操征徐州時，程昱與荀彧留守後方，阻呂布、陳宮大軍，保住三城。郭嘉也是一名智謀之士，史書上稱他「才策謀略，世之奇士」。而曹操稱讚他見識過人，是自己的「奇佐」。劉曄亦有佐世之才，在曹操帳下舉足輕重，他屢獻妙計，對天下形勢的發展往往一語中的。滿、呂、毛也都為曹操平定天下、治亂維穩立下了不朽的功勞。

曹操招賢納士的消息傳出，不但謀士前來，猛將也來。巨平人于禁帶數百軍兵來投靠，曹操任命其為點軍司馬。陳留人典韋來投靠，此人後來捨命救過曹操的性命。張繡造反，突襲曹操軍營，曹操被殺得措手不及，全靠典韋奮戰抵擋，才得以輕騎逃走，保住一條小命，而典韋則英勇戰死。

曹操愛才不僅僅在剛起事時，縱觀他一生，對人才都是求賢若渴。赤壁之戰前夕，他曾吟詠《短歌行》，其中有「山不厭高，海不厭深。周公吐哺，天下歸心」的詩句，可見他愛才之懇切。

史書多有說他心胸狹窄、好猜忌等，但對於人才，他卻是尤其大度的。他帳下的很多謀士和武將，起初都是他的敵人，有些人甚至差點要了他的命，但是他皆不計前嫌，收歸己用，而人才們自是感恩戴德，傾力相報。

賈詡本是董卓部將，後成為張繡的謀士，突襲曹營，導致典韋慘死就是他的主意，然而當他歸服曹操時，曹操卻欣然接納，對他毫無戒備之心。官渡之戰時，賈詡力主與袁紹決戰。赤壁之戰前，認為應安撫百姓而不應勞師動眾討伐江東，曹操不聽，結果受到嚴重的挫敗。曹操與關中聯軍相持渭南時，賈詡獻離間計瓦解馬超、韓遂，使得曹操一舉平定關中。

曹操與袁紹在官渡大戰，袁紹命陳琳作《為袁紹檄豫州文》，文中曆數曹操的罪狀，痛斥曹操的父祖，極富煽動力，相傳曹操看了這檄文，氣得頭疼都好了。後袁紹大敗，陳琳被曹軍俘獲，將士們要殺陳琳洩憤，曹操卻愛其才，既往不咎，任他為司空軍師祭酒。

官渡之戰前期，曹操實力明顯弱於袁紹，相持三個月後，糧草又漸漸不支持，且後方也不穩固。曹操幾乎失去了信心，他寫信給荀彧，商議要退守許都。荀彧接信後，認為此舉萬萬不可，他曉之以理，苦勸曹操繼續待守，等待時機。曹操在仔細分析後，也不再有後撤的想法。

恰在此時，袁紹謀士許攸前來投奔，曹操聽說了，非常激動，連鞋子都沒來得及穿，就匆匆出外相迎，與其商議軍策。許攸見曹操如此真誠，又如此信任自己，非常感激，獻出火燒烏巢之計。曹操依計行事，親自率兵急攻袁紹軍屯糧之地烏巢，並大破袁軍。烏巢之敗導致袁紹軍心動搖，內部分裂，不久大軍就崩潰，袁紹倉皇帶著八百騎兵退回河

北。從此曹操成了中原最強者，北方再無人可與曹操抗衡。試想，若不是許攸之策，又怎會有此大勝？若不是曹操愛賢之名在外，許攸又怎會來投呢？

龐德原是馬騰帳下猛將，建安年間隨馬超南征北戰，每次出征常衝鋒陷陣，勇冠三軍。後幾經周轉，投靠曹操麾下。219 年，龐德協助曹仁抵禦關羽。兩軍對壘期間，常騎白馬馳騁奔殺，曾一箭射中關羽前額，被蜀軍稱作「白馬將軍」。時值漢水暴溢，他率諸將與關羽殊死搏鬥，箭鏃射盡，又短兵相接。而他格鬥益怒，膽氣愈壯，力戰多時後因小舟被洪水打翻為蜀軍所擒。關羽敬重他的剛毅威武，勸他說：「你哥哥馬超如今在漢中，我正想用你為將軍，為什麼不早投降呢？」龐德大罵關羽道：「豎子，什麼叫投降！魏王率領雄兵百萬，威振天下。你們的劉備只是庸才而已，豈能敵魏王啊！我寧肯做國家的鬼，也不當賊人的將。」龐德怒目不跪，怒斥關羽，最終殞身殉節。像龐德這樣原與曹操為敵，後歸降曹操，拚死效命的將領還有張郃、高覽、徐晃、張遼等。

歷史對曹操的評價有褒有貶，充滿爭議，但曹操求賢愛賢之心卻是不可否認的，這也是他能夠成就大業的關鍵。綜觀同時代的其他豪傑，劉備和孫權都能注意招賢納士，重用賢能，所以才能在群雄中崛起。而袁紹、袁術、呂布之流，剛愎自用，自命不凡，終免不了敗亡的下場。

殺　士

【原文】

孫子曰：明爵祿而……

☆☆☆

……殺士則士□□□□……

……知之。知士可信，毋令人離之①。必勝乃戰，毋令人知之。當戰毋莣（忘）旁毋②……

必審而行之，士死……

【注釋】

① 人：敵人。離：離間，分化。

② 毋：不要，不可以。旁毋：疑即旁騖，指心存雜念，形容做事時不專心。

【譯文】

　　孫臏說：事先要明確頒示賞賜官爵的等級和財物的數量……

　　☆☆☆

　　士卒一旦拚死效力，就……

　　……要善於瞭解人才。瞭解到人才可以信任，就不要讓敵人離間，從而使人才流失。有了必勝的把握才能出戰，但不可讓敵人事先知道。作戰之時，務必要忘掉私心雜念……

　　一定要慎重審察，然後再採取行動……

延　氣

【原文】

　　孫子曰：合軍聚眾，〔務在激氣①〕。復徙②合軍，務在治兵利氣③。臨竟（境）近敵，務在厲氣④。戰日有期，務在斷氣⑤。今日將戰，務在延氣⑥。

　　……以威三軍之士，所以　（激）氣也。將軍令……其令，所以利氣也。將軍乃……短衣絜裘⑦，以勸士志，所以厲氣也。將軍令，令軍人人為三日糧，國人家為……〔所以〕斷氣也。將軍召將衛人者⑧ 而告之曰：飲食毋……〔所〕以延氣……也。

　　延氣

　　☆☆☆

　　……營也，以易營之⑨，眾而貴武，敵必敗。氣不利則

拙，拙則不及，不及則失利，失利〔則〕……

　　……氣不屬則懾，懾則眾〔恐〕，眾〔恐則〕……

　　……□而弗救，身死家殘。將軍召使而勉之，擊……

【注釋】

① 激氣：激發士氣。

② 徙：拔營行軍。

③ 利氣：增強士氣。

④ 屬氣：即礪氣，指鼓勵士卒的鬥志。

⑤ 斷氣：指斷然決一死戰的決心。

⑥ 延氣：指保持高昂的鬥志，有持續作戰的精神準備。

⑦ 絜：疑同「褐」，褐裘：疑即裘褐，粗衣。

⑧ 衛人者：侍衛軍官。

⑨ 易：變動。營：迷惑。

【譯文】

　　孫臏說：聚集民眾，組編軍隊時，務必要激發士氣。軍隊經過行軍再次集合時，務必要整頓部隊，增強士氣。兵臨邊境，接近敵人時，務必要激勵士氣。決戰日期確定之後，務必要使全軍將士有斷然決一死戰的決心。交戰當天，務必要讓將士保持高昂的士氣。

　　……用來為三軍將士助威，這是為了激發士氣。將軍下令……這個命令是為了增強士氣。將軍就……穿著粗布短衣，以鼓舞將士們的鬥志，這是為了激勵士氣。將軍下令，全軍士兵每人只帶三日口糧，全國的百姓每家……這是為了堅定將士們斷然決一死戰的決心。將軍召見統率衛兵的軍官告誡說：「吃飯時不要……」……這是為了使全軍保持高昂的鬥志。

　　☆☆☆

　　……以經常變化營地，故意向敵人示弱來迷惑敵人。敵人人多勢眾，並自恃武力，輕視我軍，則必定會失敗。如果我軍士氣不高，行動就會遲緩，行動遲緩就會貽誤戰機，貽誤戰機就必然導致失敗，失敗就會……

……將帥沒有激勵士氣，士卒就會恐懼，一旦恐懼就會害怕退縮，眾將士害怕畏縮，就會……

……不能救治，出現將士捐軀，家庭殘破的情況，將軍要派使者前往慰問……

【經典戰例】

淝水慘敗苻堅夢碎

西晉亡於內亂，出現權力真空，各民族軍事集團逐鹿中原，一時間腥風血雨。公元 350 年，氐族首領苻健占據長安，隨即立國號為大秦，史稱前秦，此後又正式稱帝。公元 357 年，苻健的侄兒苻堅奪得帝位。此人雄才大略，又得到一位博學多才的漢人王猛的輔助，接受中原漢文化的薰陶，國力大增。經過二十年的攻伐，前秦逐個擊敗各方割據勢力，基本上統一了中原。只有處於東南一隅之地的東晉，與之對峙。

晉寧康三年（375），良輔王猛病危，苻堅守在病榻前最後一次問政。王猛掙扎著握住苻堅的手，說：「陛下威德功業震動八方，但須知創業難，守業更難。如今晉朝雖偏居江南，但他們是正統相承，朝中君臣安和，臣死後，切不可輕率伐晉。鮮卑、西羌是我們的宿敵，雖然遭到重創，退避邊遠，仍會興風作浪，應徹底將其殲滅，這樣江山就安定了。」王猛說完便合上雙眼。苻堅悲痛萬分，隆重厚葬。

苻堅以往對王猛是言聽計從，但唯獨對王猛最後的金玉良言沒有好好體會。他太想得天下了，留著東晉終究是個禍患，更何況東晉被視為正統，只要它還存在，前秦再強大也得不到承認。

晉太元七年（382），苻堅在太極殿召見群臣，商議滅晉之事。說是商議，其實就是下令伐晉，秘書監朱彤、太子左衛率石越以及苻堅親弟苻融都苦苦相勸，皆被苻堅駁回。苻堅信心滿滿，志在必得，說道：「我大秦兵多將廣，把鞭子投入長江也足以斷絕水流，他晉國就算有長江天險又能怎樣？」

南方的形勢如何呢？晉室倉皇南渡之初，為抵禦外敵，君臣只有抱作一團，苦心經營數十年，又遠離戰亂紛繁的中原地區，因此國力逐漸

得到恢復。當時掌握朝政的謝安，持重老成，善於協調各方面的關係，聲望很高。謝安知道南北終有一戰，數年前便招募北方南下的民眾，組建直接隸屬於朝廷的「北府兵」，嚴加操練，使其成為一支驍勇善戰的勁旅。而符堅對這些卻視而不見，一意孤行。

晉太元八年（383）七月，符堅頒發詔令，規定平民男子每十人抽一個為兵，門第較高的富家子弟，年二十以下且勇敢有才能的都授官羽林郎。八月，符堅親率步兵六十餘萬、騎兵二十七萬，共九十多萬大軍，號稱百萬雄獅，分路出征。一路上旌旗招展，戰鼓喧天，前後連綿千里，大有泰山壓頂之勢。

大軍壓境，東晉都城建康人心惶惶，豪門富戶都紛紛打點行裝，準備繼續南逃。前鋒都督謝玄入朝請示軍機，謝安神色安然，對這位姪子說：「朝廷已有安排，你著什麼急？」

謝玄退下後心裡仍不踏實，命部將張玄再去探口風。謝安始終未談軍情，相反，邀集親朋駕車出遊。城中百姓見宰相車馬馳往山林，競相圍觀，見謝安神態安閒，都疑惑不解。

謝安一行來到郊外別墅，谷幽林密，清泉叮咚，陣陣涼風吹來，暑氣頓消。謝安拉上謝玄下棋，謝玄心裡正火燒火燎，哪有這等閒趣？但他又不便拒絕，只好硬著頭皮應付。謝玄的棋藝比謝安高出不少，但此刻心猿意馬，連下敗招，輸得慘不忍睹。謝安笑吟吟地說：「心無滯礙方能行動無所羈絆，患得患失怎會不受制於人？下棋哪能這般沉不住氣！」

謝安一語雙關，謝玄若有所悟。

這一天大家玩得很盡興，天黑後方打道回府。這事傳播很廣，眾人無不歎服謝安處亂不驚的氣度，定下心來準備與秦軍決戰。

當晚，謝安召集眾將部署防務，任命謝安之弟謝石為征討大都督，統率八萬精銳的北府兵；謝玄為前鋒都督，謝安之子謝琰，以及驍將桓伊也隨軍出征。另遣龍驤將軍胡彬帶領五千水軍馳援壽陽。

十月，符融率領的三十萬先頭部隊攻克壽陽，生擒東晉守將徐元喜。胡彬半道上得知壽陽失陷，退往硤石。

硤石為淮河樞紐，符融欲先控制這一戰略要地，於是派重兵圍而攻之。另外，符融派遣衛將軍梁成率五萬兵馬駐紮洛澗，在淮河上構築工

事，以遏制東晉援軍。

謝石、謝玄率大軍行至距洛澗二十五里處，得知河道被截，畏於梁成大軍的聲勢，不敢貿然前進，先安營紮寨。此時硤石城中糧草將盡，胡彬苦苦支撐，險象環生。他見援軍遲遲不至，派密使潛出硤石求救。不料信使在半道被秦軍截獲，搜出密信，呈交符融。符融展開一看，只見寫道：「賊軍勢盛，硤石乏糧，恐不測，不能見到大軍。」

符融立即飛報符堅，並建議：「晉軍勢單力薄，很容易擒獲，只怕其受驚逃脫，應速戰速決，打他個措手不及。」

符堅見信大喜過望，把大部隊留在項城，只率了八千輕騎，日夜兼程，趕來與符融會合。

符堅一直以為晉軍不堪一擊，出征前就誇下海口，要生擒晉朝君臣，讓晉武帝司馬昌明到前秦來當尚書左僕射，謝安當吏部尚書，桓沖當侍中，並已下令在洛陽為他們建造宅第。大秦首戰告捷，使得東晉士氣不振，而符堅則更加躊躇滿志，為顯示威德，他派度支尚書朱序前去勸降。強弱懸殊，爭而無益，投降不僅能保名祿，還能避免生靈塗炭。

這朱序原為東晉梁州刺史，數年前襄陽失陷時被擒。符堅不僅沒殺他，還給他升了官。但朱序身在曹營心在漢，趁機暗中獻計謝石：「前秦百萬大軍如果全部到達，事實上難以抵抗，所以應該在他們大軍尚未集結完成之前，發動攻擊，打敗其前鋒，挫其士氣，秦軍可破。」並且透露秦將梁成是一名有勇無謀之輩，扎駐洛澗，攻之甚易。朱序還表示願乘機為晉軍內應，擊破秦軍。

謝石得知符堅已到壽陽，曾大為恐懼，準備用堅壁不戰的策略與秦軍周旋。聽到朱序一番建議後，他改變了主意，派猛將劉牢之率北府精兵五千，直撲洛澗。面對敵陣，劉牢之勇敢衝殺，秦軍果然大敗，梁成被斬。

此戰一勝，晉軍士氣大增，謝石指揮各軍水陸並進，向壽陽進發，屯軍淝水一帶。符堅跟符融登上壽陽城樓眺望，看到晉軍軍容嚴整。又眺望西北方的八公山，見山上草木茂盛，也以為都埋伏著晉軍。符堅深感意外，面露憂色，對符融說：「晉軍還是很強盛的，怎麼能說他們不堪一擊呢？」這便是成語「草木皆兵」的由來。

不過，符堅豈肯輕易屈服於人下？他決心與晉軍決一雌雄，便領秦

軍出壽陽，來到淝水沿岸列陣。這時，秦軍在淝水西岸，晉軍在淝水東岸，隔河對峙，形成膠著狀態。

這時，秦大軍尚未完成集結，實際投入戰鬥的秦軍，還只是符融指揮的三十餘萬先遣部隊，但依然比晉軍多多了，秦強晉弱，而且秦的後繼部隊還在源源不斷地趕來。為誘敵就犯，謝玄派一善辯之士去秦軍營，對符融說：「你們孤軍深入，想必意在求戰，但是你們沿河佈陣，我們怎麼渡河啊？這不是要長久耗下去了嗎？如果秦軍稍稍向後撤退，讓我們渡過淝水，那就可以一決勝負了。」

秦軍多數將領都反對後撤，說：「我眾敵寡，不如將晉軍擋在河對岸，使其不能渡河，方為萬全之策。」這個主張當然符合兵法上的一句話：「不動如山。」但符堅、符融卻認為可以同意晉軍的要求。符堅說：「我軍遠來，利在速決。如果隔水相持，要拖到猴年馬月？不妨引兵稍作後撤，讓晉軍渡到河中間時用鐵騎攔腰截擊，就可令其片甲不留。」這一主意也符合在江河地帶兵馬作戰時的處置原則。兵法上說：「客（敵軍）絕（橫渡）水而來，勿迎之於水內，令半渡而擊之，利。」就是說待敵軍半渡而後截擊，比較有利。因為，這時敵軍橫渡江河，首尾不接，行列混亂，攻擊容易取勝。

於是，符融指揮大軍稍向後退，誰知這一退便不可遏止。原來秦軍雖然眾多，但除了少數為氐族將士外，十之八九是從漢族和其他少數民族中強行征發來的，這些人並不願為秦國作戰。於是，正在秦軍後撤之時，混在秦軍中的晉軍內應趁機高聲大喊：「秦軍敗了，快快逃命！」霎時有不少人跟著狂叫：「秦軍敗了，逃命要緊！」

秦軍陣腳大亂，士卒競相逃竄。晉軍乘勢渡過淝水，猛烈追擊。符融急得滿頭大汗，騎馬來回奔馳，不斷厲聲喝責狂跑將士，可誰也不聽他的。就在奔馳當中，符融坐騎忽然馬失前蹄，他被掀落馬下，被追擊的晉軍斬殺。

主帥一死，秦軍更像雪崩一樣，霎時瓦解。晉軍乘勝急追，直到青岡。前秦大軍互相踐踏而死，屍體滿山遍野，阻塞河川。逃跑中的秦兵，聽到風聲鶴唳，都以為晉兵趕上來了，不分晝夜地逃命。他們不敢走大路，只好走荒郊，過沼地；不敢進入人家，只能露天而宿。這時已到十月冬季，由於飢餓、寒冷又死了一部分人，秦軍傷亡的占十之八

九。符堅也被流箭射中，單人匹馬，逃到淮河北岸，飢餓難當，吃了鄉民送來的一碗泡飯，一盤豬爪，渡過難關。而後符堅收拾殘軍一千餘人，投奔到鄴城。

　　就這樣，淝水一戰，秦軍實際上不是「戰」敗，而是「退」敗。符堅經此一敗，不久就身死國滅，北方又陷於戰亂之中，而南方的東晉則得以延續它的名士風流。

官　一

【原文】

　　孫子曰：凡處卒利陳（陣）體甲兵者[①]，立官則以身宜，賤令以采章[②]，乘削以倫物[③]，序行以□□，制卒以州閭[④]，授正以鄉曲，辯（辨）疑以旌輿，申令以金鼓，齊兵以從跡[⑤]，庵結[⑥]以人雄，邋軍以索陳（陣）[⑦]，菱肆以囚逆，陳師以危□，射戰以雲陳（陣），御裹以贏渭[⑧]，取喙[⑨]以闔燧，即敗以包□，奔救以皮傳，燥戰[⑩]以錯行。用□以正□，用輕以正散。攻兼[⑪]用行城，□地□□用方，迎陵而陳（陣）用刲，險□□□用圜，交易[⑫]武退用兵，□□陳（陣）臨用方翼，泛戰接厝[⑬]用喙逢，囚險解谷以□遠，草駔沙荼[⑭]以陽削，戰勝而陳（陣）以奮國，而……

【注釋】

①處卒：治軍，一指編組軍隊。體甲兵者：統兵作戰的人，一指掌管武器裝備的人。

②賤：同「踐」，踐行，履行。采章：指彩色的旗幟、車服等物。

③乘削：升職和降職。倫物：標準。

④州閭：古代地方基層行政單位州和閭的連稱。下文「鄉曲」亦同。

⑤從跡：足跡相從，指步調一致。

⑥庵結：指安營紮寨。

⑦ 逴軍：進攻敵軍。索陳（陣）：與下文之囚逆、云陳、贏渭、皮傅、錯行等，皆陣名。

⑧ 御：抵禦。裹：包圍。

⑨ 喙：原指鳥嘴，這裡指軍隊的前鋒部隊。

⑩ 燥戰：激戰。

⑪ 攻兼：反擊敵人夾擊。一說以為同「攻堅」。

⑫ 交易：平坦寬闊，往來便捷之地。

⑬ 接厝：迎戰，交兵。

⑭ 草駔沙荼：即「苴草莎荼」，泛指雜草荊棘。

【譯文】

　　孫臏說：凡治理士兵、佈陣統兵、用兵作戰的將領，設官分職要根據才能，必須選拔稱職的人擔任。履行命令時要使用各種不同色彩的徽章標誌，官職的升降要有統一的標準，規定行列的前後次序要用……編制軍隊要以州閭等地方居民單位為基礎，從鄉曲中選出有才能的人做軍官。區別各部要用不同顏色和圖形的旗幟，申明軍令要用金鼓。整齊隊伍要使全軍步調一致，安營紮寨要派精明強幹的勇士擔任警戒。進擊敵人要用索陣，攻打疲憊的敵軍要用圍困截擊的囚逆陣……進行弓弩戰要用雲陣，抵禦敵軍的包圍要用迂迴游擊的贏渭陣，消滅敵人前鋒部隊要用封鎖道路、使其與主力隔絕的闠燧陣，追擊敗退之敵要用包圍夾擊的□□陣，奔馳救援要用從外面迫近並纏住敵人的皮傅陣，激烈交戰時要用滾動式進攻的錯行陣……用輕裝的部隊去追擊潰散的敵軍。反擊敵人夾擊要用行城陣……要用方陣，面向山陵排兵佈陣要用刲陣，在險要之地排兵佈陣要用圓陣。在平坦寬闊、暢通無阻的地方撤軍，要用精兵掩護……用側翼部隊迎戰，一般的戰鬥都用前鋒部隊迎戰……在雜草荊棘叢生的地方行軍，要開闢出暢通的道路。戰勝歸來，要保持軍隊陣型嚴整，軍容威武，以振國威……遇到山嶺彎曲處要設下山肱陣。

【原文】

　　為畏以山肱①，秦怫以委施（逶迤）②，便罷③以雁行，險厄以雜管，還退以蓬錯，繞山林以曲次，襲國邑以水則

④，辯（辨）夜退以明簡，夜敬（警）以傳節，厝入內寇以棺士⑤，遇短兵以必輿，火輪積以車⑥，陳（陣）刃⑦以錐行，陳（陣）少卒以合雜。合雜，所以御裹也。修行連削，所以結陳（陣）也。雲折重雜，所〔以〕權趮⑧也。猋凡振陳⑨，所以乘疑也。隱匿謀詐，所以釣戰也。龍隋⑩陳伏，所以山鬥也。□□乘舉，所以厭（壓）津也。

【注釋】

① 山朐（音區）：與下文之逶迆、雜管、蓬錯、曲次等，皆陣名。朐：古代軍陣的右翼。

② 榛：同「榛」，一種落葉灌木。茀：同「茀」，草多貌，這裡指荊棘叢生。

③ 便罷：指戰鬥停止時，一指戰場形勢不利時。

④ 水則：水則陣，言避實就虛，突襲敵軍，一言如流水一般橫掃千軍。

⑤ 厝入：潛入。棺士：帶著棺材的士卒，指敢死隊。

⑥ 火：火速，一說以為「火輪積」指火燒敵人糧草物資。車：指裝載燃料的車輛。

⑦ 刃：鋒利。

⑧ 趮：同「躁」，這裡指緊急之時。

⑨ 猋凡振陳：即「飆風振塵」，指猛烈的風和飛揚的塵，形容迅速。

⑩ 隋：同「墮」，垂落，這裡指隱藏實力，故意示弱。龍隋：指強兵示弱。

【譯文】

軍陣右側靠山而列，以威懾敵軍。遇到荊棘阻路的地段，要蜿蜒曲折地行進。在停止戰鬥時，要擺成雁行陣以保安全。在地勢險要的地帶作戰，要集中兵力並配備多種兵器。軍隊撤退時，要注意隱蔽，並交替掩護。繞過山林時，各部隊要保持隊形依次通過。襲擊敵人城邑時，要依照避實就虛的原則。夜間要用書簡傳達撤退命令，以防為敵所迷惑。夜晚警戒時，要嚴查符節等通行憑證。派間諜潛入敵營內部，要用敢死隊。遇到使用短兵器的敵人，要用密集的戰車群去對付。緊急運送糧草

物資，要用快車。要想陣勢銳利，就擺成錐形陣。兵員不足時，要匯合各部隊齊心協力。匯合各部隊，是為了抵禦敵軍的包圍。整頓隊伍並使各部連接起來，是為了佈置好戰陣。採用曲折重疊、各兵種齊全的陣型，是為了應對突發的緊急事變。採用可以快速行動的陣勢，是為了在敵人遲疑之際發動突然襲擊。隱蔽自己的實力，施展計謀，是為了引誘敵軍上鉤。強兵故意示弱，暗地裡埋伏重兵，這是誘敵進入山地作戰的方法……是為了奪取渡口。

【原文】

　　□□□卒，所以□□也。不意侍卒，所以昧戰也。遏溝□陳，所以合少也。疏削明旗，所以疑敵也。（剽）①陳（陣）轄車，所以從遺也。椎下②移師，所以備強也。浮沮而翼，所以燧斗也。禪袥繄避③，所以莠檻也④。潤（簡）練⑤歅（剽）便，所以逆喙也。堅陳（陣）敦□，所以攻槫⑥也。楑（揆）斷藩薄，所以汰（眩）疑也。偽遺小亡，所以聰⑦敵也。重害，所以䒱□也。順明到聲，所以夜軍也。佰奉離積⑧，所以利勝也。剛者，所以御劫也。更者，所以過□也。□者，所以御□也。……□者，所以厭□也。胡退□入，所以解困也。

　　☆☆☆

　　……□令以金……

　　……雲陳（陣），御裹……

　　……胈，秦怫以委施（逶迤），便罷……

　　……夜退以明簡，夜敬（警）……

　　……輿，火輪積以車，陳（陣）……

　　……龍隋陣……

　　……也。潤（簡）練□便，所以逆……

　　……斷藩薄，所以汏（眩）……

　　……所以（餌）敵也。重害，所……

……奉離積，所以利……

【注釋】

①歌（剽）：輕捷。

②椎下：指在敵軍的威脅逼迫之下。

③禪：緩慢且散漫。縈避：即盤避。

④莠櫓：即誘騙。

⑤澗（簡）練：訓練選拔。

⑥棤：小棺材。這裡指拚死來攻的敵軍。

⑦聹：疑同「餌」，誘惑。

⑧佰：眾多。奉：同「俸」，指物資。

【譯文】

　　……不把作戰意圖告訴身邊的士卒，是為了保守作戰機密。靠著溝池列陣，是為了以少量的兵力與眾多的敵人交戰。疏散部隊，鮮明地展示各種旗幟和少量兵器，是為了迷惑敵人。動用快速勇猛的部隊和輕便的戰車，是為了追擊逃敵。在敵軍的壓迫下轉移部隊，是為了避開強敵，保存實力。在低窪潮濕的地帶駐軍，是為了防範敵人火攻。故意裝出行動遲緩，躲閃避讓的樣子，是為了引誘敵軍追趕。精選剽悍敏捷的士卒，是為了迎擊敵人的先鋒部隊。加強陣地，激勵士兵，是為了抗擊拚命的敵軍。故意毀掉一些藩籬屏障，是為了迷惑敵人。故意丟棄一些物資軍械，是為了引誘敵軍。故意破壞自己的主要陣地，是為了……順著光亮，循著聲響，是為了在夜間打擊敵人。把大量軍需物資分散儲存，是為了防範敵人破壞，從而保證軍隊取勝。派遣精銳士卒，是為了防止敵軍劫營。派遣士卒守更，是為了……是為了使自己擺脫困境。

【經典戰例】

虞詡增灶退羌人

　　東漢時期，西北邊關一直不太安寧，永初四年（110），羌兵時常進犯并州、涼州，燒殺搶掠，來無影去無蹤，防不勝防。朝中軍費開支

浩大，不堪承受，大將軍鄧騭提議放棄涼州，撤去涼州的防備，將兵力集中於并州。在朝中議事時，鄧騭振振有詞道：「這就好比衣服穿破了，補上一塊還是一件完整的衣服，否則首尾不得兼顧，一處都保不住。」朝中其他大臣也想不出更好的辦法，竟紛紛附和贊同。

太尉李修罷朝回府，剛要休息，門下一名郎中求見。來人行禮之後開門見山說道：「聽說朝中大臣商議要放棄涼州，鄙人雖愚昧，不該妄議朝中大事，但此事如鯁在喉，不吐不快。依我所見，此乃下下之策。」

朝中那麼多大臣都束手無策，此人卻敢獨樹一幟，想必有些見識。李修不由得饒有興趣，讓他細細道來。

「先帝打下江山，開疆辟域，歷盡千辛萬苦，如今豈能因軍費拮据，而將大好河山拱手相讓？這是其一。涼州放棄了，三輔就成為邊關，先帝的園陵就暴露於外，這可是大大使不得的。這是其二。俗話說『關東出相，關西出將』，秦時的白起、王翦，本朝的公孫賀、傅介子、李廣、李蔡、趙充國、辛武賢等，都是一代名將，也都是關西之人。因為那塊地方民風強悍，崇尚習武，所以多強兵猛將。羌兵之所以不敢進犯三輔，正因為有涼州在前面擋著，遇到危急，百姓個個都能披掛上陣，拚死廝殺，以效忠漢室。如果放棄涼州，百姓無所依附，必然產生動亂，要是豪雄相聚，席捲東來，哪怕古代最強的將士再生也抵擋不了。這是其三。朝中議論將放棄涼州比作衣上的破洞，補了之後於社稷無損，讓我看來卻好比是生了個毒瘡，一旦瘍爛全身都要受其害。望大人三思。」

李修一聽，如大夢初醒，連連拍著自己的腦袋，說：「真是該死！我怎麼就沒想到這一層？要不是你提醒，差點兒誤了國家大事。」李修對來人刮目相看，請教該如何治理涼州。那人胸有成竹，又將一套治理涼州的方案說得頭頭是道。李修聽得口服心服，將這些意見搬到朝中，大臣們聽了，也個個稱妙，立即就採納了。

這位說動太尉的人就是虞詡。

虞詡，字升卿，早年就聰慧過人，十二歲時即能通《尚書》，為官後正遇朝歌賊患，官員被殺，州郡不能禁，別的官員都不敢前去赴任，虞詡卻「志不求易，事不避難」，接到任命立即走馬上任。他在朝歌用

計一舉清除賊患，贏得交口稱譽。

元初二年（115），羌兵又騷擾武都，鄧太后得知虞詡有將帥之才，便推薦他出任武都太守。臨行前鄧太后還專門在嘉德殿召見，勉勵其在邊關建功立業。

虞詡帶了一小隊人馬離開京都前去赴任。羌人得知漢朝新任命了一名武都太守，在陳倉、崤谷一帶設下埋伏，準備截殺。虞詡突然遭遇強敵，處境險惡。此時若是強行突進，無疑是以卵擊石；倉皇後撤，不僅丟了大漢的顏面，而且羌兵必然追殺，仍難逃厄運。

虞詡處變不驚，果斷傳令就地安營紮寨，並召集隨從說：「我已上書朝廷，請求增兵護送。現在只有就地固守，待援軍趕到後再開拔。」他讓將士修築陣地，安上柵欄，擺出一副久守的架式。羌兵首領得知消息，只當虞詡膽怯，得意揚揚地說：「我已布下天羅地網，一夫當關萬夫莫開，再來多少兵馬，也休想闖過去。」羌兵首領計算著虞詡的援軍還要好些時候才能趕到，就將羌兵分成若干隊，到鄰近各縣打家劫舍。

這一切都在虞詡的算計之中。他抓住羌兵麻痺鬆懈、兵力分散之機，率將士輕裝上陣，出奇兵闖過羌兵的防線，打了羌兵一個措手不及。

羌兵首領得知上當，氣得哇哇亂叫，吩咐手下立即集結，務必追殺虞詡。羌人本是遊牧民族，騎術個個了得，才幾日工夫，大隊羌兵又開始逼近。

虞詡突破羌兵防線後就馬不停蹄，日夜兼程向武都進發。他知道第一次靠麻痺敵手，再行此計，羌人肯定不會上當，因此得換一種辦法嚇他一嚇。

虞詡命令將士宿營時每人挖兩個灶坑，然後逐日加倍。尾隨而來的羌兵看到灶坑不斷增加，以為漢軍的援兵源源不斷地趕到，摸不清虛實，不敢貿然下手，只好在後面遠遠跟著，好像是護送著虞詡進了武都城。

事後虞詡的一位手下問道：「古代的孫臏以逐日減灶的方法迷惑了對手，你用的卻是逐日增灶的方法；還有，兵法書上說一日行軍不超過三十里，以避免陷於險境，而你卻讓我們日夜兼程跑了兩百里，這都與古人的兵法不符，但都成功了，這是為什麼？」

虞詡微微一笑說：「敵眾我寡，如果我們慢慢走，敵人馬上就趕上來，看清強弱懸殊，一口就能把我們吞掉。我們走得快了，他們就不容易摸清我們的實力，再加上看到灶坑不斷增加，他們一定以為我們的援軍趕到了。人多勢眾，跑得又快，敵人就不敢太靠近，我們就能脫險。孫臏是用減灶示弱，我們是用增灶示強，同樣都能產生奇效，可見運用兵法，要根據特定條件，切忌生搬硬套。」

虞詡雖用險計進了武都城，但眼前仍有一大堆棘手的難題。他手下的馬兵不足三千，而時常前來尋釁的羌兵卻有數萬之眾。有一次大隊羌兵把武都轄下的赤亭城團團圍住，長達數十日之久，城中缺糧少衣，萬分危急。虞詡讓將士收起強弩不用，改發小弩。羌人看到射來的箭都輕飄飄的，有氣無力，飛不多遠就掉在地上，以為漢軍因久困而士氣低落，或者沒有強弩可用，就耀武揚威地靠近城牆，發起攻擊。虞詡見羌兵靠近，傳令將士換用強弩，數箭同射一人，發無不中。羌兵損兵折將，倉皇而退。虞詡再揮師出城追殺，斬獲甚多。

羌兵敗了一陣，謹慎多了，第二天不敢太靠近城牆。虞詡召集全體將士，列隊從東門出城，繞一大圈，由北門回來，換了衣服，再出東門，周而復始。羌兵以為小小赤亭城中竟埋伏了千軍萬馬，怪不得久攻不下。於是羌營中瀰散著一片恐懼，士卒已無心戀戰。虞詡算定羌兵要撤，派五百將士在其退路上設下埋伏，沒過多久，果然有大批羌兵亂闖哄地擁來。這時，五百將士引弓齊發，當頭的羌兵倒下一大片。虞詡指揮大軍殺出城來，前後夾擊，羌兵潰不成軍，根本沒有還手之力。漢軍一路追殺，又獲大勝。

羌兵遭此敗績，不敢再到武都尋釁。虞詡用計安定了邊關。

強　兵

【原文】

威王問孫子曰：「□□□……齊士教寡人強兵者，皆不同道……〔有〕教寡人以正（政）教者，有教寡人以……〔有

教〕寡人以散糧者，有教寡人以靜者……之教□□行之教奚……」

〔孫子曰〕：「……皆非強兵之急者也。」

威〔王〕……□□。

孫子曰：「富國。」

威王曰：「富國……」

□厚，威王、宣王以勝諸侯，至於……①

☆☆☆

……將勝之，此齊之所以大敗燕……②

……眾乃知之，此齊之所以大敗楚人反……③

……大敗趙……④

……□人於齧桑而禽（擒）汜（范）皋也⑤。

……禽（擒）唐□也⑥。

……禽（擒）□　……

【注釋】

① 《史記‧孟子荀卿列傳》載：「齊威王、宣王用孫子（臏）、田忌之徒，而諸侯東面朝齊。」可參考。

② 齊敗燕，當指公元前 314 年齊宣王伐燕事。

③ 齊敗楚，疑指齊與韓、魏等國伐楚取重丘之戰。事在公元前 301 年齊湣王初立時。

④ 據《竹書紀年》，魏惠王後元十年（齊威王三十二年，公元前 325 年）齊敗趙於平邑，俘趙將韓舉。

⑤ 「人」上一字尚餘殘畫，似是「宋」字。據史書記載，齊湣王十五年宋為齊所滅。此處所記可能是滅宋以前的某次戰役。齧桑：今江蘇沛縣。

⑥ 唐□：疑即唐昧。《史記‧楚世家》記懷王二十八年（公元前 301 年）「齊、韓、魏共攻楚，殺楚將唐昧，取我重丘而去。」唐昧；他書或作唐蔑。如果「唐□」確係唐昧，則此簡與上文「大敗楚人」一簡所記當為一事。

【譯文】

　　齊威王問孫臏：「……齊國的士人教我強兵的策略，都各有各的主張……有的人教我用仁政和德政教強兵，有的人教我用多徵賦稅的方法強兵，有的人教我用多散糧食給百姓，以籠絡人心的方法強兵，有的人教我以清靜無為的方法強兵……」

　　孫臏說：「這些都不是強兵最要緊的事。」

　　齊威王問：「那什麼是強兵最要緊的事？」

　　孫臏說：「富國。」

　　齊威王說：「富國……」

　　齊威王和齊宣王父子採納了孫臏的主張，富國強兵，積蓄了雄厚的國力，藉以戰勝諸侯，直到……

　　☆☆☆

　　……這就是齊國之所以大敗燕國的原因……

　　……眾人才知道，這就是齊國之所以大敗楚國人的原因……

　　……大敗趙國……

　　……大敗宋人於齧桑而擒宋將范皋……

　　……擒楚將唐眛……

　　……

【原文】

　　五教法（此篇據文物出版社1985年版《孫臏兵法》補入。）

　　〔孫〕子曰：善教者於本，不臨軍而變，故曰五教：處國之教一，行行之教一，處軍之〔教一，處陣之教一，隱而〕不相見利戰之教一。

　　處國之教奚如？曰……孝弟（悌）良五德者，士無壹乎？雖能射不登車。是故善射為左，善御為御，畢毋（無）[1]為右。然則三人安車，五人安伍，十人為列，百人為卒，千人有鼓，萬人為戎，而眾大可用也。處國之教如此。

　　行行之教奚如？廢車罷（疲）馬，將軍之人必任焉，所以（率）……險幼將自立焉[2]，所以敬□……□足矣。行行

之教如此。

　　處軍之教〔奚如？〕……也。處軍之教如〔此〕。

　　〔處陣〕之教奚如？兵革車甲，陳（陣）之器也。……以興善③。然而陳（陣）曁（既）利而陳（陣）實蘩④。處陳（陣）〔之〕教如此。

　　隱而不相見利戰〔奚如？〕……

　　五教法

　　☆☆☆

　　……壨涂（途）道，使三軍之士皆見死而不見生，所〔以〕……

　　……以教耳……

　　……〔所〕以教足也。五教曁（既）至，目益明……

【注釋】

① 畢：全，皆。畢毋（無）：指既不善於射箭，也不善於駕車的人。

② 險幼：即「險要」。

③ 興善：興起愛惜、悲憫之心。

④ 蘩：疑同「繁」。

【譯文】

　　孫臏說：善於教化的人對於根本性的原則，是決不輕易更改的，在統兵作戰時更是不例外，所以叫作「五教」：一種是在國內駐守時的教戒，一種是軍隊行進調動時的教戒，一種是處在軍中時的教戒，一種是臨陣作戰時的教戒，一種是隱蔽起來不與敵人相見以等待有利戰機時的教戒。

　　在國內駐守時的教戒是什麼呢？這就是……孝、悌、賢良五種美德，步卒難道一種都沒有嗎？他們即使善於射箭也不能登戰車作戰。所以，車兵中善於射箭的人在車左，善於駕車的人則居中駕車，射箭和駕車兩種技能都沒有的人就在車右。一輛戰車上，三名甲士安於自己的戰車，同伍的五名士兵安心於自己的伍，十名士兵為一列，一百名士兵為

一卒，一千名士兵設置一個指揮鼓，每一萬名士兵為一戎，這樣就可以組成一支規模可觀的有大用處的軍隊了。在國內駐守的教戒就是這樣。

軍隊行進調動時的教戒是什麼呢？戰車破敗，戰馬疲弱，帶兵的統帥必須承擔責任，以為……的表率……到險要之地，要停下來，立在高處，對……表示禮敬……這樣就足夠。軍隊行進調動時的教戒就是這樣。

處在軍中的教戒是什麼？……處在軍中的教戒就是這樣。

臨陣作戰時的教戒是什麼？兵器、戰車、鎧甲，這些都是戰陣中必須的器械……以興起悲憫之心。這樣就可以組成既有利又反覆，足以令敵人眼花繚亂的陣勢了。這就是臨陣作戰時的教戒。

隱蔽起來不與敵人相見以等待有利戰機時的教戒是什麼呢……

☆☆☆

……將陣亡士卒的屍體堆在路邊，使三軍士卒都能看到死亡的威脅，而不欲偷生，以此激發他們的鬥志……

……

……五種教戒完備，眼睛就會更加明亮……

【經典戰例】

度尚自焚軍營

東漢末年，由於封建統治者的殘酷剝削，農民紛紛破產，貧苦百姓流離失所；加以災荒連年，逃荒要飯的農民成群結隊，民變蜂起。

延熹七年（164），荊州刺史度尚，招募少數民族士卒，征討艾縣變民集團，獲得大勝，收降數千人。

度尚繼續進剿桂陽郡，變民首領卜陽、潘鴻等聞訊，慌忙逃入深山。度尚窮追不捨，緊追數百里，連拔三寨，步步逼進。卜陽、潘鴻據險固守，度尚正欲一鼓作氣，卻有部屬悄悄稟告：士卒三三兩兩地都在談論回家，有的已經逃亡。度尚感到不解，連日勝仗，士氣正盛，亂軍指日可破，何有此變？

夜幕降臨，度尚步出大帳，去各營帳察看，只見士卒的行囊都鼓鼓

的。他們三五成群湊在一起，取出囊中的物件相互炫耀，其中不乏黃金珠寶等貴重東西。度尚心中頓時明白：「怪不得軍無鬥志了！」

原來，當時政治腐敗，當官的巧取豪奪，聚斂財富。越是高位，搜刮的財富越多。漢桓帝時大將軍梁冀的家產，竟相當於全國一年租稅的一半。稍後的宦官侯覽，貪婪侈奢，強奪民宅三百八十餘所，強占土地近一百二十頃，建起宅第十六處。上行下效，地方的官吏也是如此。兵卒無權無勢，便靠出征討伐之機，從對手或從沿途民宅中搶擄掠奪，多少也可撈到一些財富。度尚手下的士卒就在這次進剿卜陽、潘鴻中，得以腰囊鼓滿，掠到不少金銀珠寶和其他物件。

度尚瞭解到了這一情況，知道若強令繼續挺進，誰也不會再願冒刀砍箭穿之險而奮勇殺敵，有的只會臨陣退卻，甚至大量逃亡。他左思右想，生出一計。

第二天，度尚向士卒宣稱：「卜陽、潘鴻為多年積賊，能攻善守，今又退據險地，不易輕入。我兵已戰多次，深感疲憊，況且與賊相比，還是敵眾我寡。現決定暫不進擊，征發各郡兵馬，待其來到，再合力出擊，以求一舉成功。」

度尚下令，全體士卒就地休息，每天除練武外，可以上山打獵，也可以就近遊覽。命令一下，全軍一片歡騰，從大小將領到普通小兵傾寨外出。成群結隊，四處遊獵。他們每天捕獲禽獸無數，帶上這些山珍野味，進入庖廚，天天打牙祭，晚晚吃夜點。如此數日，每日都是儘興而歸。士卒紛紛說度尚體恤下屬，真是一個好刺史。

這一天，那些士兵照樣興高采烈地傾營而出，四處遊獵，將近黃昏，滿載而歸。走在路上，眼尖的士卒忽然望見自己營寨上空似有火煙，急匆匆再往前趕，果然是火光一片。士卒亂鬨哄地一邊快跑，一邊高喊：「營寨起火啦！」然而火越燒越大，待眾軍士趕到，幾座營盤已經化為灰燼。

營盤怎麼會突然起火？原來這就是度尚所設計謀。他見軍心懈弛，無非是士卒行囊飽了。於是故意引誘眾人外出，這樣若干時日，看到時機已到，便密派親信，潛至各處縱火焚營。頃刻之間，各個營寨付之一炬，眾人目睹此狀，無不垂頭喪氣，連連叫苦。

正當大家涕淚交流、自悔自恨的時候，度尚來到。他故意頓足道：

「必定是賊人縱火，擾我軍心。賊人如此可惡，竟敢乘機燒營，致使眾人遭受損失，實在是可惡至極。本官疏於防範，也有責任！」一席話，說得許多士卒感動涕零。

度尚繼續鼓動說：「卜、潘兩賊經營多年，所劫獲財物，足富數世，金銀珠寶堆積如山。只要我等奮力一戰，便可如數取來。這次營寨被焚，實不過區區小失，不足介意。明日我們就出發進剿，所獲金銀財寶，皆論功行賞，你們意下如何？」

眾人聽了，破涕為笑，皆大聲應道：「願遵將軍之令！」

於是，度尚下令，餵飽戰馬，也讓將士們都飽餐一頓，待到拂曉即行攻擊。次日全軍急行軍，直撲卜陽、潘鴻的兵寨。

卻說卜陽、潘鴻探知，官軍士卒整天外出打獵取樂，一時似無攻寨的跡象，也就放鬆戒備。冷不防一大清早醒來，官兵已經殺到跟前。而且這一回官兵個個奮勇搶先，其銳無比。卜陽、潘鴻所部終究不過是烏合之眾，在官軍凌厲的攻勢下很快就潰敗下來，卜、潘兩人均被亂刀砍死，荊州之亂得以平息。

〔下編〕

十　陣

【原文】

凡陳（陣）有十：有枋（方）陳（陣），有員（圓）陳（陣），有疏陳（陣）[1]，有數陳（陣）[2]，有錐行之陳（陣）[3]，有雁行之陳（陣）[4]，有鉤行之陳（陣）[5]，有玄襄之陳（陣）[6]，有火陳（陣），有水陳（陣），此皆有所利。

枋（方）陳（陣）者，所以剸[7]也。員（圓）陳（陣）者，所以槫[8]也。疏陳（陣）者，所以〔吳〕[9]也。數陳（陣）者，為不可掇[10]。錐行之陳（陣）者，所以決絕[11]也。雁行之陳

（陣）者，所以棲（接）射⑫也。鉤行之陳（陣）者，所以變質⑬易慮也。玄襄之陳（陣）者，所以疑眾難敵也。火陳（陣）者，所以拔也。水陳（陣）者，所以倀固也。

【注釋】

① 疏陳（陣）：作戰時因己方兵少而採取的一種疏散的戰鬥隊形。

② 數陳（陣）：一種密集的戰鬥隊形。

③ 錐行之陳（陣）：一種前鋒如錐形的戰鬥隊形。

④ 雁行之陳（陣）：一種橫列展開如大雁飛過的斜行的戰鬥隊形。

⑤ 鉤行之陳（陣）：一種左右翼彎曲如鉤的陣型。

⑥ 玄襄之陳（陣）：一種迷惑敵人的假陣，隊列間距很大，多豎旗幟，鼓聲不絕，好像軍隊數量巨大，欺騙敵人。

⑦ 剸（音團）：截斷。

⑧ 塼（音團）：同「團」，結聚。

⑨ 吳：疑同「吷」，這裡指虛張聲勢。

⑩ 掇：同「剟」，刪削，分割。

⑪ 決絕：突破而切斷之。

⑫ 棲（接）射：指用弓矢交戰。

⑬ 變質：指在突發情況下改變原定計劃。

【譯文】

　　凡陣法有十種，即方陣、圓陣、疏陣、數陣、錐形陣、雁形陣、鉤形陣、玄襄陣、火陣和水陣。這些陣法各有各的作用和長處。

　　方陣，是用來截擊敵軍的。圓陣，是用來聚集兵力，進行環形防禦的。疏陣，是用來虛張聲勢，以迷惑敵人的。數陣，是用來防止被敵人分割的。錐形陣，是用來突破敵軍陣地並切斷其相互聯繫的。雁行陣，是用來進行弓弩戰的。鉤形陣，是用來應對情況突變以便作出正確反應的。玄襄陣，是用來迷惑敵軍，使其難以實現既定意圖的。火陣，是用來攻拔敵軍營寨的。水陣，是用來加強防守的穩固性的。

【原文】

　　枋（方）陳（陣）之法，必薄中厚方①，居陣在後。中

之薄也，將以〔吳〕也。重□其□，將以也。居陳（陣）在後，所以⋯⋯

〔圓陣之法〕⋯⋯

〔疏陣之法〕，其甲寡而人之少也，是故堅之。武者在旌旗，是②人者在兵，故必疏鉅間③，多其旌旗羽旄，砥刃以為旁。疏而不可蹙④，數而不可軍⑤者，在於慎。車毋馳，徒人毋趨⑥。凡疏陳（陣）之法，在為數醜⑦，或進或退，或擊或毅⑧，或與之征⑨，或要其衰⑩。然則疏可以取閱（銳）矣。

數陳（陣）之法，毋疏鉅間，戚而行首⑪，積刃而信⑫之，前後相葆（保），變□□□，甲恐則坐，以聲坐□，往者弗送，來者弗止，或擊其迂，或辱⑬其閱（銳），笲⑭之而無間，軜山而退。然則數不可掇也。

【注釋】

① 方：同「旁」，四周。
② 是：同「示」，顯示。
③ 鉅：同「距」，疏距間，加大陣列的間隔距離。
④ 蹙：威迫，威脅。
⑤ 軍：包圍。
⑥ 徒人：步卒。趨：疾走。
⑦ 醜：類，群。數丑：幾個小群，指幾個小型的戰鬥單位。
⑧ 毅：意義不詳。銀雀山所出其他竹簡中或用作剛毅之「毅」，疑即《說文》「毅」字異體。
⑨ 征：同「征」，進攻敵軍，與敵爭奪。
⑩ 要：通「邀」，截擊。衰：疲憊。
⑪ 行首：疑指行列間距可供一人行走。
⑫ 信：同「伸」，伸展。
⑬ 辱：挫折。
⑭ 笲：嚴密。

【譯文】

　　方陣的列法，必須中間的兵力少，四周的兵力多而強，將領的指揮位置靠後。中間的兵力少，是為了虛張聲勢。四周兵力雄厚，是為了便於截擊敵軍。將領的指揮位置靠後，是為了……

　　圓陣的列法……

　　疏陣的列法，是由於士兵不足，因而要設法顯示強大，加強陣勢。要多設旗幟來顯示威武，多置兵器來顯示兵多，因此在佈陣時必須加大行列間的距離，多設各色各樣的旗幟，要把鋒利的兵器佈置在外側。要注意疏密得當，使隊列稀疏的地方不受敵軍的威迫，隊列密集的地方不被敵軍包圍，要做到這些，關鍵在於周密部署，謹慎施行。戰車不要疾馳，步兵不要急行。疏陣使用的要旨在於，把士兵分成若干個戰鬥小群，既可前進也可後退，既可進攻也可防守，既可與敵軍對戰，也可以邀擊疲憊的敵軍。這樣，疏陣就可以用來戰勝精銳的敵軍了。

　　數陣的列法，不能加大行列的距離，行列要相互靠近卻不致混亂，兵器要密集而又便於施展，前後要能互相保護……當本方士兵有恐慌情緒時，要停下來整頓……當敵軍退走時，不要追擊。敵軍來犯時，也不要出陣阻擊。可以選擇攻擊敵人的迂迴部隊，或者挫傷敵人的銳氣。陣勢一定要嚴密得無隙可乘，使前來進攻的敵人像遇到高山橫亙一樣，萬般無奈，只好退走。這樣，數陣就不會被敵人分割攻破了。

【原文】

　　錐行之陳（陣），卑①之若劍，末不閱（銳）則不入，刃不溥（薄）則不，本不厚則不可以列陳（陣）。是故末必閱（銳），刃必溥（薄），本必塢（鴻）②。然則錐行之陳（陣）可以決絕矣。

　　〔雁行之陣〕……中，此謂雁陳（陣）之任。前列若轥③，後列若狸④，三……□□□闕羅而自存⑤，此之謂雁陳（陣）之任。

　　鉤行之陳（陣），前列必枋（方），左右之和⑥必鉤。三聲⑦既全，五菜（彩）⑧必具，辯（辨）吾號聲，知五旗。

無前無後，無〔左無右〕……

　　玄襄之陳（陣），必多旌旗羽旄，鼓羿羿莊，甲亂則坐，車亂則行，已治者口，檻檻啐啐⑨，若從天下，若從地出，徒來而不屈，終日不拙。此之謂玄襄之陳（陣）。

【注釋】

①卑：同「譬」。

②鴉（鴻）：大。

③▒：獸類，形似猿，這裡指像猿猴一樣靈活。

④狸：野貓，這裡指像野貓一樣靈便，一指像野貓一樣善伏。

⑤闕：破，突破。羅：羅網，包圍圈。

⑥左右之和：指軍陣的左右兩翼。

⑦三聲：指軍中金、鼓、角的聲音。

⑧五菜（彩）：指各種顏色的旗幟。

⑨檻檻啐啐：形容大聲，這裡指士卒鼓噪之聲。

【譯文】

　　錐形陣的列法，要使它像利劍一般。其前鋒如果不銳利，就無法攻入敵陣。左右兩翼如果不像鋒利的刀刃，就不能截斷敵軍。主力部隊如果不像雄厚的劍身，就不能布成錐形陣。因此，前鋒部隊必須銳利，左右兩翼必須鋒利，主力部隊必須實力雄厚。這樣，錐形陣就可以突破敵陣，截斷敵軍了。

　　雁形陣……中，這就是雁形陣的作用。前面的部隊行動要如猿猴一樣靈活迅速，後面的部隊行動要像野貓撲食一樣突然、靈便……使敵人無法突破包圍而逃生，這就是雁行陣的作用。

　　鉤形陣的列法，前面必須列成方形，左右兩翼要向後彎曲成鉤形。指揮用的金、鼓、角一定要齊全，各種顏色的旗幟一定要齊備，要讓自己的士兵能辨別本軍的聲響號令和旗幟信號。無論是前面還是後面，無論是左邊還是右邊……

　　玄襄陣的列法，必須多設各種旗幟，鼓聲要密切而雄壯，士卒隊伍混亂就停下來整頓一下，戰車編隊混亂就向前開進以便整齊隊伍。已經整頓好的部隊，行進時戰車的轟鳴聲，士兵的腳步聲，就像從天而降，如同自地而出，步卒往來不絕，整口都不停息。這就叫作玄襄陣。

【原文】

　　火戰之法，溝壘已成，重為溝漸（塹），五步積薪，必均疏數，從役有數①，令之為屬枇②，必輕必利，風辟……□火氣（既）自覆，與之戰弗克，坐行而北。火戰之法，下而衍以3，三軍之士無所出泄④。若此，則可火也。陵焱⑤蔣芥，薪蕘⑥氣（既）積，營窟未謹⑦。如此者，可火也。以火亂之，以矢雨之，鼓噪敦兵，以勢助之。火戰之法。

　　水戰之法，必眾其徒而寡其車，令之為鉤楷蓯柤貳輯□條皆具⑧。進則必遂，退則不戚（蹙），方戚（蹙）從流，以敵之人為召（招）⑨。水戰之法，便舟以為旗，馳舟以為使，敵往則遂，敵來則戚（蹙），推攘⑩因慎而飭之。移而革⑪之，陳（陣）而□之，規⑫而離之。故兵有誤車有御徒，必察其眾少，擊舟津，示民徒來⑬。水戰之法也。

　　七百八十七。

【注釋】

① 有數：為數極少。
② 屬枇：點火用的火把。
③ 衍：低而平坦之地。　：疑指野草叢生。
④ 出泄：逃脫。
⑤ 陵焱：大而疾的風。
⑥ 薪蕘：柴草。
⑦ 營窟未謹：營地整治不周密，即戒備不嚴。
⑧ 鉤：撈鉤。楷：疑指船槳。蓯、柤：皆草名。貳輯：小舟楫。條：繩索。

⑨召（招）：箭靶。

⑩推攮：這裡指指揮船隊作戰。

⑪革：同「勒」，箝制。

⑫規：集中，一說同「窺」。

⑬示民徒來：指調動路上的步兵配合作戰，一說以為向民眾佈告戰事將
　起的消息。

【譯文】

　　火戰的方法，是在壕溝和營壘都修築好以後，再挖一些溝塹，每隔五步堆積一堆柴草，必須疏密均勻，分派點火的士兵不宜太多，命令他們每人準備好點火用的火把，點火時動作要敏捷利落，一定要注意風向……如果大火燒到自己，則不但不能戰勝敵人，反而會使自己遭到挫折和失敗。火戰的方法是，如果敵人處在下風頭地勢低窪平坦、野草叢生的地方，我軍縱火後，敵軍將無處可逃。在這種形勢下，就可以實施火攻。遇上大風天地，敵人營地附近又是野草叢生，柴草堆積，且敵軍戒備又不嚴密。在這種形勢下，也可以實施火攻。用烈火造成敵陣混亂，再用密集如雨的箭射殺敵軍，並擂鼓吶喊，督促士卒進攻，火助兵勢，兵趁火勢，一舉殲滅敵人。這就是火戰的方法。

　　水戰的方法，必須多用步兵而少用戰車，命令士兵準備好撈鉤、攬繩、船隻等水戰用具。船隊前進時要前後相隨，後退時不要擁擠，要適時收縮隊形，順流而下，以敵軍士卒為射殺的目標。水戰的要職在於，用輕便的船隻作指揮船，用快船作聯絡船，敵人後退我們就追擊，敵人來攻我們就收縮隊形迎戰，要根據形勢變化而謹慎指揮進退迎敵，使船隊嚴整有序。敵軍移動，就設法箝制它。敵軍結陣，就設法襲擊它。敵人集中兵力，就設法分割它。敵軍中常有隱蔽的戰車和步兵，一定要查清其數量等情況。在攻擊敵軍船隻，控制渡口時，還要調動步兵在陸地配合作戰。這是水戰的方法。

火燒烏巢定官渡

　　東漢末年，群雄紛爭，天下大亂。曹操挾天子以令諸侯，先消滅呂布，後擊敗劉備，勢力大增。但曹操要統一北方，還要對付一大強敵，那就是袁紹。當時，袁紹擁有冀、幽、并、青四州，號稱擁兵百萬，實力遠在曹操之上。袁紹不信服曹操挾天子令諸侯得來的地位，發兵進攻許都，企圖獨霸中原。

　　獻帝建安五年（200），袁紹集中冀、幽二州前線 70 萬精兵，進軍許都，目的是劫奪漢帝，才能「名正言順」打天下。4 月，袁紹軍南渡黃河，7 月，推進到陽武，8 月，進逼官渡。許都告急。

　　此時，曹操在官渡一帶不過 7 萬兵力，要以一抵十，顯然處於極不利的狀況，只好深溝高壘，堅壁不出。兩軍相持月餘，曹操軍隊糧草不足，將士疲憊，有人建議放棄官渡，回撤許都。曹操也猶豫不決，使人送信給留守許都的荀彧問策。荀彧覆信說：「袁紹糾集人馬屯兵官渡，欲與我軍決一勝負，公要以弱敵強，這確是關鍵時刻，成敗在此一舉。當年劉邦、項羽爭奪滎陽、成皋，誰也不肯先撤，因為誰先退卻，誰就失了氣勢。袁紹兵雖眾，但他生性多疑，孤傲不能容人，久戰內部必會起矛盾。而我軍人雖少，卻兵將精良，糧草雖然有些吃緊，但比當年劉邦在滎陽時的境況還是要好得多。我認為，您以十分之一的兵力，固守官渡已半年，扼袁紹咽喉，使其進不得退不得，已是很大的勝利了。目前我軍困難，而袁紹軍更難，半年不得進一步，其內部必起紛爭。這正是您獲勝的機會。以您的聰明睿智，又名正言順，何愁事之不成！」

　　曹操閱畢，茅塞頓開。於是，他召集眾將領，明令不准再言撤退，並派偵騎四出打探敵情，以尋機破敵。

　　由於兩軍僵持不下，軍糧就成為穩定軍心的重要物資。一日，曹軍將領徐晃的手下瞭解到袁紹有一批軍糧要送往軍中，便來報告。曹操用荀攸之計，派徐晃和史渙率軍出擊。押運這批軍糧的韓猛有勇無謀，當遭到徐晃截擊時，一味戀戰，廝殺不停，結果被史渙率人繞到後面，放火焚了這數千車糧草。為此，袁紹氣得直跳腳。

到了十月，袁紹又遣兵從河北運來一萬多車糧，堆放在官渡袁軍陣地北面四十餘里的烏巢，派大將淳于瓊統兵萬餘駐守。這淳于瓊是一介武夫，粗暴剛愎，手下都十分懼怕他。他還嗜酒如命，因烏巢無仗可打，便整天與部將聚飲為樂。

袁紹的謀臣沮授認為，烏巢之糧是全軍的生命線，建議袁紹另派偏將蔣奇率軍巡察烏巢，以防止曹軍奪糧，袁紹嫌其多慮而不予採納。另一謀臣許攸獻計道：「曹軍兵力遠少於我軍，今屯兵官渡，許都必定空虛。如派輕騎星夜南下襲擊許都，可以巧取。就此我們能將天子掌握在自己手中，再令天下討伐曹操，曹操必敗無疑。退一步說，即使攻不下許都，找不到天子，也好令曹操首尾不能兼顧，疲於奔命，我們再伺機伏擊，最終還是會勝利的。」

袁紹自視很高，根本聽不進去。許攸還要進言，正好有人來報告，說許攸家屬貪污公糧，已被拘捕，袁紹便說：「你連自己家裡的人都管不好，還來饒什麼舌？」

許攸又羞又氣，退下後自忖不能為這種不知好歹的人謀事，便投奔了曹操。

曹操與許攸曾有交往，聽說許攸來投奔，連鞋都顧不上穿，光腳出帳相迎。請入帳內虛心請教，許攸便獻計襲擊烏巢。曹操大喜。

入夜，曹操打點五千人馬，張遼、許褚在前，徐晃、于禁在後，自領中軍，乘夜奔往烏巢。為隱秘起見，曹軍均打著袁紹軍的旗幟，一路上不許喧嘩，抄小路快速前進。荀攸、賈詡、曹洪、許攸等留守大營，夏侯惇、夏侯淵和曹仁、李典各領一支兵馬埋伏在大營外，以防袁紹軍得知風聲前來劫營。

再說淳于瓊守烏巢，總以為離袁軍大營才四十里地，萬無一失，雖也派出些哨馬巡察，但將士皆無警惕性。曹軍一路順利，偶遇查問，都答「袁公怕曹操劫糧，我等奉命往烏巢護糧。」因打著袁軍旗號，也未引起懷疑。

曹軍很快就抵達烏巢，當即展開包圍，多處同時縱火焚糧。那天淳于瓊酒喝夠了，正高枕酣睡。待聽到響動驚起時，早已是火光衝天，如同白晝。淳于瓊忙令部下迎戰，可部下都已亂了方寸，雖然說是勉強出戰了，但一擊即潰，淳于瓊也被許褚斬於馬下。

再說袁紹在軍帳中，忽聞報北方火光衝天，料定烏巢出了事。袁紹急令蔣奇增援烏巢，又派張郃、高覽領軍五千劫曹營，以斷曹軍歸路。

對蔣奇趕到烏巢一事，曹操並不理會，只下令讓將士繼續追殺守糧軍隊，焚燬所有軍糧。待蔣奇已與後部的士卒接上陣，許褚、徐晃才返身迎敵，一陣廝殺，蔣奇也被斬。

張郃、高覽去劫曹營，也正在曹操預料之中。此刻，埋伏在營外的兩支人馬和營中留守人馬一齊殺出，夾擊張郃、高覽，將其困住。曹操燒糧的人馬返回，袁紹劫營之軍腹背受敵，大敗潰散，張郃、高覽只得落荒而逃。

劫營不成，袁紹疑張、高二人不賣力，有投降曹操的打算，派人召二將問罪。張郃、高覽聞訊，乾脆真的率軍投降了曹操。

袁紹在幾天之中，連續失了智囊許攸，武將張郃、高覽，又損失了幾萬車軍糧，部屬人心惶惶，鬥志全無。曹操下令乘勝攻擊袁軍，袁紹軍隊四下逃散。最後，袁紹只帶了八百人馬，北渡黃河，狼狽撤回。官渡一戰，曹操以少勝多，並廣羅人才，大大增強了力量，從此奠定了統一北方的基礎。

十　問

【原文】

兵問曰：交和而舍^①，粱（糧）食鈞（均）足，人兵敵衡，客主兩懼。敵人員（圓）陳（陣）以胥^②，因以為固，擊〔之奈何？曰：〕擊此者，三軍之眾分而為四五，或傅^③而詳（佯）北，而示之懼。皮（彼）見我懼，則遂^④分而不顧。因以亂毀其固。馺鼓同舉，五遂俱傅。五遂俱至，三軍同利。此擊員（圓）之道也。

交和而舍，敵富我貧，敵眾我少，敵強我弱，其來有方，擊之奈何？曰：擊此者，□陳（陣）而□之，規而離

之，合而詳（佯）北，殺將其後，勿令知之。此擊方之道
也。

　　交和而舍，敵人氣（既）眾以強，勁捷以剛，兌（銳）
陳（陣）以胥，擊之奈何？擊此者，必參（三）而離之，一
者延而衡⑤，二者〔□□□□□〕恐而下惑，下上氣（既）
亂，三軍大北。此擊兌（銳）之道也。

【注釋】
① 和：軍隊左右壘門。舍：紮營。
② 胥：等待。
③ 傅：同「薄」，迫近，接觸。
④ 遂：同「隊」。
⑤ 延而衡：指把軍陣延長，橫著擺開。

【譯文】
　　有兵家問道：兩軍對壘，雙方糧食都很充足，兵力和裝備也相當，
彼此都心存戒懼。這時，敵人布下圓陣，企圖以此固守。這種情況下，
應如何攻擊敵軍呢？
　　回答說：攻擊這樣的敵軍，可以把我方軍隊分成四五路，以其中一
路與敵軍稍一接觸就假裝敗逃，裝出十分畏懼的樣子。敵人見我軍畏
懼，就會毫無顧忌地分兵追擊我軍。這樣，敵軍原本堅固的陣勢和陣地
就會出現混亂和空虛。我軍則趁機戰鼓齊鳴，五路兵馬同時逼近敵人。
五路兵馬會齊後，全軍一起猛攻敵軍。這就是擊破敵軍圓陣的方法。
　　問道：兩軍對壘，敵富我貧，敵眾我寡，敵強我弱，敵軍列成方陣
向我進攻。這樣的情況下，應如何攻擊敵軍呢？
　　回答說：攻擊這樣的敵軍……設法使集中的敵軍分散，交戰時略微
接觸就假裝敗逃，然後伺機從後側攻擊敵軍，注意絕對不要讓敵軍事先
察覺我方的意圖。這就是擊破敵軍方陣的方法。
　　問道：兩軍對壘，敵軍人數眾多且戰鬥力很強，士卒又都勇猛、敏
捷、剛強，列成銳陣準備與我軍交戰。這種情況下，應如何攻擊敵軍
呢？

回答說：攻擊這樣的敵軍，必須將我方軍隊分成三部分，以便調動、分散敵軍。命令一部分兵力展開擺成橫陣，以阻滯敵軍，另外兩部分兵力則猛攻敵人側後，使得敵軍將帥恐懼，士兵惶惑。敵軍上下混亂，必將大敗。這就是擊破敵軍銳陣的方法。

【原文】

交和而舍，敵氣（既）眾以強，延陳（陣）以衡，我陳（陣）而侍（待）之，人少不能，擊之奈何？擊此者，必將參（三）分我兵，練我死士，二者延陳（陣）張翼，一者財（材）士練兵[1]，期其中極[2]。此殺將擊衡之道也。

交和而舍，我人兵則眾，車騎則少，敵人什（十）負（倍），擊之奈何？擊此者，當葆（保）險帶隘，慎避光（廣）易。故易則利車，險則利徒。此擊車之道也。

交和而舍，我車騎則眾，人兵則少，敵人什（十）負（倍），擊之奈何？擊此者，慎避險且（阻），決而道（導）之，抵諸易。敵惟（雖）什（十）負（倍），便我車騎，三軍可擊。此擊徒人之道也。

交和而舍，粱（糧）食不屬[3]，人兵不足恃[4]，絕根[5]而攻，敵人十負（倍），擊之奈何？曰：擊此者，敵人氣（既）〔眾〕而守阻，我……反而害其虛。此擊爭□之道也。

【注釋】

① 材士：材力之士。練兵：精選的士卒。
② 中極：要害。
③ 屬：連續。這裡指接濟。
④ 恃：同「恃」。
⑤ 絕根：遠離自己的根據地，長途奔襲敵軍。或指傾盡全力，背水一戰。

【譯文】

兩軍對壘，敵軍人數眾多且戰鬥力很強，展開兵力擺出了橫陣，我軍也列好了陣勢待戰，但我軍兵力太少，無法與敵軍抗衡。這種情況下，應如何攻擊敵軍呢？

攻擊這樣的敵軍，必須將我方軍隊分成三部分，並精選出一些不怕死的勇士。以兩部分兵力延伸陣線，在兩翼展開，以一部分武藝高強的勇士和精選士卒攻擊敵人中樞，務求一擊必中。這就是擒殺敵軍統帥、擊破橫陣的方法。

兩軍對壘，我軍步兵多，戰車和騎兵少，敵軍的戰車和騎兵是我軍的十倍。這種情況下，應如何攻擊敵軍呢？

攻擊這樣的敵軍，應該占據和控制險要的地形和隘口，千萬要避開開闊平坦的地帶。因為平坦地帶有利於戰車衝擊，而險要的地形則有利於步兵作戰。這就是擊敗敵軍戰車的方法。

兩軍對壘，我軍戰車和騎兵多，步兵則很少，敵軍的步兵是我軍的十倍。這種情況下，應如何攻擊敵軍呢？

攻擊這樣的敵軍，千萬要避開險阻地帶，想方設法引誘敵軍，使其到達開闊平坦的地方。這樣，敵軍步兵雖是我軍十倍，但是開闊平坦的地形有利於我軍戰車和騎兵衝擊，因而必定能夠戰勝敵軍。這就是擊敗敵軍優勢步兵的方法。

兩軍對壘，我軍糧食接濟不上，兵力和武器不足以憑藉，而且遠離自己的根據地去進攻敵軍，敵軍兵力又是我軍十倍。這種情況下，應如何攻擊敵軍呢？

回答說：攻擊這樣的敵軍，敵軍人多而且據守險要地形，我軍……反過來攻擊敵人的薄弱之處。這就是對付敵人搶占必爭之地的方法。

【原文】

交和而舍，敵將勇而難懼，兵強人眾自固，三軍之士皆勇而毋（無）慮，其將則威，其兵則武，而理（吏）強梁[①]，諸侯，莫之或侍（待）[②]，擊之奈何？曰：擊此者，告之不敢，示之不能，坐拙而侍（待）之，以驕其意，以隨（惰）

其志，使敵弗織（識），因擊其不〔意〕，攻其不御，厭（壓）其駘（怠），攻其疑。皮（彼）氣（既）貴氣（既）武，三軍徙舍，前後不相堵（睹），故中而擊之，若有徒與。此擊強眾之道也。

交和而舍，敵人葆（保）山而帶阻，我遠則不棲（接），近則毋（無）所，擊之奈何？擊此者，皮（彼）斂阻移□□□□□則危之，攻其所必救，使離其固，以揆③其慮，施伏設援，擊其移庶④。此擊葆（保）固之道也。

交和而舍，客主兩陳（陣），敵人刑（形）箕，計敵所願，欲我陷復（覆），擊之奈何？擊此者，渴者不飲，飢者不食⑤，三分用其二，期其中極，皮（彼）氣（既）□□，財（材）士練兵，擊其兩翼，□皮（彼）□喜□□三軍大北。此擊箕之道也。

七百一十九。

【注釋】
①理（吏）：動詞，降服，一說以為名詞，指軍隊後方人員。強梁：凶暴之人，一說指強幹，精幹。
②侍（待）：抵禦，交鋒。「而理（吏）強梁，諸侯，莫之或侍（待）」或斷句為「而理（吏）強梁，諸侯莫之或侍（待）」，指後方人員強幹，糧食供應充足，諸侯中無人敢與之爭鋒。
③揆：揣度。
④庶：眾。移庶：移動中的敵眾。
⑤渴者不飲，飢者不食：口渴的人不喝水，飢餓的人不吃飯，指軍心穩固，不受敵軍誘惑，一指火速行軍，爭分奪秒。

【譯文】
　　兩軍對壘，敵軍將領勇猛強悍，無所畏懼，敵軍人數眾多且戰鬥力很強，內部又十分穩固，全軍將士皆勇敢善戰，沒有後顧之憂。其將帥素有威信，其士卒威武雄壯，能夠降服凶暴強橫的敵人，欺凌各國諸

侯，沒有誰可與之交鋒。這種情況下，應如何攻擊敵軍呢？

回答說：攻擊這樣的敵軍，可以公告宣佈不敢與其抗爭，明白顯示出沒有能力與其交戰，以一副謙卑屈服的姿態對待敵軍，以此來使敵人驕傲自滿，鬥志鬆懈，但是要注意千萬不可讓敵人察覺我方的意圖，然後出其不意發動突襲，攻打其疏於防備的地方，壓制敵人的薄弱環節，在敵軍疑惑時發起攻擊。敵軍雖然實力雄厚且勇敢威武，但三軍一旦拔營遷徙，必然前後不能相互照應。這時我軍可以趁機攔腰截擊敵軍，就好比一下子增加了許多兵力，改變了敵我雙方力量的對比。這就是擊敗強敵的辦法。

兩軍對壘，敵人占據了山頭，控制了險要，我軍若離敵軍遠了就無法交戰，若離敵軍近了又沒有依託之地。這種情況下，應如何攻擊敵軍呢？

攻擊這樣的敵軍，對方既然占據了險要的地形……我軍就設法威脅敵人，攻擊敵軍必定要救援的地方，迫使其離開堅固的陣地，並預先判明敵人的意圖，在其必經之路上部署好伏兵和援軍，在敵軍移動過程中將其殲滅。這就是擊敗據險固守的敵軍的辦法。

兩軍對壘，敵我雙方都擺好了陣勢，敵人擺的是簸箕形的陣勢，估計敵軍的意圖，是想讓我軍陷入其包圍而使我軍覆滅。這種情況下，應如向攻擊敵人呢？

攻擊這樣的敵人，要像口渴的人不喝水，飢餓的人不吃飯一樣，不受敵軍誘惑，不中敵軍圈套。以我軍三分之二的兵力去攻擊敵人的中樞要害，等到敵軍……時，再以武藝高強的勇士和精選士卒猛擊敵軍兩翼，使敵人正在自以為得計時遭到大敗。這就是擊破箕形陣的辦法。

【經典戰例】

虞允文力挽狂瀾

宋高宗紹興三十一年（1161），金僭主海陵王完顏亮親自統率60萬大軍南下。南宋小朝廷沉醉於西湖山水之中，非但不思雪靖康之恥，而且連防務都疏忽了，此時岳飛、韓世忠、吳玠等威震敵膽的良將都已

去世，張浚等能領兵打仗之人又被高宗趙構嫌棄，防守兩淮的是老將劉錡和王權。劉錡當時病魔纏身，連馬都沒法騎，只能坐在用皮條編連竹竿做成的肩輿中被抬進鎮江城，怎麼還能打仗？而那個王權則是個貪生怕死的軟骨頭，劉錡曾命令他出戰，王權與妻妾抱頭痛哭，生離死別一般，讓軍士暗中恥笑。他又聲稱準備犒賞軍隊，遲遲不肯啟程，私下卻將金銀細軟統統裝上船，事先做好逃跑的準備。像這樣的將領又如何能禦敵！

劉錡出征之前，高宗曾派太監前往探視。劉錡強打精神撐起身來說：「我的病本來沒什麼要緊，只是金兵不斷挑釁，朝廷卻遲遲沒有禦敵之策，直到強虜大軍深入之時，才匆匆調我去抵擋，如今早已失去克敵制勝的先機，這仗讓我怎麼打？我無非是馬革裹屍，效忠皇上罷了，還望朝廷早日統一號令，調集精兵強將擊退金兵。」

劉錡掙扎著上了前線，王權還滯留於後。有一天，王權的部下捉到一名金兵，得知完顏亮即將率 30 萬重兵強渡淮河。王權聽後嚇得魂不附體，未待交手，就匆匆下令撤退。金兵渡過淮河後，每經過地勢險阻之處都謹慎小心，生怕中了埋伏，結果在王權的駐防地早已沒有宋軍守衛。金兵如入無人之境一般，趾高氣揚，大肆嘲笑宋軍無能。劉錡孤軍奮戰，雖然打了兩個小勝仗，終究不成氣候，奉命退守長江。

趙構感到大禍臨頭，嚇得六神無主，命令學士院撰寫祝文，具體描述與金國講和二十多年來的所作所為，以證明是金人無故背叛盟約，乞求天地、宗廟、祖宗、山河諸神主持公道。這招不靈驗後，又打算故技重演，遣散百官，乘船入海以避敵鋒芒。虧得朝中幾員大臣反對，才沒有做出這等醜事。

正是在這危急關頭，一位原先並不引人注目的人物被推到了舞台的中心，他就是中書舍人虞允文。

這時，金兵已經打到長江北岸，正準備渡江。朝廷撤了王權之職，起用猛將李顯忠，並派虞允文兼參謀軍事，前往蕪湖督促李顯忠接管王權的部隊，同時慰勞在采石的駐軍。

虞允文連夜趕往采石，只見王權已經離去，李顯忠尚未到任，士卒五人一堆十人一群地散坐在路旁。虞允文上前詢問，大家都說：「我們都是騎兵，當初王節度命令我們拋棄戰馬渡江，現在我們也不知該怎麼

辦才好。」

　　隨從人員勸虞允文返回建康府，說：「事情被王權搞得一團糟，哪怕是神仙也無法收拾了。您的使命只是慰勞軍隊罷了，沒有督戰的責任，犯不著替他人承擔罪責！」

　　虞允文充耳不聞，狠狠地抽了一鞭，坐騎吃痛，箭一般馳到江邊。虞允文隔江遠眺，金兵的營壘連綿不絕，氣勢逼人，而這邊僅有一萬八千名群龍無首的將士，虞允文不禁雙眉緊鎖。

　　宋軍士卒紛紛準備逃離，統制張振、王琪、時俊等人制止不住，正不知該如何是好，聽說虞允文來勞軍，一齊尋來。

　　虞允文問眾將道：「要是金兵這就渡江，你們能逃往何處？」眾將面面相覷，不知如何應答。虞允文又說：「扼守長江，地利在我方手中，不是比逃跑保險些嗎？況且朝廷養了你們三十年，難道不想拚死一戰報效國家？」

　　眾將原本對王權一味逃跑，使他們蒙受恥辱，就十分不滿，聽得此言都忿忿道：「誰說我們不想作戰，但誰來指揮呢？」

　　虞允文見已激起眾將的士氣，暗暗高興，趁勢大聲宣佈道：「以前之事，錯在王權一人，現在朝廷已另擇良將來統率你們。」將士們一聽都很驚訝，競相詢問新來的統帥是何人。虞允文對他們說是李顯忠。將士們都嚷道：「李將軍我們信得過，要是早讓他來掛帥，何至於今日這麼狼狽。」

　　大家議論紛紛，虞允文揮揮手讓眾人安靜下來，說：「我虞某人不會打仗，但要是金兵在李將軍沒到任之前就渡江，我也只能披掛上陣了，望諸位齊心協力拚死一戰。朝廷已撥出原屬皇室開銷的內帑金帛九百萬緡，另外節度使、承宣使、觀察使的委任狀也都在我手中，有功將士當即頒發金帛予以獎賞，填寫委任狀給以任命。」眾將士一片歡騰，都說：「現在既然有統一指揮的人了，我們誓死追隨大人禦敵。」

　　虞允文大喜，與眾將整頓軍隊，佈陣設防，岸上用步兵與騎兵組成戰陣，另外招募當地船民組成的義軍，駕駛海鰍小船配合水軍戰船在江中佈防截擊。

　　長江南岸的宋軍正緊鑼密鼓地在做準備，江對岸的金兵營中也十分熱鬧。完顏亮問左右道：「當初梁王是如何渡過長江的？」身旁一員老

孫子兵法／孫臏兵法

將說：「梁王從馬家渡過江，對岸雖然有守軍，但被我軍的威勢嚇得屁滾尿流，抱頭鼠竄，等船隊靠岸時，已不見宋軍一兵一騎了。」完顏亮一陣狂笑道：「我這次渡江定會讓歷史重演。於是傳命在江邊築起一個祭壇，殺了白馬、黑馬各一匹以祭天，又將一豬一羊投入江中以祭江，召集眾將聽令，然後登上戰艦，揮動手中的紅色令旗，上千隻戰艦破浪南下。

宋軍都隱藏於山凹間，金兵望不見一兵一卒，便放心大膽地前來，眼看著就要靠岸。宋軍見金兵人多勢眾，不免驚心，槍指向前方，腳卻在往後退。虞允文在陣中來回巡視，遇到統制時俊，拍著他的肩膀說：「將軍膽略過人，威名遠颺，如今怎麼站在軍陣後面，卻像是膽怯的小孩、女子。」時俊望見是虞允文，滿臉羞色地說：「大人還置身險境之中，難道我們當武將的就怕死！」說完他揮舞一雙長刀，大喝一聲，躍出陣去。士卒見將軍不惜生命，豈肯落後，吶喊聲似山崩地裂，殺向金軍。

金軍見宋軍殺出，已來不及撤退，雙方在岸邊混戰。金兵不習水性，許多人在江浪中顛簸多時，差點兒連五臟六腑都要吐出來，哪裡還能拉弓射箭。這時宋軍的海鰍船也出去了，利用尖尖的船頭猛撞敵船。金軍的許多船隻是拆了當地百姓的房屋匆匆趕製的，不少被撞得粉碎。

完顏亮突遭痛擊，氣得哇哇亂叫。他見宋軍就這點兵力，使勁搖動令旗，督促部下穩住陣腳，強行突破。這時恰好有三百多名從淮西敗下陣來的宋軍順流到達，虞允文取出旗幟戰鼓，讓他們布下疑兵陣。這些潰散的士兵都想將功補過，按照虞允文的吩咐繞到山後，將旗幟展開，戰鼓擂得驚天動地。完顏亮以為宋軍援兵趕到，倉皇傳令撤退。

完顏亮兵敗後一肚子怒氣無處發洩，將幾個作戰不力的將領抓來，亂棍打死，身旁的親兵侍衛也沒少受他責罵。

虞允文在擊退金兵後，一邊殺羊宰牛，犒賞將士，並向朝廷報捷，一邊調整佈防，派水軍統制盛新扼守江中，用火箭焚燬金船，再傳捷報。虞允文與各位統制群策群力，時刻警惕，江防無懈可擊。

完顏亮被一條長江隔在北岸，脾氣就更為暴躁，一名軍師獻策道：「王權當初聞風而逃，過了長江卻變得如此死硬，恐怕別有緣故，不如對他曉以利害，許以高官厚祿，不怕他不降。」

完顏亮依計下了一道詔書，送到江南宋軍營帳，虞允文展開一看，上面寫道：「朕領兵南下，你王權連連退避，可見你知道天威不可抗拒，因此是個識時務的明白人。現在朕的船隻與南岸地勢不相適應，你的水兵也訓練有素，朕暫時沒有過江，但南岸僅這麼幾個守軍，根本無法與我抗衡。如果你能恪守陪臣的禮節，率全軍來降，必有高官厚祿。如果執迷不悟，朕繞道瓜洲渡江，到那時就沒有你的好果子吃了。」

虞允文冷笑兩聲說：「完顏亮想用反間計離間我軍，豈能讓他得逞！」這時，新上任的都統制李顯忠已經趕到，看了完顏亮的信，對虞允文說：「雖說如此，我們也該回封信，告訴他們王權已被查辦，斷絕他們的痴心妄想。」

虞允文點頭稱是，當即展紙揮毫，寫就一篇檄文：「王權畏懼退避，才使得你如此囂張。如今王權已被朝廷以重罪查辦，新任統帥是鼎鼎大名的李顯忠。你不怕送命，儘管來戰，不必虛張聲勢嚇唬人，大戰一場即分雌雄。」

原來是李顯忠坐鎮指揮，難怪如此厲害。完顏亮氣得將檄文撕得粉碎，召集手下商議移兵瓜洲。

虞允文探得金兵動態，對李顯忠說：「金兵轉向瓜洲，京口一帶防務薄弱，我這就前去支援，將軍能否撥給我一些兵力？」李顯忠爽快地將一萬六千名將士及戰船交給虞允文，說：「一切都拜託舍人了！」

虞允文在鎮江探望了正在養病的劉錡。劉錡慚愧萬分，緊緊握住虞允文的手說：「我的病何必煩勞探問！朝廷養兵三十年，如今擊退敵軍的大功竟出於書生之手，我真是無地自容。」虞允文安慰道：「將軍快別這麼說，您功勳卓著。眼下是要把身體養好，今後朝廷還有賴於您出大力呢！」

辭別劉錡之後，虞允文更覺得自己肩上的責任重大，快馬加鞭趕到渡口，與眾將領布下嚴密防線，專等完顏亮前來。

金兵到達瓜洲鎮，望見對岸戰艦林立，旌旗飄揚，內心發怵。一位大將對完顏亮說：「南軍早有防備，不可輕敵。采石渡的江面比這裡窄得多，我軍況且失利，在此渡江凶多吉少，不如先在江北站穩腳跟，往後再設法進取江南。」

完顏亮不待其說完就勃然大怒，斥責其動搖軍心，喝令侍衛當堂將

他掀倒，狠揍五十大板。另外幾名將領不願葬身魚腹，商議逃跑被發覺，完顏亮將其亂刀劈死。

　　完顏亮已經近乎瘋狂，一心只想掃平江南，其他什麼話都聽不進，結果全軍上下離心。就在完顏亮逼迫渡江的那天凌晨，幾員大將發動了兵變，把完顏亮給殺了。十二月初，金軍退走，宋軍乘機收復兩淮地區。之後，金世宗為了穩定內部，派人與南宋議和，宋金戰爭又暫時停了下來。

略　甲

【原文】
　　　　略甲①之法，敵之人方陳（陣）□□無□……
　　……欲擊之，其勢不可，夫若此者，下之□……
　　……□以國章，欲戰若狂，夫若此者，少陳（陣）②……
　　……□反，夫若此者，以眾卒從之，篡卒因之，必將……
　　……篡卒因之，必……
　　☆☆☆
　　……左右兩旁伐以相趨，此謂鍐鉤擊。
　　……之氣不臧（藏）於心，三軍之眾□循之知不……
　　……部分□軍以修□□□□寡而民……
　　……□威□□其難將之□也。分其眾，亂其〔陣〕……
　　……陳（陣）不屬，故列不……
　　……□遠揄③之，敵券（倦）以遠……
　　……治，孤其將，湯（蕩）其心，擊……
　　……其將勇，其卒眾……
　　……彼大眾將之……
　　……卒之道……

【注釋】

① 略：謀略。略甲：用兵的謀略。

② 少陳（陣）：疑指收縮陣型，謹慎作戰。

③ 揄：挑戰，襲擾。

【譯文】

　　用兵的謀略在於，當敵軍剛列出方陣時……

　　……想要攻擊敵軍，可敵軍的兵勢又不可戰勝，像這樣情況……

　　……迫切想要作戰的心情像是發瘋一般，像這種情況……

　　……軍隊返回，像這種情況，應讓大隊士兵跟隨，選出精銳士卒沿途侵擾，分散敵軍注意力，以防其阻截，必定能……

　　……

　　☆☆☆

　　從左右兩邊相向攻擊，這就叫作鉤擊。

　　……

客主人分

【原文】

　　兵有客之分，有主人之分。客之分眾，主人之分少。客負（倍）主人半，然可敵也。負……〔主人者，先〕定①者也；客者，後定者也。主人安地撫勢以胥。夫客犯益（隘）逾險而至，夫犯益（隘）〔逾險〕……退敢物（刎）頸，進不敢距（拒）敵，其故何也？勢不便，地不利也。勢便地利則民〔自進，勢不便地不利則民〕自退。所謂善戰者，便勢利地者也。

　　帶甲數十萬，民有餘糧弗得食也，有餘……居兵多而用兵少也，居者有餘而用者不足。帶甲數十萬，千千而出，千千而□之□……萬萬以遺我。所謂善戰者，善翦斷之，如□

會挩^②者也。能分人之兵，能安（按）人之兵，則錙〔銖〕而有餘^③。不能分人之兵，不能案（按）人之兵，則數負（倍）而不足。

【注釋】

① 定：指做好軍事部署。

② 挩（音稅）：解脫。

③ 《淮南子‧兵略》：「故能分人之兵，疑人之心，則錙銖有餘；不能分人之兵，疑人之心，則數倍不足。」簡文「錙」字殘存「金」旁，「銖」字全缺，今據《淮南子》補。錙、銖都是古代兩以下的重量單位，比喻份量極輕。

【譯文】

　　在軍事作戰中，有客方，即進攻的一方；有主方，即防禦的一方。處於進攻地位的客方兵力必須要多，處於防禦地位的主方兵力則可以少一些。客方兵力比主方兵力多一倍，主方兵力是客方兵力的一半，這才能對陣交戰……主方的兵力是先部署好的，客方的兵力是後部署好的。主方占據有利地形，嚴陣以待客方來攻。而客方則要攻破關隘，越過險阻，才能到達交戰地點。在通過關隘險阻時，有時士兵們寧願冒著被殺頭的危險，也不敢前進與敵人交鋒，是什麼原因呢？這是因為形勢不利，地形也不利。當形勢有利，地形也有利時，士兵們自然會昂首挺進，可當形勢不利，地形也不利時，士兵們自然會畏懼後退。所謂善於用兵的人，就是能因勢利導和利用有利地形的人。

　　帶領數十萬大軍，那麼百姓即使有餘糧也供養不起，有餘……養兵多而用兵少，養兵時感到太多而用兵時感到太少。帶領數十萬大軍，成千成千地出征，成千成千地……而敵人成萬成萬地來廝殺。所謂善於用兵的人，必定善於分割截斷敵軍，如同……會解脫的人。能夠分散敵軍兵力，能夠抑制敵人的兵力，那麼即使自己的兵力少，用起來也會覺得綽綽有餘。不能分散敵軍兵力，不能抑制敵人的兵力，那麼即使自己的兵力數倍於敵人，仍然覺得不夠用。

【原文】

　　眾者勝乎？則投算①而戰耳。富者勝乎？則量粟而戰耳。兵利甲堅者勝乎？則勝易知矣。故富未居安也，貧未居危也；眾未居勝也，少〔未居敗也〕。以決勝敗安危者，道也。敵人眾，能使之分離而不相救也，受敵者不得相〔知也，故溝深壘高不得〕以為固，甲堅兵利不得以為強，士有勇力不得以衛其將，則勝有道矣。故明主、智（知）道之將必先□，可有功於未戰之前，故不失；可有之②功於已戰之後，故兵出而有功，入③而不傷，則明於兵者也。

　　五百一十四。

　　☆☆☆

　　……焉。為人客則先人作□……

　　……兵曰：主人逆客於竟（境），□……

　　……客好事則□……

　　……使勞，三軍之士可使畢失其志，則勝可得而據也。是以安（按）左抶④右，右敗而左弗能救；安（按）右抶左，左敗而右弗能救。是以兵坐⑤而不起，辟（避）而不用，近者少而不足用，遠者疏而不能〔用〕……

【注釋】

①算：古代計數用的算籌。

②之：疑為衍文。

③入：指撤軍，後退。

④抶（音斥）：擊。

⑤坐：同「挫」。

【譯文】

　　兵力多就能取勝嗎？那樣的話，用籌簽算算雙方的兵力就可知戰爭的勝負了。物資富足就能取勝嗎？那樣的話，量量雙方糧草的多少就可

以知道戰爭的勝負了。兵器銳利，鎧甲堅固就能取勝嗎？那樣的話，戰爭的勝負也太容易預料了。所以說，國家富足，不一定就安全；國家貧困，不一定就危險；兵多不一定就能取勝，兵少也不一定就會失敗。真正決定勝敗安危的因素，是能夠掌握並正確運用戰爭的規律。敵軍眾多，可以使其分散而不能相互救援，受到攻擊而不能互通情報，所以，敵人雖有深溝高壘卻不能用來固守，武器裝備雖然精良卻不能發揮威力，士卒雖然勇猛有力卻不能保衛他們的將帥，這就是掌握了致勝的途徑。所以英明的君主和懂得用兵規律的將帥，必定要預先進行周密的準備部署，這樣就可在交戰之前為己方創造有利條件，而且開戰以後，也不會丟掉可能取得的勝利。他們同樣可在大戰過後為己方創造有利條件，所以出兵就能取得勝利，退兵也不會遭受損傷，這樣的君主和將帥才是真正懂得用兵之道的人。

☆☆☆

……己為客方，則必須先發制人……

……兵法說：主方的軍隊要在邊境上迎擊敵人……

……

……疲擾敵軍，可使敵人的三軍將士完全喪失鬥志，那麼就有戰勝的把握了。所以，箝制敵軍左翼而攻擊敵軍右翼，就是要使其右翼失敗時，左翼不能救援；箝制敵軍右翼而攻擊其左翼的戰法，也是要使得敵軍左翼失敗時右翼不能相救。運用這樣的戰術，敵軍受到挫折後就會一蹶不振，避而不戰，其近處的兵力太少不夠用，遠處的兵力分散，不能支援……

【經典戰例】

智勇雙將守川蜀

川蜀號稱「天府之國」，自古較少受戰火侵擾，物產又特別豐富，可以說富得遍地流油。南宋紹興初年，金兵占據關隴之後，自然把目光對準了川蜀。南宋宣撫處置使張浚上任不久，召集本司都統制吳玠、金、均、房州鎮撫使王彥，利州路經略使兼知興元府劉子羽議事，要他

們三人各守一方，遙相呼應，攜手封堵金兵入蜀之路。

紹興三年（1133），劉子羽得知金兵進犯金州，派人飛報王彥，希望他能憑藉險要地形，埋伏弓箭手以對付金兵。王彥卻不以為然，誇口道：「別人怕金兵，我也怕他不成？這回定要與他刀對刀、槍對槍地見個分曉。」王彥恃勇逞強，喜歡對陣廝殺。他以前曾以短兵相接的戰術剿滅數股流寇，這回也想如法炮製對付金兵。

金州西面有個姜子關，太平時期是由子午谷進入金州、洋州的商路，金兵揚言要奪取姜子關以進入漢陰縣。王彥便派出重兵扼守姜子關，不料中了其聲東擊西之計。金國大將完顏杲率輕騎突進，繞過姜子關，僅一天時間就進入洵陽境內。

張浚接到火急軍情，召漢陰統制郭進率領三千兵馬連夜順流而下，趕去堵截。兩軍在沙隘相遇，展開激戰。金兵源源不斷湧來，宋軍卻無後繼部隊。快到傍晚時，金兵發起全線攻擊。郭進率眾將士頑強奮戰，因寡不敵眾，力竭而亡。

王彥這下慌了手腳，對部將說：「敵人之所以這麼快速進兵，是想奪得金州的貯糧，以供他們進軍蜀地之需，我們不能讓他們的陰謀得逞。」他下令焚燬所有的貯糧，匆匆撤軍，把金州拱手讓給金兵。

劉子羽得知金州失陷，派統制官田晟據守饒風關，先抵擋一陣，同時急忙派人通報吳玠，請求援軍。吳玠接到告急信，大驚道：「饒風關若再失陷，蜀地便大門敞開。此事十萬火急，只得由我親自出馬了。」他讓手下取來披掛，點起五千精兵便要啟程。幕僚陳遠獻悄聲勸道：「敵人舉全國軍隊來攻，其勢銳不可當；宣撫使張浚命令諸將守住自己的防地，將軍您何苦長途跋涉趕往饒風關禦敵呢！萬一不能取勝，後悔就來不及了。」吳玠不耐煩地說：「若讓敵兵攻入蜀地，我等困守此處又有何意義！」說完便騰身上馬出營。

吳玠一路急馳，日暮時才停下稍事休息，吃些乾糧充飢，正好又有劉子羽的信使趕到。吳玠撕開信封，只見寫道：「敵人旦夕之間就會趕到饒風嶺下，如果吳將軍來不及前往，就由我劉子羽單獨去會會他們。」吳玠理解劉子羽的焦慮，下令繼續趕路，一個晝夜急行軍三百里，終於趕在金兵之前到達饒風嶺。

饒風關地勢險峻，確實是個易守難攻的好地方。吳玠才布好兵陣，

就見得遠處塵土飛揚，馬嘶人喧，完顏杲率領大隊金兵已經趕到。吳玠派人送去幾筐黃柑，傳話給完顏杲：「大軍遠道而來，先送些柑橘以解渴，然後我們各為其主，兵戎相見。」完顏杲狐疑道：「吳玠插了翅膀不成，怎麼來得這樣快？」他抬頭遙望饒風關，狂妄地說：「多了個送死鬼，可怨不得我，此處便是你的葬身之地！」於是下令攻關。

金兵身披重鎧登山仰攻，一人在前後面必有兩人簇擁，前面的倒下了，後面馬上有人填補上去，真可謂前仆後繼。宋軍大石滾壓，弓弩迭放，一次次擊退金兵，一連六天鏖戰，關下屍體成堆。

正當此刻，宋軍中一員小校尉犯了死罪，害怕遭到懲罰，竟投奔金軍。他向完顏杲獻策道：「統制官郭仲荀把守的地方雖然險峻，但兵少勢弱，容易攻破。」完顏杲大喜，用重金招募五千名敢死之士，由這名叛卒作嚮導，乘著夜色，從蟬溪嶺繞到饒風關的背後，偷襲郭仲荀的防地。金兵一舉得手，於是居高臨下夾攻饒風關。宋軍腹背受敵驚慌失措，全線潰敗。危急關頭吳玠手握利劍，斬殺數名逃兵，仍未能穩住陣腳，只得收拾殘餘部隊退去。

饒風關又被攻破，劉子羽邀吳玠同守定軍山。吳玠因新遭慘敗，士氣不振，覺得定軍山難以固守，決定西撤。劉子羽無奈，只得焚燬興元府的貯糧，退至三泉縣。金兵占據興元府，川蜀大震。

劉子羽駐紮在三泉，手下士卒不滿三百人，而且糧食吃完了，只能以野菜、嫩樹葉充飢。他寫決別書給吳玠說：「我劉子羽於此盡忠，望您多保重。」吳玠正在仙人關戍守備戰，得信後熱淚縱橫。吳玠的愛將楊政疾呼道：「吳節使千萬不可辜負了劉待制，否則，我楊政等人也將捨您而去。」吳玠被一語提醒，抄近路火速趕往三泉，去見劉子羽。

當時金軍的遊騎已迫近三泉，吳玠夜入府內，只見劉子羽正蒙頭酣睡，門口連個警衛都沒有。吳玠吃驚地說：「如此險惡之時，怎麼一點也不防範？」劉子羽苦笑道：「遲早是盡忠，何必再麻煩。」吳玠深受感動，說：「還望待制多珍重，朝廷還等著你再建奇功呢。」劉子羽眼睛一亮說：「吳將軍能到此地實在是太好了，我們攜手駐守三泉，還能與完顏杲拼上一陣。」吳玠搖搖頭說：「關外是蜀地的門戶，不能輕易放棄。金兵之所以不敢冒進，正是怕我掩襲其背後。如果我們都聚集於正面，敵人就可以放心大膽地來進攻，我們的處境會更危險。」

劉子羽點點頭，覺得有道理，又問道：「將軍有何良策？」吳玠道：「我應當由興州、河池繞到敵後，讓敵人覺得我軍將用奇計設下埋伏，以截斷其歸路，敵軍勢必顧忌。你在此據險設防，使其不能輕易前進，他們害怕中了埋伏，必然會退兵。這就是所謂善敗者不致滅亡的道理。」

定下退敵之計後，吳玠留給劉子羽千餘名士卒，自己仍回仙人關戍守。劉子羽巡視周圍，望見有座潭毒山，陡峭挺拔，難以攀援，山上卻寬闊平坦，並有水源，於是在山上修築壁壘，同時召集散失的部眾，駐守潭毒山。

用了十六天時間，壁壘剛剛築就，金兵就趕到了。劉子羽讓人搬來一張太師椅，擺在壘口，神態自若，端坐其上。諸將含著淚苦苦勸道：「此處太危險，不是待制該坐的地方，我等誓與陣地同存亡便是。」劉子羽淡淡地說：「為將者戰死沙場本來就萬分榮耀，而且生死有命，做好必死的準備，倒未必真的會死。你們各自堅守崗位，此處就由我把守。」眾將士知道多說無益，暗暗下決心：槍刃相加，決不皺眉。

劉子羽此舉有兩個用心，其一是鼓舞激勵將士，這不難做到；其二是震懾、疑惑對手。劉子羽十分明白，潭毒山地勢險峻，將士們眾志成城，但畢竟敵眾我寡，輪番攻擊之下，就會使實力暴露無遺。金兵摸清守軍僅這點兵力，肯定不會罷手，潭毒山仍將失陷。於是他鋌而走險，布下這個疑兵陣。

金兵前呼後擁往山上爬來，仰頭望見劉子羽金盔銀甲，安然從容，宛如一尊天神，均驚訝惶惑，忙去稟告完顏杲。完顏杲上前觀望，果然看到劉子羽端坐關口，心中不免猜測。潭毒山古樹參天、怪石林立，一陣風吹來，樹枝亂舞，嘯聲似鬼哭狼嚎一般，倒像埋伏有千軍萬馬。完顏杲再是老奸巨猾，也不免驚心。這山道本來就難以援登，如果再中埋伏，必定葬身無底溝壑，屍骨無收。想到這裡，他慌忙傳令撤軍。

但完顏杲仍不死心，派出十個使者，拿著書信和旗幟前來招降。劉子羽哈哈大笑，突然臉一沉，喝令將九人推出去斬首，剩下那個面無人色。劉子羽大聲說：「回去告訴完顏杲，有本事只管來攻，我奉陪到底。」

完顏杲更加肯定劉子羽行的是誘敵之計，故意要激怒他。當時金兵

在興元府一帶滯留多時，糧草不繼，後面又受吳玠的夾擊，傷亡慘重，只得退兵。

　　劉子羽與吳玠趁勢出兵追擊，金兵無心戀戰，只顧逃命，將搶劫來的物品全都丟棄在路上，慌不擇路，掉進溪澗喪命的更是不可勝計。

　　憑藉著劉子羽和吳玠的智謀與膽略，南宋終於保全了蜀地。

善　者

【原文】

　　善者，敵人軍□人眾，能使分離而不相救也，受敵而不相知也。故溝深壘高不得以為固，車堅兵利不得以為威，士有勇力而不得以為強。故善者，制僉（險）量阻，敦三軍，利屈伸，敵人眾能使寡，積糧盈軍能使飢，安處不動能使勞，得天下能使離，三軍和能使柴[①]。

　　故兵有四路、五動：進，路也；退，路也；左，路也；右，路也。進，動也；退，動也；左，動也；右，動也；墨（默）然而處，亦動也。善者四路必徹[②]，五動必工[③]。故進不可迎於前，退不可絕於後，左右不可陷於枏（阻），墨（默）〔然而處，不患〕於敵之人。故使敵四路必窮，五動必憂。進則傅[④]於前，退則絕於後，左右則陷於枏（阻），墨（默）然而處，軍不免於患。

　　善者能使敵卷甲[⑤]趨遠，倍道兼行，卷（倦）病而不得息，飢渴而不得食。以此薄敵，戰必不勝矣。我飽食而侍（待）其飢也，安處以侍（待）其勞也，正靜以侍（待）其動也。故民見進而不見退，道（蹈）白刃而不還踵[⑥]·

　　二百□〔十〕□。

【注釋】

①柴：同「眥」，怨恨，一說以為同「猜」，猜忌。

②徹：通達。

③工：巧，善。

④傅：同「薄」，迫近。

⑤卷甲：捲起鎧甲，形容輕裝疾進。

⑥不還踵：猶言「不旋踵」，指不後退。

【譯文】

　　善於用兵的將領，面對人多勢眾、兵強馬壯的敵軍時，能使其分散而不能相互救援，受到攻擊而不能互通情報，所以，敵人雖有深溝高壘卻不能用來固守，武器裝備雖然精良卻不能發揮威力，士卒雖然勇猛有力卻不能用來逞強。因此，善於用兵的將領，能審視地形險阻並加以利用，能指揮全軍進退自如。敵軍兵多，能使其變少；敵軍糧草充足，能使其挨餓；敵軍安處不動，能使其疲勞；敵軍得到天下民心，能使其離心離德；敵人三軍和諧團結，能使其不和。

　　所以，軍隊有「四路」和「五動」：前進是一條路，後退是一條路，向左是一條路，向右也是一條路；前進是動，後退是動，向左是動，向右是動，按兵不動同樣也是動。善於用兵的將領，能使四路通達，五動巧妙。因此進軍時，敵軍不能阻攔；撤退時，敵軍不能切斷我軍後路；向左右運動時，不會陷於困境；按兵不動時，也不怕敵人打擊。因而一定要使敵人四路受阻，五動不順。敵軍進軍，我軍就阻擋於前；敵軍撤退，就切斷其後路；敵軍向左右運動，就使其陷入困境；敵軍按兵不動，也免不了會遭受我軍的打擊。

　　善於用兵的將領，能使敵軍捲起鎧甲長途奔波，晝夜兼程，疲憊生病也得不到休息，又飢又渴也不能飲食。敵人在此狀態下與我軍交戰，必定不能取勝。而我軍則是以飽腹來等待飢餓的敵軍，以逸待勞，以靜制動。因而士卒們在作戰時能夠勇往直前，決不後退，即使踩上敵軍鋒利的刀刃，也決不會轉身退縮。

趙子龍空營退敵

　　《三國演義》中諸葛亮使的空城計，可謂是家喻戶曉、婦孺皆知。不過，諸葛亮的空城計，於史無據，是《三國演義》作者羅貫中的藝術虛構。然而，藝術來源於生活，藝術虛構都有其一定的現實根據。「空城計」這種計謀，在古今戰爭中，以各種形式多次出現。三國時期，劉備、曹操爭奪漢中時，趙雲空營敗曹兵即為一例。

　　漢中爭奪，從曹操征討張魯開始。

　　獻帝建安二十年（215）秋，曹操出兵討伐漢中張魯，來到陽平關。此地為巴蜀與關中的交通要沖，漢中盆地的前沿屏障和門戶，地勢險要，易守難攻。張魯懾於曹操大軍威勢，打算獻出漢中投降。張魯的弟弟張衛不同意，張魯便命張衛率兵馬固守關口，沿山築城，長達十餘里。

　　曹兵先鋒夏侯淵、張郃見陽平關已有準備，便在距關十五里處下寨。當天夜裡，曹操軍將士都很疲睏，各自歇息。到了三更時分，忽然寨後一把火起，原來張衛兵馬前來劫寨，將曹兵殺得大敗。

　　初戰失利，讓曹操十分不爽，第二天他親自率軍來到關前，只見山勢險惡，林木叢雜，不知路徑。曹操怕有伏兵，未經交手，便引軍回寨。

　　曹操對許褚、徐晃二將說：「要是知道此處地勢如此險惡，我就不會起兵前來了。」原來這一帶有投降曹操的人，曾向曹操稟告說張魯兵馬容易攻破，陽平關下南北兩山相距很遠，無法固守，說得曹操一時動心。至此曹操才瞭解真實的情況，不禁嘆息：「他人所言，不該輕信。」

　　此後曹兵勉強幾次進攻，無奈山陡如削，不勝攀登，士卒傷亡不少。就這樣雙方相峙五十餘日，曹軍糧草將盡。

　　就在這時，曹操心中已醞釀一計。他傳令退軍，謀士賈詡不解地問：「兩軍未分勝敗，主公何故自退？」

　　曹操說：「這張魯提防得這麼緊，一時難以取勝；不如以退兵為名，讓他懈怠不備，然後分輕騎抄襲其後，必定能夠成功。」

賈詡十分佩服曹操這一妙策。兩軍剛一接觸，就使出佯作撤退之計，容易為對方看出破綻，知道無非是誘你中計，或調虎離山等。而在屢攻不克，暴師於野五十餘日的情況下，藉口糧草不繼，無力攻城而罷兵後撤，就不易為對方所疑。果然，張衛得知曹軍撤退，只留少許軍士守寨，便率大軍出寨追擊。

曹操命令夏侯淵的一支人馬當夜抄至山後，趁著黑沉沉的夜色殺到張衛寨前。守寨軍士聽到馬蹄響起，只道是張衛兵馬回來了，敞開大門接納。曹軍趁勢一擁而入，殺敗守寨士卒，隨即放起火來。曹操大隊人馬立即返身，轉而夾擊張衛。張衛抵擋不住，在黑夜掩護下落荒而逃。曹軍占據了張衛大營，接著順利地拿下陽平關。

張魯聽到陽平關陷落，便逃離漢中。曹操取得漢中後，留夏侯淵屯守，自己班師北返。

建安二十二年（217），謀臣法正向劉備進言：「曹操攻打張魯，一舉奪下漢中，不趁勢進入巴蜀，而留夏侯淵等屯守，自己匆匆北歸，這並非是曹操才智不夠，而是定有內憂。夏侯淵才略並無過人之處，我軍將帥完全可以對付，我正好乘此良機拿下漢中，使其成為蜀中的屏障。」劉備依照法正所言，留諸葛亮據守成都，自己率領諸將進兵漢中。

曹操得到劉備東出之消息，命令夏侯淵固守，並約定於第二年秋季，親統大軍前來增援。

夏侯淵跟劉備僵持一年有餘，劉備從陽平關渡過沔水，沿著山麓向前推進，在定軍山要隘安營紮寨。夏侯淵率軍來戰。這夏侯淵心粗氣暴，曹操曾遣使告誡過他：「為將應有怯弱時，能柔能剛，能屈能伸，不能一味憑藉意氣；打仗是要勇敢，但也要善於動腦子，有勇無謀，只能與一莽漢對陣。」但夏侯淵秉性難改，仍是橫衝直撞的魯莽模樣。

見夏侯淵領兵出來，法正勸劉備堅壁不動。夏侯淵令旗一揮，指揮全軍發起攻擊，被漢軍士卒用箭弓射退。待到太陽偏西之時，夏侯淵軍銳氣已衰，準備退去，法正告訴劉備：「此時敵軍氣勢已衰，我們可以出擊了！」

劉備即令黃忠登高臨下，一鼓作氣突入夏侯淵陣中。夏侯淵被老將黃忠截住，幾個回合下來槍法就亂了，竟被黃忠一刀劈死。曹軍見主將

喪命，紛紛東逃西散。幸好此時張郃帶領一支援軍趕到，收拾敗卒，退回營中，並飛報曹操。

曹操率軍從長安出發，穿過斜谷，迫近漢中，與劉備的人馬隔漢水相望。相峙了十多天，黃忠探得曹操的糧草都屯聚在北山下，便自告奮勇前去襲取。這確實是迫使曹操退兵的好主意。劉備同意了，讓黃忠小心行事，並用膽大心細的趙雲為接應。黃忠與趙雲約定時間，過期不回，則趙雲進援。

黃忠悄悄渡過漢水，直抵北山，只見密密麻麻一片，儘是糧車。黃忠自以為得計，殺將過去，卻忘記了曹操向來精於劫糧之道，對自己的糧草豈有不加重防之理？只見黃忠一聲喊殺，引來了連珠炮響，曹軍張郃、徐晃兩軍殺出。張郃、徐晃都是曹操手下猛將，幸虧黃忠寶刀不老，一柄大刀，左招右擋，殺開一條血路，且戰且退。

卻說趙雲在營中等候黃忠消息，已過約定時間，未見黃忠回來，急忙披掛上馬，領兵向前去接應。臨行前告訴留守大營的守將：「堅守營寨，兩壁廂多設弓弩，以作準備。」

趙雲一路前去，遙見黃忠為曹軍追逼，敗奔回來。他當即拍馬直前，讓過黃忠，攔住曹兵，挺槍突入。趙雲有著萬夫不當之勇。當年在長阪時，單槍匹馬，在幾十萬曹兵中左衝右突，如入無人之境。如今又直撞進來，一下攪亂曹軍陣勢。無奈曹軍人多勢眾，趙雲一面搏鬥，一面撤退。曹軍立即集結被衝亂的隊伍，緊追不捨。

趙雲殺回大營，守營部將接應，望見後面塵土又起，想必曹軍追來。部將主張迅速閉上營門，上敵樓防護。趙雲稍加思索，反而下令大開營門，而且拔去營中旗幟，金鼓不鳴，整個大營偃旗息鼓，猶似墳場一般靜寂。趙雲匹馬單槍，立於營門之外。

曹軍前鋒張郃、徐晃領兵追到營前，見營門大開，趙雲孤身獨立於門外。天色已近黃昏，大營昏暗一片，心中狐疑不定，不敢貿然前進。正當此時，曹軍後續兵馬相繼來到。曹軍猛然喊殺，趙雲全然不動。曹軍以為趙雲必設埋伏，又急令兵馬後撤。這時，趙雲把槍一抬，營內弓箭齊發。

天色愈來愈黑，曹操不知蜀兵多少，只得下令退兵。忽然鼓角齊鳴，殺聲大震，蜀兵從後面追來，曹軍自相殘踏，擠到漢水邊，落水而

死者不計其數。

第二天劉備親自到趙雲大營，視看戰場，不禁讚歎：「子龍一身都是膽！」

五名五恭

【原文】

兵有五名：一曰威強，二曰軒驕[1]，三曰剛至[2]，四曰助忌[3]，五曰重柔[4]。夫威強之兵，則詘（屈）軟而侍（待）之；軒驕之兵，則共（恭）敬而久之；剛至之兵，則誘而取之；忌之兵，則薄其前，噪其旁，深溝高壘而難其糧；重柔之兵，則噪而恐之，振而捅之，出則擊之，不出則回[5]之。

五名。

兵有五共（恭）、五暴。何謂五共（恭）？入竟（境）而共（恭），軍失其常。再舉而共（恭），軍毋（無）所粱（糧）。三舉而共（恭），軍失其事[6]。四舉而共（恭），軍無食。五舉而共（恭），軍不及事。入竟（境）而暴，胃（謂）之客。再舉而暴，胃（謂）之華。三舉而暴，主人懼。四舉而暴，卒士見詐[7]。五舉而暴，兵必大耗（耗）。故五共（恭）、五暴，必使相錯[8]也。

五共（恭）。

二百五十六。

【注釋】

① 軒驕：高傲驕橫。軒：高大，這裡指自大、高傲。

② 剛至：剛愎自用。

③ 助忌：下文作「瞀忌」。瞀、助皆從目聲，疑當讀為「冒」。冒：貪。忌：疑忌。

④ 重柔：極其柔弱。

⑤ 回：包圍，一指撤軍。

⑥ 失其事：誤事，這裡指貽誤戰機。

⑦ 見詐：受騙。

⑧ 相錯：交替結合使用。

【譯文】

軍隊有五種類型：一是威武強大型，二是高傲驕橫型，三是強硬剛愎型，四是貪婪猜忌型，五是優柔寡斷型。對付威武強大的敵軍，就故意示弱，裝出屈服的樣子而等待時機；對付高傲驕橫的敵軍，就故作恭敬以麻痺他，然後等待時機予以殲滅；對付強硬剛愎的敵軍，就採用誘敵之計戰勝它；對付貪婪猜忌的敵軍，就迫近其前鋒，同時在其側翼虛張聲勢加以騷擾，再用深溝高壘來增加其運糧補給的難度；對付優柔寡斷的敵軍，就用鼓噪吶喊的方法施以恐嚇，用小股部隊作試探性攻擊，敵軍如果出動就加以重創，如果不出戰就圍困它。

軍隊有五寬柔、五凶暴。什麼是五寬柔呢？一進入敵境就寬柔，軍隊就會失去應有的威嚴。再次寬柔，軍隊就會徵集不到糧草。三次寬柔，軍隊就會貽誤戰機。四次寬柔，軍隊就要挨餓。五次寬柔，軍隊就無法完成任務了。一進入敵境就凶暴，就會被視為入侵者。再次凶暴，就會被認為是殘暴的軍隊。三次凶暴，占領區的百姓就會恐懼。四次凶暴，居民們就會用虛假的情報來欺騙占領軍。五次凶暴，軍隊就會遭受很大的損耗。因此，五寬柔和五凶暴必須結合著使用，二者相輔相成，缺一不可。

【經典戰例】

于謙固守北京城

土木堡一役，明朝五十萬精兵潰敗，英宗朱祁鎮成了瓦剌太師也先的階下囚，文武百官喪命的不計其數。

消息傳到京師，朝廷內外一片恐慌，受命留守監國的郕王朱祁鈺召

集群臣議事，侍講徐珵稱星象有變，應遷都南京，附和者竟不在少數。

　　原來明朝起先立都於金陵，明成祖時才遷都北京，而朝中對何處立都一直爭論不休，一些江南豪族出身的大臣都希望回到金陵，何況此時京中僅有十萬殘弱之師，怎麼抵擋得住如狼似虎的瓦剌大軍？

　　另有一批朝臣，雖然不贊成南遷，苦於沒有禦敵之策，也只好免開尊口。兵部侍郎于謙聽到的都是贊同南遷之聲，怒不可遏，屬聲道：「主張南遷者，罪該斬首！京師乃天下的根本，京師一動，大勢便去！難道就沒想到宋朝因南遷而亡國之事嗎？」

　　這番話正氣凜然，壓倒了一切驚恐的喧雜聲。朱祁鈺也十分贊同，但五十萬精兵尚且不是瓦剌的對手，京城就這點贏兵弱將，能否堅持得住？于謙顯得十分自信：「土木堡之役敗在王振專權誤國，並不說明瓦剌果真那麼可怕，只要上下同心同德，急召各路勤王大軍，定能保京師無羔。」

　　眾人聽于謙說得肯定，再無異議，南遷之事便擱置不提。于謙被提升為兵部尚書，負責整治城池，修繕兵甲，準備迎擊瓦剌的來犯。

　　國不可一日無君，英宗羈留敵營，皇太后立皇長子朱見深為太子，讓朱祁鈺輔政。朱見深是個兩歲的娃娃，哪能把握這個危局，眾大臣請太后立朱祁鈺為帝。朱祁鈺早有此心，但不免要裝出惶恐之態推辭一番。于謙說：「多事之秋，宜立長君，臣等考慮的是國家安危，並無一分私心。」朱祁鈺有這麼個冠冕堂皇的理由，就心安理得多了。眾大臣說動了太后，降旨令朱祁鈺繼位，遙尊朱祁鎮為太上皇帝。

　　朱祁鈺登基，即為代宗。他的當務之急便是召見于謙，詢問京師防備。于謙流著淚說：「賊寇挾持上皇，藐視朝廷，遲早會大舉南侵，應督促邊關各鎮協力抵擋，以挫其鋒。京師兵力薄弱，刀甲奇缺，應抓緊招募士卒，鍛造兵器。同時還必須選才任賢。」朱祁鈺拉過他的手說：「國家危難，全仗愛卿盡忠效力，千萬不可辜負了朕。」于謙跪下道：「軍旅之事由微臣一身擔當，若有閃失，聽憑陛下治罪。」

　　瓦剌太師也先擒住了英宗，並未直接進犯京師，只當是奇貨可居，牽著英宗到處索取犒軍之資。先至大同，從總兵郭登處索得白金三萬，又轉至他處。到了九月，也先得知朱祁鈺已登基即位，發覺自己手上捏的這張王牌開始貶值，這才有點發急，召來明朝太監喜寧商議。

喜寧被俘後變節投靠，死心塌地地認賊作父。他熟知朝廷底細，又狡猾奸詐，深得也先的器重。喜寧為邀寵，極力鼓動也先攻打京師，說：「北京宮中金山銀海，取之不盡。我們可以趁紫荊關一帶防備薄弱，以送還英宗為藉口，破關而入，直逼北京。朝中那班大臣都有南遷之意，只要讓他們看到您的虎威，定會嚇得逃命要緊，一座現成的京城就可以歸您了。」

也先用喜寧之計率大軍挾持著太上皇來到紫荊關。明守將孫祥投鼠忌器，不知如何是好。也先讓另一名被俘的太監給孫祥送去太上皇的諭旨，讓他出關迎駕。孫祥明知其中有詐，但太上皇確實在對方手中，他也不敢冒抗旨之罪，於是一面讓部下嚴守關隘，同時派快馬飛報朝廷，自己率官吏出關迎駕。

孫祥等剛出關，瓦剌伏兵便衝了上來。孫祥轉身想回頭，退路已被切斷。他知道定無生還之理，乾脆拚死一搏，結果被亂刀砍死。關上守軍見主將陣亡，都不願等著送死，頃刻間便逃得空無一人。

也先得了紫荊關，長驅直入，進逼京師。

朝廷內外本來就驚魂未定，瓦剌兵說來就來，如入無人之境，更使得人心惶惶。于謙召集諸將商議禦敵之策，大將石亨說：「京師城池堅固，宜堅壁固守。敵寇無隙可鑽，自然會退兵。」于謙搖頭說：「敵寇氣焰囂張，又挾持著太上皇，如果　昧死守示弱，豈不更是長他人志氣，滅自己威風？那樣的話士氣低落，更無法禦敵了；對於也先，不狠挫其銳氣，不能令他乖乖撤軍。我要在九門外列陣，使其不敢再輕舉妄動。」

于謙令都督陶瑾列陣於安定門外，廣寧伯劉安列陣於東直門外，武進伯朱瑛列陣於朝陽門外，都督劉聚列陣於西直門外，鎮遠侯顧興祖列陣於阜成門外，都指揮李端列陣正陽門外，都督劉得新列陣於崇文門外，都指揮湯節列陣於宣武門外。于謙自己率石亨、范廣、武興等大將督師德勝門外。分派完畢後，涕泣誓師，宣佈將領臨陣脫逃者，斬首；士卒擅自退縮者，後隊斬前隊。大家一心奮勇殺敵，有進無退。

主帥如此堅決，將士也豪氣頓生，保家衛國，拯危救亡之際，誰都不願被視作懦夫。各路兵馬布完陣後，所有城門一律關閉，專等瓦剌前來。

也先原指望明軍聞風而逃，沒料到各城門嚴陣以待。他派先鋒出陣試探，明將迎戰的是高禮、毛福壽。瓦剌先鋒目中無人，想賣弄一番手段，毛福壽將計就計，引得他近身，一把擒了過去。

也先首戰失利，埋怨喜寧。喜寧又獻詭計，讓也先以太上皇的名義，召大臣出城迎駕，以索取巨金。代宗收到太上皇之信，派右通政王復、太常少卿趙榮出城朝見。喜寧見此二人，對也先說：「此二人官職卑微，是來敷衍你的，朝中就于謙等數人強充好漢，只要把他們幾個騙出來，扣留於此，就不怕他們不就範了。」也先聽了連連點頭，對王復、趙榮說：「我將你們的太上皇送到門口，你們還敢如此不敬，速速回去換于謙來，否則休想迎還聖駕。」

王復、趙榮備受屈辱，仍堅持要見太上皇一面，總算被准許。太上皇見到故臣，淚水漣漣，拉著他倆之手，要他們轉告朱祁鈺，務必滿足瓦剌的要求，儘快將他接回去。王復、趙榮滿口答應，拜辭而去。

代宗聽了王復、趙榮的回報，左右為難，他既不願太上皇這麼快就回來，又不敢承擔拒絕的惡名，就向于謙詢問。于謙說：「賊寇以上皇相要挾，肯定會得寸進尺，貪得無厭，如果一次滿足他們了，勢必步步受制，我們乾脆不接這個茬，他們便無計可施。這一仗是避免不了的，只有讓他們知道占不著便宜，才可能乖乖地放回太上皇。」這話正中代宗下懷。

王復、趙榮回城後，也先左等右等不見朝廷再派大臣來，氣不打一處來，親自率領精兵要攻德勝門。于謙早料到這招，讓石亨設下埋伏，並用數百騎兵誘敵。也先之弟勃羅和平章卯那孩恃勇冒進，領著萬餘騎兵一頭撞了進來，突然伏兵四起，競相發射火器，瓦剌兵再是強悍也敵不過火神的威勢，勃羅、卯那孩先後葬身火海，僥倖逃脫的也無不焦頭爛額。

也先進攻德勝門失利，轉而來攻西直門。都督孫鏜出戰對陣，斬得前鋒數人，正欲趁勝追擊，也先大隊人馬趕到。孫鏜連敵數將，漸趨下風，雖有高禮、毛福壽趕來救援，仍然支撐不住。這時，城門已緊閉，無路可退，雖然城牆擂鼓吶喊，不過是虛張聲勢而已。孫鏜橫下一心，準備血灑疆場，幸得石亨率領援軍趕到，一場惡戰，血肉橫飛，終於擊退瓦剌軍。

也先索幣不得，交戰也連遭敗績，又得知明朝勤王大軍正源源不斷而來，恐怕退路被截，便在京畿一帶縱兵掠劫後，挾持著上皇后撤。于謙見瓦剌軍想溜，號令各路人馬追殺。瓦剌兵全不似來時那般耀武揚威，敗一陣退一陣，狼狽逃出紫荊關。

強寇退去，朝廷論功行賞，于謙加封少保，受命總督軍務。他增兵邊關各鎮，加強防備，警惕瓦剌再犯。隨後也先數次犯境，都被邊將擊潰，再也沒有危害京師。

于謙知道也先出兵，大多是喜寧在為他出謀劃策，密令大同守將除去這個漢奸。參政楊俊設計將喜寧騙了出來，一舉擒獲，押往京師，砍頭示眾。也先失去了軍師，又見明朝似乎並不顧惜太上皇，自己帶了這麼個活口，不僅無利可圖，反而成了累贅，於是決定送還太上皇，罷兵議和。

兵　失

【原文】

欲以敵國之民之所不安，正俗所……〔欲強長國兵之所短①，以〕難②敵國兵之所長，秏（耗）兵也。欲強多國之所寡，以應敵國之所多，速詘（屈）之兵也。備固不能難敵之器用，陵兵③也。器用不利，敵之備固，菫（挫）兵也。兵不……□明者也。善陳（陣），知倍（背）鄉（向）④，知地刑（形），而兵數困，不明於國勝、兵勝者也。

民……兵不能昌大功，不知會者也。兵失民，不知過者也。兵用力多（而）功少，不知時者也。兵不能勝大患⑤，不能合民心者也。兵多〔愿〕（悔），信疑者也。兵不能見福禍於未刑（形），不知備者也。兵見善而怠，時全而疑，去非而弗能居⑥，止道也。肸（貪）而廉，龍⑦而敬，弱而強，柔而〔剛〕……起道也。行止道者，天地弗能興也。行起道

者，天地〔弗能〕……

☆ ☆ ☆

……之兵也。欲以國□……

……□內罷（疲）之兵也。多費不固……

……□□見敵難服，兵尚淫天地……

……□而兵強國□□□……

……□兵不能……

【注釋】

① 強：勉強。長：改善，彌補。

② 難：對抗，應付。與下文「應」義近。

③ 陵兵：被欺凌的軍隊。

④ 背向：指行軍佈陣時的所向或所背。

⑤ 大患：大的禍患，強大的敵人。

⑥ 非：錯誤。居：持之以恆，照著正確的去做。

⑦ 龍：傲慢，自負。

【譯文】

　　想用敵國百姓所不能接受的東西來匡正該國的習俗……想勉強改善本國軍隊的短處去對抗敵國軍隊的長處，只能是耗費兵力。想勉強增加本國所缺少的東西去對抗敵國所富有的東西，那隻會使本國軍隊迅速失敗。我方即使防禦堅固，也不能抵禦敵人的武器裝備，這就會使軍隊受到敵人的欺凌。我方武器裝備不夠精良鋒利，且敵人防禦堅固，就會導致進攻失敗而使軍隊受挫……將帥善於排兵佈陣，知道行軍佈陣的所背和所向，懂得利用各種地形，可用兵卻屢屢陷入困境，這是因為不懂得國家政治勝利與軍事勝利的關係。

　　百姓……軍隊不能建立大功，是因為不懂得集中兵力作戰。軍隊失去民心，是因為不能認識到自己的錯誤。軍隊耗費人力物力多而建的戰功卻很少，這是因為不善於抓住有利戰機。軍隊不能戰勝強大的敵人，是因為不能順應民心。軍隊經常搖擺不定，是因為將帥輕信而多疑。軍隊不能預見戰爭的勝負，是因為不懂得要做好戰前準備。軍隊見到有利

的條件就鬆懈，面對有利的戰機卻遲疑不決，改正了錯誤卻不能持之以恆，這是自取滅亡的道路。貪婪的人變得廉潔，傲慢的人變得恭敬，柔弱的人變得剛強，這是走向興盛的道路。走自取滅亡道路的人，天地都不能讓他興盛；走興盛道路的人，天地都不能阻止他成功。

【經典戰例】

袁術不識時務

東漢末年，袁術是割據群雄之一，他據有淮南多年，地廣糧多，後來又從孫策處得到漢朝的傳國玉璽。這一來，他的野心就大大膨脹了。

一天，他召集部下文官武將，說道：「當初漢高祖劉邦只不過是泗上的一個亭長，後來卻據有天下，當上了皇帝。然而，他的漢朝歷經四百年，至今氣數已盡，天下已是動亂不安。我家四代人中出了三位封『公』的高官，百姓的心意早已歸順我家。現在我準備順應天意民心，正式登上九五之位。你們以為如何？」

主薄閻象說：「萬萬不可。當年周的歷代祖先都功德卓著，到了周文王時，已擁有天下三分之二的地域，卻仍然臣服殷朝。明公您的家世雖然尊貴，卻仍然沒有當年周的鼎盛；如今漢王室雖然衰敗，也並沒有像當年殷紂王那樣的暴行。所以說，您登基稱帝之事決不能實施！」袁術聽了閻象這番話不吭聲，心裡卻是非常惱怒。

時過不久，河內人張鮍為袁術卜卦，說他有做皇帝的命。袁術大喜，準備立即登基，手下臣子多有苦勸的，全都被駁回，最後袁術下令道：「我主意已定，誰再多說就處斬。」

建安二年（197），袁術在壽春正式稱帝，建號仲氏，廣置公卿朝臣，還在城南城北築起皇帝祭祀天帝所用的祭壇。生活上他奢侈荒淫，揮霍無度。後宮妻妾有數百人，皆穿羅綺麗裝，精美的食品應有盡有，而他軍中的士兵卻處於飢寒交迫的狀態。在他的腐敗統治下，江淮一帶民不聊生，許多地方斷絕人煙，饑荒之中甚至出現人吃人的現象。

當時天下雖大亂，諸侯割據一方，但名義上還是效忠漢帝的，袁術公然稱帝，為天下人所不恥，他一下子成了天下公敵。可袁術還不自

知，昏庸無能，還派人去催占據徐州的呂布把女兒送來給他兒子做東宮妃子。因為袁術之前想聯合呂布，提出讓他的兒子娶呂布之女為妻，呂布也同意了。

袁術派韓胤為使節，向呂布正式轉達他更換年號、登基稱帝的事情，同時請求接呂布的女兒與自己的兒子去完婚。呂布怕背罵名，有些猶豫不決。沛相陳珪建議說：「曹操奉迎天子，輔佐朝政，征討八方，威震四海，而將軍您應與他合作，以取得天下安寧。如果您與袁術成了親家，將會擔上不義之人的罪名，那樣形勢就對您不利了。」呂布覺得有理，拒絕了這門親事，並將使者韓胤戴上枷鎖、鐐銬，送往許都街市上斬首示眾。不久曹操使者來到，傳天子令，任命呂布為左將軍。呂布大喜，於是讓陳珪之子陳登帶著書信，去向天子謝恩。

袁術聞報不禁大怒，當即派出七路人馬，由七員大將統領，去向呂布問罪。袁術自己帶三萬軍兵隨後進軍。

袁術出動七路大軍，20多萬人馬征討呂布，每天只能前進50里，這些軍兵一路搶劫掠奪，禍害百姓。

呂布得報，忙請眾謀士商議，陳宮和陳珪父子都到了。陳宮說：「徐州的禍事全是陳珪父子招來的，是他們主張把袁術的使臣送去許都，向朝廷討好以求封賞，現在讓災禍落在將軍頭上。應該立即斬下他父子二人的頭獻給袁術謝罪，袁術就會退兵了。」

呂布聽了陳宮的話，馬上下令把陳珪和他兒子陳登抓了起來。陳登卻大笑說：「怎麼這樣膽小怕事啊？我看袁術那七路軍兵，就如同七堆爛草一般，有什麼值得焦急的！」

呂布說：「你如有破敵的計策，我就免你的罪。」

陳登出了一條計謀：「袁術的軍兵雖然很多，只不過是烏合之眾，他從來沒有親信。我們如以一部分軍隊正面防守，再加奇兵配合，一定能勝過袁術。我還有一計，不但可以保證徐州安全，還可以活捉袁術。」

呂布忙問：「是什麼計呀？」

陳登說：「韓暹和楊奉是漢朝的老臣，只因畏懼曹操才出走，由於無處安身而暫時歸附袁術。袁術必定輕慢於他們，他們也不會樂意為袁術效力。如果我們給他們寫書信，約他們為內應，再聯合劉備作外援，

那必定能捉住袁術了。」

呂布說：「那你得親自去給韓暹、楊奉二人送信。」陳登答應去送。

呂布便向許都上表報告，並給劉備去信，然後讓陳登帶了幾個隨從到下邳路上等候韓暹。韓暹領兵到達，下寨完畢，陳登便去求見。韓暹說：「你是呂布的人，來這裡幹什麼？」

陳登笑著說：「我是大漢的公卿，你怎麼說我是呂布的人？像將軍你一直是漢朝的臣子，現在卻成了叛賊的臣子，你當日在關中保駕的功勞化為烏有，我認為將軍這樣做不值得。再說，袁術生性特別多疑，將軍以後必定被他所害。現在將軍如不早想辦法，將悔之不及！」

韓暹嘆息道：「我想回歸漢朝，只恨沒有門路啊！」陳登取出呂布的書信，韓暹看後說道：「我知道了。您先回去吧，我和楊將軍定會反戈一擊。你們只看火起就是信號，請呂溫侯立即派兵接應。」

陳登告辭，回報呂布。呂布分兵五路迎擊袁術大軍，自己領兵出城30里下寨。袁術的一路人馬在張勳的帶領下先到，自知不是呂布對手，便後退20里下寨。當天夜裡二更時分，韓暹、楊奉如約行動，分兵到處放火，接應呂布軍入寨。張勳的軍兵大亂，呂布趁勢掩殺，張勳敗逃。呂布追到天亮，和袁術部下第一勇將紀靈相遇，兩軍剛要交鋒，韓、楊兩軍向紀靈殺來，紀靈敗走。呂布領兵再追，又與袁術相遇，一陣對罵，兩軍交戰，袁術部將不敵呂布，袁術軍兵大亂敗走。途中又被關雲長截殺一陣。袁術逃回淮南，從此一蹶不振。

袁術稱帝當年的冬季，淮南又碰上大旱災與大饑荒，其實力更是嚴重受損，部曲叛逃無數。

兩年後，走投無路的袁術將帝號歸於袁紹，想投奔袁紹長子、時任青州刺史的袁譚。結果在路上被由曹操派來的劉備、朱靈軍截住去路。袁術不得過，又退往壽春，中途想要前往灊山投奔他以前部曲雷薄、陳蘭，卻為雷薄等拒絕，留住三日，士眾絕糧，於是又退軍至江亭。當時軍中僅有麥屑三十斛。時六月盛暑，袁術想要喝蜜漿解渴，可殘軍之中，哪裡還會有蜜。袁術悲傷不已，嘆息良久，乃大吒曰：「袁術至於此乎！」最後嘔血斗餘而死。

將　義

【原文】

　　將者不可以不義，〔不〕義則不嚴，〔不嚴〕則不威，〔不威〕則卒弗死[①]。故義者，兵之首也。將者不可以不仁，不仁則軍不克，軍不克則軍無功。故仁者，兵之腹也。將者不可以無德，無德則無力，無力則三軍之利不得。故德者，兵之手也。將者不可以不信，不信則令不行，令不行則軍不[②]，軍不摶則無名[③]。故信者，兵之足也。將者不可以不智勝[④]，不智勝〔則……故智勝者，兵之身也。將者不可以不決[⑤]，不決則〕……則軍無□，故決者，兵之尾也。

【注釋】

① 弗死：不肯拚死效命。

② 摶：同「團」，團結一致，一指正常運轉。

③ 名：聲名，功績。

④ 智勝：能夠克敵制勝的謀略，一指以智謀取勝。

⑤ 決：果決，指揮作戰堅決果斷，毫不猶豫。

【譯文】

　　為將帥者不可不堅持正義，不堅持正義就不能嚴明治軍，治軍不嚴明就沒有威信，沒有威信，士卒就不會拚死效命。所以說，正義就像是軍隊的頭腦。

　　為將者不可不仁愛，不仁愛軍隊就不能克敵制勝，不能克敵制勝就無法建立功勳。所以說，仁愛就像是軍隊的腹心。

　　為將者不能沒有優良的品德，沒有優良的品德就沒有感召力，沒有感召力就不能統率三軍獲得勝利。所以說，優良的品德就像是軍隊的雙手。

　　為將者不可不守信用，不守信用，他的號令就不能得到貫徹執行，號令不能得到貫徹執行，軍隊就不能團結一致，軍隊不能團結一致，就

不能取得威名。所以說，信用就像是軍隊的雙足。

為將者不能沒有致勝的智謀，沒有致勝的智謀就……所以說，致勝的智謀就好像軍隊的身體。

為將者不可不果決，不果決就……所以說，果決就像是軍隊的尾巴，不可或缺。

【經典戰例】

郭子儀單騎入敵營

唐朝藩鎮割據，武將擁兵自重，終於釀成安史之亂。這前前後後近十年中，腥風血雨，天子蒙塵，百姓塗炭。而連年征戰，又造就了一批又一批新的驍將悍兵。肅宗、代宗二朝，藩鎮勢力日盛一日，一個個全然不將大唐天子放在眼中，說反就反，為禍不淺。其中有一個叫僕固懷恩的，不僅自己作亂，還誘使回紇、吐蕃、吐谷渾、羌、奴剌等部的 30 萬大軍入侵中原，差點兒又釀成一場大禍。

這僕固懷恩本是鐵勒族僕骨部人，其祖父於貞觀二十年率部落來降，被安頓於夏州戍邊，世襲都督。僕固懷恩很會打仗，安史之亂中，他先後跟隨郭子儀、李光弼轉戰南北，立下不少戰功。此人寡言少語、性格暴躁，稍不合意就破口大罵。還在做偏將時，他就常頂撞主將。平息安史之亂後，僕固懷恩被授河北副元帥、尚書左僕射、兼中書令、朔方節度使等一大串官銜，後又加太子少師，坐鎮朔方，也稱得上恩寵有加。

有一回，他奉詔護送請來幫助平定安史之亂的回紇可汗歸國，路過太原。當時的河東節度使辛雲京與懷恩有矛盾，擔心懷恩會與回紇合謀來算計他，下令緊閉城門不讓其進入，也不派人前去犒勞。懷恩回來時，又受這般冷遇，哪裡嚥得下這口惡氣，便一邊向代宗告狀，一邊調數萬大軍屯兵汾州。

辛雲京見大兵壓境，驚恐萬分，恰逢朝中派去的駱奉先來到太原。辛雲京極力巴結，說懷恩勾結回紇，密謀造反。駱奉先回京後果然按照辛雲京的說法上奏代宗。懷恩聞訊大怒，也上表為自己辯護，並請求處

斬辛雲京、駱奉先二人。

代宗左右為難，兩面都不想得罪，於是下詔令其和解。懷恩見皇帝不肯為自己作主，更是忿忿不平，一怒之下上了一份自罪書，將自己為大唐社稷立下的六件大功稱作六大罪，並將朝廷對他的種種不公條條列舉，暗示鳥盡弓藏，兔死犬烹。

懷恩邁出這步之後就一發而不可止，想自己先來了結與辛雲京的恩怨，便命令其子僕固瑒攻打太原。辛雲京早有防備，僕固瑒在太原大敗而歸，轉而又圍攻榆次。

這僕固瑒跟他老子一個德性，也是火爆性子。打榆次仍然不順手，他又令部將焦暉、白玉率兵來支援。焦暉、白玉二人稍有遲緩，僕固瑒大發雷霆，要將其治罪。焦暉、白玉害怕被殺，先下手為強，連夜率眾攻打僕固瑒，將其殺死。

僕固懷恩的部下自相殘殺，已不可收拾。僕固懷恩自知沒有退路，一不做二不休，於廣德二年（764 年）誘使回紇、吐蕃大軍入侵中原，乾脆把整個大唐攪得天翻地覆。

僕固懷恩起兵作亂，朝廷大震。待到回紇、吐蕃入境，更是方寸大亂。代宗一邊重新起用老將郭子儀，令其任兼朔方節度使；一邊下詔慰諭懷恩，勸其休兵入朝。懷恩哪裡還會相信，只管自己引大軍，步步逼近。

郭子儀奉命出征之前，代宗曾問其有何退敵良策，郭子儀說：「懷恩不足懼。此人雖說驍勇，但對下屬缺乏恩惠。這次之所以能鼓動那麼多人南下，只是利用了將士思歸之心罷了。再說他本是我的部下，他手下那些人也曾聽命於我，我待他們都不薄，相信不會忍心與我兵戎相見。因此懷恩成不了氣候。」代宗聽了這番話，寬心了不少。

郭子儀鎮守奉天，懷恩的先鋒官逼近城下，前來挑戰。郭子儀的部將見其氣焰囂張，群情激憤，請求出戰。郭子儀站在城牆上望著叛軍，緩緩地對部將說：「叛軍長驅直入，希望速戰速決，我們不能與他硬拚。這些人都曾是我的部下，我堅守城池，不主動與他們交鋒，慢慢地他們就會念及大唐的好處，不願死心塌地地為懷恩賣命。我們要是過於逼迫，他們便只有孤注一擲拚死而戰，那勝負就很難料定了。」之後郭子儀又轉過臉，注視著眾將，斬釘截鐵地說：「誰要再提出戰，立斬無

赦！」

懷恩的部將天天前來挑戰，郭子儀就是緊閉城門，這讓懷恩火冒三丈，今天斥責這個，明天鞭打那個，身邊的將士全成了他的出氣筒。於是叛軍士氣低落，軍心渙散，開小差的日益增多。懷恩發現再這樣僵持下去恐怕連自己的一點老本都要耗盡了，只好下令退兵。

等到渡過涇水時，懷恩的部下已經散失過半。他仰天悲泣：「我手下眾將士曾隨我出生入死，為何今天紛紛離我而去，難道真是天要亡我？」

郭子儀不戰退叛軍，確是高招。

懷恩逃往靈州，朝廷又以為天下無事，沉醉於歌舞昇平之中。可懷恩豈肯善罷甘休！第二年，也就是永泰元年（765），懷恩再次誘使回紇、吐蕃等部落大舉南下，氣勢比之前更盛。

郭子儀奉詔率萬餘兵馬駐守涇陽城。敵軍蜂擁而至，將涇陽圍了個水洩不通。郭子儀從容佈陣，令李國臣、高昇守住東門，魏楚玉守住南門，陳回光守住西門，朱元琮守住北門，自己親率兩千精兵四處巡視照應。

郭子儀登城視敵，被城外的回紇兵望見，回報其首領。回紇首領大惑不解，難道是見了鬼不成？因為懷恩明明對他說郭子儀已死，怎麼會起死回生又出現在涇陽城上？

他要弄個明白，派人到城下喊話：「郭令公果真在城中？」郭子儀曾封代國公，因此人稱郭令公。城上將士喊道：「你們既然知道郭令公在此，為何不早早罷兵，還敢在此尋釁？」城外的又喊道：「我們都督說了，如果真是郭令公在此，請他來營中會晤，一切問題都可解決。」

郭子儀得報，稍加思索，對身邊諸將說：「敵強我弱，一時難以力敵。不如我去回紇營中走一趟，勸他們偃兵息鼓。我曾有恩於回紇，想必他們不會加害於我。」

兩軍對壘之時，主將怎麼能夠親自前往敵營？郭子儀手下紛紛勸阻，說：「回紇乃虎狼之師，不講信義，我們寧可死戰，也不能讓您出城冒這風險。」

郭子儀說：「敵軍數十倍於我，硬拚怎能取勝？精誠之心能感動上蒼，何況他們也是人。」

　　諸將見郭子儀決心已定，知道無法勸其回心轉意，又請求隨同前往，並選精兵五百護衛。郭子儀說：「五百精兵能敵十萬之眾嗎？人多了他們必定見疑，反而有害，你們只須好好守住城池。」說完他翻身上馬，馳出城門。

　　回紇將士聽得城中傳來喊聲：「郭令公出城了！」一陣騷動，紛紛持弓搭箭以對。郭子儀出城後緩緩而行，見劍拔弩張之勢，便脫去鎧甲，扔掉兵器，說：「這樣可以了嗎？我曾與你們休戚與共，今天怎麼兵戎相見？」

　　回紇首領看清果真是郭令公，便翻身下馬，扔去弓箭，拜倒在地。回紇眾將士也紛紛扔去兵器下拜。郭子儀下馬還禮，然後上前一步對回紇首領說：「諸位先前曾不遠萬里，前來助我大唐平定安史之亂，我與你們並肩作戰，情同手足，你們難道把這些都忘得一乾二淨了嗎？大唐天子向來待你們不薄，你們怎麼能違背盟約前來尋釁？我今日隻身前來規勸，是希望你們能珍惜回紇與大唐的友誼，速速退兵。不然的話，你們雖說可以了殺了我，但大唐數十萬大軍嚴陣以待，自然會以死相拚，最後只會落得個兩敗俱傷。」

　　回紇首領被郭子儀的凜然正氣所折服，忙不迭地解釋道：「我們是被僕固懷恩坑苦了！那傢伙騙我們說大唐天子駕崩了，您郭令公也已仙逝，中國無主，京城中金銀珠寶堆成山，任人搬取。我們跟他前來真是上了大當！」

　　郭子儀說：「僕固懷恩是個不忠不孝的小人，豈可聽他胡言？他無非是想趁火打劫，從中漁利，並不是對你們回紇有絲毫善心。這次大唐天子親率六軍前來討伐，定不會讓他得逞。」

　　一番話說得回紇首領連連點頭，揮手讓部下備下酒宴，與郭子儀痛飲。城中唐軍見郭子儀一去不回，心中忐忑不安，派人前去察看，卻見觥籌交錯，歡聲笑語不絕於耳，郭子儀與回紇首領稱兄道弟，顯得親密無間，這才將懸著的心放下。郭子儀讓隨從取來許多絲綢相贈，雙方又和好如初。

　　郭子儀威名遠颺，回紇軍將其視為神靈，自然不敢與他交手。那時正好又傳來消息，說懷恩在進軍途中患病，暴死於沙鳴，叛軍一下子群龍無首，亂作一團，回紇首領更願與大唐交好。郭子儀趁勢對回紇首領

說：「吐蕃乃大唐的舅甥之國，卻忘恩負義前來打劫，入寇京畿，搶去無數羊馬牲畜，連綿百里。此乃天賜之物，不可丟去。你我同心協力，共破吐蕃，所獲之物必豐，你們便可滿載而歸。」

回紇首領說：「感謝令公為我們考慮得如此周到，我們願聽您調遣。」於是一邊派人前去覲見代宗，一邊與郭子儀合兵進擊吐蕃。

吐蕃得知大唐與回紇合兵，連夜潰逃，大唐軍與回紇軍緊追不捨，大戰於靈武台。吐蕃雖有十萬大軍，但歸心似箭，鬥志全失，結果被斬首五萬，生擒萬餘，剩下的殘兵敗將把辛苦搶來的財物丟得滿山遍野都是，狼狽逃竄。

回紇得勝後，取得無數財物，心滿意足地歸國而去。吐谷渾、羌等小部落，見大勢已去，也紛紛逃散。

將　德

【原文】

　　……〔視之若〕赤子，愛之若狡童①，敬之若嚴師，用之若土芥②，將軍……

　　……不失，將軍之知（智）也。不陘（輕）寡，不劫③於敵，慎終若始，將軍之……

　　……而不御，君令不入軍門，將軍之恆也。入軍……

　　……將不兩生，軍不兩存，將軍之……

　　……□將軍之惠也。賞不楡（逾）日，罰不還面④，不維其人，不何……

　　……外辰，此將軍之德也。

【注釋】

①狡童：年少而美好的少年。

②芥：草芥。土芥比喻輕微無價值的東西。此數句意謂將帥之於士卒，平時須愛護、敬重，該用的時候又要捨得用。

③劫：迫，意謂不為強大的敵人所嚇倒。

④還面：轉臉，指將事情延後，不當面解決。

【譯文】

……將帥對士卒要像對待嬰兒一樣，要像愛護美少年一樣愛護他們，要像尊敬嚴師一樣尊敬他們，要像使用泥土草芥一樣使用他們。將軍……

……是將軍的智慧。不輕視兵力少的敵軍，也不怕敵軍的威逼，自始至終都謹慎地對待，這是將軍的……

……將軍受命出征，在戰場上不應受到君主的牽制，君主的命令不能在軍隊中直接傳達貫徹。必要時，將帥可以不接受君主的命令。軍隊中只以統兵將帥的命令為準，這是將帥應該堅持的原則……

……將軍不能與敵將共生，軍隊不能與敵軍共存，這是將軍的……

……是將軍的恩惠。賞賜不要超過當日，懲罰也不要延後，無論親疏貴賤，都必須一視同仁……

……這是將軍的品德。

【經典戰例】

田單妙施連環計

戰國時期，齊國趁著燕國內亂，出兵攻占燕國都城薊，殺死了燕王噲，並大肆燒殺搶掠。殺君之仇，不共戴天，燕國養精蓄銳近三十年，又聯絡了趙、韓、魏、秦等國，向齊國報仇雪恨。主將樂毅智勇雙全，不到半年時間就攻下包括齊國都城臨淄在內的七十餘座齊國城池，齊國就只剩莒和即墨兩城，眼看風雨飄搖，難以支撐。

燕軍勢如破竹，齊國軍民節節潰逃。田單領著他那一大家族逃到安平時，知道安平很快也會失陷，叮囑族人將所乘馬車的車軸上長出的兩端截去，並用鐵籠罩住軸頭。當時大家並不知道原因，只是服從其權威而已。幾天後燕軍果然再次逼近，安平又要放棄了，城中的難民競相潰逃。因為車軸太長，而道路狹窄，相互擠碰時許多車軸被折斷，車輪脫

落，車上的人束手就擒，成了燕軍的俘虜，唯獨田單家族因馬車的車軸有鐵籠保護，大多平安地逃到了即墨，眾人無不稱奇。正巧即墨守將戰死，大家都認為田單有領兵之才，推舉他當了將軍。

　　算起來這田單也是田齊王族的一員，但屬旁系末支，所以談不上什麼權勢。起初他只當了個管理市場的小吏，如果沒有樂毅伐齊，可能就這樣默默無聞地過完一輩子，後人誰也不知，誰也不曉。但是歷史是無法假設的，田單也注定要在歷史的舞台上轟轟烈烈地表現一番。

　　田單受命於危難之際，也是義不容辭。他與士卒同甘共苦，甚至將妻妾都編入軍旅，放哨、做飯，盡心儘力。眾人見田單身先士卒，體恤部下，對他都很信賴。

　　即便如此，敵我力量相距過於懸殊，田單仍無破敵良策。

　　燕將樂毅不僅用兵如神，而且還很有政治頭腦。伐齊前他嚴格約束部下，禁止搶掠，因為打仗難免殺戮過重，亡其國，取其地，不能將當地百姓斬盡殺絕，要建立統治還得以仁德籠絡人心。因此他攻打莒、即墨二城遇到抵抗時，並不傾力血戰，而是採用圍困戰術，展開攻心戰，並減免徭賦，廢除暴令，還為齊桓公、管仲立祠設祭，尋訪有聲望的齊人出來做官。這些舉措果然大收成效，齊民開始順從燕國的統治，就連莒、即墨二城中的軍民也有所動搖。

　　田單深為憂慮。要打敗燕軍，必須除去樂毅，但要真槍真刀與他幹，誰也不是他的對手；用借刀殺人的離間計，也不行，燕昭王對樂毅一百個信任，以前曾有人在燕昭王面前進讒，說樂毅伐齊另有圖謀，昭王將那人一頓痛打，用囚車押往樂毅營中，聽憑其處置。從此，那些嫉恨樂毅的人再也不敢多嘴了。

　　難道齊國真要亡在樂毅手中？正當田單愁眉不展之時，從燕國傳來消息：燕昭王死了。田單樂得大叫：「天無絕人之路。」

　　繼位的燕惠王在當太子時對父王如此信任樂毅就感到不滿，曾勸父王提防樂毅，結果挨了通臭罵，從此心懷怨恨，此事眾所周知，田單決定抓住這個機會好好做篇文章。他派人散佈謠言：「樂毅早就想當齊王了，只是受了燕昭王的厚恩，不想背忘恩負義的名聲，因此故意不攻莒和即墨，以等待昭王老死。齊人不怕樂毅，因為他為了收買人心，暗中約定不攻莒和即墨，如果燕國更換大將的話，即墨就無法保全了。」

燕國嫉恨樂毅的人本來就不少，他們極願意傳播這類謠言，因此很快就傳到燕惠王耳中。燕惠王一想也對，樂毅攻下七十座城不到半年時間，而攻莒和即墨卻花了數年之久，不是另有圖謀還能有什麼解釋？於是他讓騎劫替代樂毅，召樂毅回燕國。

樂毅知道受人陷害，回燕國必定沒有好結果，只得逃往老家趙國。他功虧一簣，壯志未酬，只有抱憾終身。

擠走了樂毅，田單信心大增。雖然燕軍兵強馬壯，實力遠遠強於齊軍，但田單自有辦法對付騎劫。

一天清晨，田單向身邊的人說，自己夢見天帝派一名神師來相助。一名小卒看出田單的用意，上前輕聲說：「我能做神師嗎？」話剛出口，那小卒自己也覺得不妥，趕忙轉身往外走。田單卻一把將他拉住，說：「對！我夢見的就是你。」田單立即讓他更換服飾，坐在垂簾後面。那名小卒心裡發虛，說：「我一點本事都沒有，怎能做神師？」田單擺擺手輕聲說：「你只要坐著就行，不必講話。」

田單將「夢見神師」之事向全城軍民宣佈，以後作出任何決策，都需經過「神師」認可。「神師」也發佈了一條指令：「每次吃飯前都必須在庭院中祭祀祖先，以求其相助。」結果招來了許多飛鳥。燕軍望見一朝一晚，即墨城上空都有大群飛鳥盤旋，嘰嘰喳喳叫聲不絕，都很驚訝。齊人趁機大肆宣揚，說自己得到天神保佑。天助不可敵，天意不可違，燕軍不免膽顫心驚，而齊國軍民則士氣大振。

騎劫立功心切，倒也不那麼容易騙。他惡狠狠地說：「齊人有祖宗保佑，難道我們就沒有？」他一改樂毅佈施德惠的懷柔政策，督促將士發起猛攻。田單絲毫不懼，只怕他不夠狠，又派間諜散佈消息：「騎將軍為人仁厚，被他俘獲了也不會殺頭，因此沒什麼可怕的。齊軍最怕被抓後割掉鼻子，驅趕著去攻城，那即墨肯定守不住了。」騎劫還真的以為這是個致勝法寶，將一批投降的齊卒從牢中提出來，一律割去鼻子，脅迫其走在燕軍前頭，攻打即墨。城中將士見燕軍如此暴虐，義憤填膺，發誓與城池共存亡，寧死不當俘虜。

田單還讓人煽動燕軍：「齊人的祖墳都在城外，要是燕軍發掘祖墳，凌辱先人，那我們就無臉活在這個世上了，困在城中又有什麼意義？」騎劫又以為找到一個讓齊人寒心的辦法，讓士卒將城外的墳墓一

律掘開，劈開棺木，拖出骨骸，堆在一起放火焚燒。即墨城牆上人頭攢動，哭聲震天，悲憤難忍。軍民一心，定要以血還血，以牙還牙，決不苟且偷生。

田單知道哀兵可用，已到了能與燕軍決戰的時候了，但他最後還要麻痺一下對手。他選出五千精兵隱蔽起來，只讓些老弱殘兵以及婦女輪流守城，聲稱城中儲糧將盡，準備投降。同時讓城中的豪門大戶將蒐集起來的黃金送給燕將，希望在城降之時保其妻兒家小。騎劫得意忘形，以為齊人果真怕他。都說樂毅如何了得，但他奈何不了即墨，我騎劫卻馬到成功，以後這世上只會談論騎劫，再也沒人知道樂毅的名字。光憑這點就足以使騎劫陶醉了。

就在約定投降的前一天傍晚，田單將城中的一千多頭牛集中起來，頭上畫上五彩龍紋，身上披著大紅布，兩隻牛角各縛一把鋒利的刀子，牛尾則綁上浸透油脂的蘆葦。城牆被掘出幾十個大洞，外面的溝壕也已填平，這一切都有條不紊地進行著。燕軍則沉浸在背著大大小小的戰利品返回故鄉的想像中，根本沒有察覺城內的動靜。

夜深了，一切準備就緒。田單一聲令下，點燃了牛尾上的蘆葦，一千多頭受驚的壯牛分幾十處衝出城來，後面緊跟著五千名手握利器的精兵。火燒著了牛尾，灼痛難忍，狂暴的牛群直撲燕軍大營。燕軍被震天的鼓噪聲驚醒，抬頭望見大營已被一千多根牛尾照得通紅，無數面目猙獰的「神獸」凶殘無比，擋者莫不喪生。驚恐的燕軍沒命地狂奔，又被追殺了許多，就連騎劫也死於亂軍之中。

田單以火牛陣大敗騎劫，並乘勝收復所有失地，從莒城迎回齊襄王，因功封安平君，並被拜為齊相。

將　敗

【原文】

　　將敗：一曰不能而自能。二曰驕。三曰貪於位。四曰貪於財。〔五曰□〕。六曰輕。七曰遲。八曰寡勇。九曰勇而弱[①]。

十曰寡信。十一〔曰〕……十四曰寡決。十五曰緩②。十六曰怠。十七曰口。十八曰賊③。十九曰自私。廿曰自亂。多敗者多失④。

【注釋】

① 勇而弱：勇力有餘，能力不足。一指表面勇敢，實際懦弱。

② 緩：指將帥治軍，卻軍紀鬆弛。一指行動遲緩。

③ 賊：凶殘。

④ 敗者：指上面提到的可能導致失敗的將帥的缺陷。多失：損失大，一指失敗的可能性高。

【譯文】

可能導致統兵將帥軍事上失敗的缺陷有以下種種：一是沒有才能卻自認為能力高強；二是驕傲自大；三是貪圖權位；四是貪圖錢財；五是……六是輕率無謀；七是反應遲鈍；八是缺乏勇氣；九是勇力有餘而能力不足；十是缺乏信用；十一是……十四是優柔寡斷；十五是軍紀鬆弛；十六是懶惰懈怠；十七是……十八是凶殘暴虐；十九是自私自利；二十是朝令夕改，造成軍隊混亂。將帥的缺陷越多，所造成的損失就越大。

【經典戰例】

關雲長驕狂失策

關羽乃東漢末年名將，他驍勇異常，能征善戰，長年隨劉備征戰南北，立下戰功赫赫，被後世譽為「武聖」。然而，作為軍事統帥的關羽卻有個致命的缺點，那就是驕狂自大，剛愎自用。水淹七軍，擒殺龐德後，關羽更是目空一切，不把任何人放在眼裡。

建安十九年（214），劉備在蜀中與劉璋決裂，軍師龐統又中流矢身亡，於是急召張飛、趙雲、諸葛亮入蜀支援。諸葛亮將鎮守荊州的重任交給關羽，囑咐他要和東吳修好，共同對付曹操。可關羽卻不以為

然，他狂妄自負，把這一關係到蜀漢存亡的根本大計拋諸腦後，最終導致蜀漢與東吳聯盟破裂。

當曹操派人到東吳活動，拉攏孫權之時，孫權有些心動，但又不想與劉備決裂，便派諸葛亮之兄諸葛瑾去荊州探聽虛實。

諸葛瑾是主張吳蜀聯盟的，他想通過關羽與孫權聯姻來鞏固和促進吳蜀聯盟，共同破曹。他向關羽提親，希望關羽把女兒嫁給孫權的兒子。這本是一件好事，卻不料關羽不但一口回絕，還惡語傷人：「我的虎女怎麼肯嫁犬子！」還把諸葛瑾給趕了回去，說：「我要不是看你兄弟的面子，便立即斬下你的首級！」

諸葛瑾回去把實情報告孫權。孫權大怒說：「他怎麼敢如此無禮！」便決定和曹操聯合對付關羽。

關羽的驕狂不但表現在對孫權上，還表現在對同僚上。劉備自稱漢中王，任關羽為前將軍，張飛為右將軍，馬超為左將軍，黃忠為後將軍，並派益州前部司馬費詩去荊州給關羽送官誥。

關羽見了費詩，問：「漢中王封我什麼官爵？」費詩說：「『五虎大將』之首。」關羽又問：「哪五虎將？」費詩說：「就是您和張飛、趙雲、馬超、黃忠。」關羽一聽就火了，忿忿不平他說：「翼德是我兄弟，孟起是世代名家出身，子龍多年跟隨我兄長，也就是我的兄弟了。他們與我並列，還說得過去。黃忠是什麼人，大丈夫決不能和這個老匹夫同列！」說完，連官印都不肯接受。經費詩多方勸解、開導，關羽才勉強接受了印信。

關羽在用人方面也出了問題。當他打敗曹仁，奪下襄陽後，隨軍司馬王甫提醒他：「將軍一舉攻下襄陽，雖然令曹兵喪膽，然而屬下有一個看法，尚請將軍斟酌：現今東吳的呂蒙屯兵在陸口，時時有吞併荊州的圖謀，如果他領兵徑直來奪取荊州，該如何對付他？」關羽說：「我也想到這一點了。你就去總管這件事吧！在沿江一帶，每隔 20 里或 30 里選一處高地設置烽火台，每座烽火台派 50 名軍士守衛。如果東吳軍兵渡江，夜晚便舉火為號，白天放煙為號，我便會親自去打擊東吳軍兵。」

關羽接受了這一正確建議，可是在派遣守衛江防的將官時卻錯用了糜芳、博士仁。這二人能力本就不行，又因縱酒失火，引燃火炮，造成

不小損失，而受過關羽的痛斥，心有不滿情緒。

關羽還派潘濬負責荊州的防衛，王甫聽了馬上勸阻：「潘濬這個人一貫貪圖私利而且愛妒忌人，不能讓他擔任這個要職。軍前都督糧料官趙累為人忠誠、廉潔、爽直，如果用他擔任這個職務，可保萬無一失。」關羽卻說：「我很瞭解潘濬的為人。現在既然已任命他了，就不必更改了。趙累現今掌管糧料，也是重要任務。你不必多疑，只管按我的要求去築烽火台就是了。」

王甫悶悶不樂地拜別了，一個致命的隱患就這樣留下了。關羽的這些錯誤正好給了呂蒙可乘之機。呂蒙本來無計可施，十分發愁，正好陸遜給他出了一條妙計，呂蒙欣然接受。

呂蒙裝病辭職，由陸遜以右都督的身分繼任陸口守衛職務，陸遜上任後，馬上派人帶著厚禮去拜見關羽，表示敬意，關羽聽說呂蒙病危，由陸遜繼任，非常高興，指著東吳使者說：「你們孫仲謀真是見識短淺，竟然用一個黃毛小兒為將！」這一來，關羽便完全不把東吳放在眼裡，調動大部分兵力去對付堅守樊城的曹仁。

陸遜得知關羽上當，十分高興，馬上派人去報告孫權，實施第二步計劃。

孫權封呂蒙為大都督，總領江東各路人馬。呂蒙帶領三萬人馬，快船 80 多隻，選出善於游水的軍士，身穿白衣，扮成商人在船上搖櫓，而將精兵埋伏在大船裡面。調韓當、蔣欽、朱然、潘璋、周泰、徐盛、丁奉七員大將隨後跟進。同時派人去傳報陸遜，又派人致書曹操配合行動。

呂蒙的偽裝船順利地抵達北岸，漢軍守兵盤問，他們都說是商船到這裡避風，又給守軍送了禮。守軍深信不疑，就讓他們靠岸停泊了。當天夜裡二更，東吳精兵一齊出動，把烽火台裡的守軍全部捉住，無一漏網。然後，東吳軍兵長驅直入，讓烽火台守軍誆開荊州城門，一舉而奪得荊州。

接著，呂蒙又派人去收降守衛公安的傅士仁和守衛南郡的糜芳。傅士仁見了吳軍從城外射進來的招降書信，心想：「關公恨我已是很深，我不如早點投降東吳好。」當即下令大開城門，請東吳招降使臣進城。

傅士仁投降後，又去招降糜芳，糜芳因為早就跟隨劉備，一開始還

不願投降，但傅士仁說：「關公臨走那天就痛斥我們二人一頓，非常恨我們二人。如果他得勝回來，決不會輕饒我們。您仔細想想吧！」糜芳終被說動，也投降了東吳。潘濬防守大意，傅、糜二將相繼投降，荊州地區全落入東吳手中，這一來，關羽就失去了大部分地盤，而且陷入腹背受敵的艱難境地。

關羽退到麥城後，又連犯錯誤。東吳呂蒙用善待荊州軍兵家屬的辦法動搖了荊州軍心，關羽卻不知撫慰關懷以安定軍心，而是一味責罰催逼，結果荊州軍兵在行軍路上紛紛開了小差，到達麥城已所剩無幾。

被困在麥城的關羽，因兩次中曹軍箭傷，尤其第二次中的是毒箭，雖經華佗刮骨療毒，但因連續交戰、敗退，既得不到休息，更免不了焦急生氣，所以一直沒有完全恢復健康，已遠非當年過五關斬六將的關羽了。在小城之中，外無援軍，內無糧草，最後只好突圍。

關羽決定夜間從城北小路逃走，王甫卻建議走大路，以防小路有埋伏。關羽說：「即使有埋伏，我又怕什麼呢？」正是這次驕傲，使他落入東吳的埋伏。原來，呂蒙早已料定他要走小路，遂派出數路軍兵沿路襲擊，最後，被東吳一個低級將領馬忠活捉。曾經所向無敵、叱吒風雲的關羽，終因驕傲自大而使自己內部有了隔閡，又因剛愎自用，幾次不聽別人的忠告，以致落得徹底失敗。而呂蒙、陸遜正是連連利用了他的錯誤，才獲得成功。

將　失

【原文】

將失：一曰，失所以往來^①，可敗也。二曰，收亂民^②而還用之，止北卒而還斗之，無資而有資^③，可敗也。三曰，是非爭，謀事辯訟^④，可敗也。四曰，令不行，眾不壹，可敗也。五曰，下不服，眾不為用，可敗也。六曰，民苦其師，可敗也。七曰，師老^⑤，可敗也。八曰，師懷^⑥，可敗也。九曰，兵遁，可敗也。十曰，兵□不□，可敗也。十一

曰，軍數驚，可敗也。十二曰，兵道足陷，眾苦，可敗也。十三曰，軍事險固，眾勞，可敗也。十四〔曰，恃險無〕備，可敗也。十五曰，日莫（暮）途遠，眾有至氣⑦，可敗也。十六曰……可敗也。十七〔曰〕……眾恐，可敗也。十八曰，令數變，眾偷⑧，可敗也。十九曰，軍淮⑨，眾不能⑩其將吏，可敗也。廿曰，多幸⑪，眾怠，可敗也。廿一曰，多疑，眾疑，可敗也。廿二曰，惡聞其過，可敗也。廿三曰，與不能⑫，可敗也。廿四曰，暴路（露）⑬傷志，可敗也。廿五曰，期戰心分，可敗也。廿六曰，恃人之傷氣⑭，可敗也。廿七曰，事傷人，恃伏詐，可敗也。廿八曰，軍輿無口，〔可敗也。廿九曰，暴〕下卒，眾之心惡，可敗也。卅曰，不能以成陳（陣），出於夾⑮道，可敗也。卅一曰，兵之前行後行之兵，不參齊於陳（陣）前，可敗也。卅二曰，戰而憂前者後虛，憂後者前虛，憂左者右虛，憂右者左虛。戰而有憂，可敗也。

【注釋】

① 失所以往來：指軍隊行動漫無目的。

② 亂民：指混亂中的百姓，一指反叛的百姓。

③ 資：依靠。無資而有資：一指沒有供給保障仍然一意孤行。

④ 謀事辯訟：指在謀劃大事時，總是辯論爭吵，不能作出決定。

⑤ 師老：指軍隊長期作戰，十分疲憊，士氣低落。

⑥ 懷：心有所掛念，指士卒思念家鄉。

⑦ 至氣：指心有怨恨，心灰意冷。

⑧ 偷：苟且敷衍。

⑨ 淮：疑同「乖」，不和。

⑩ 能：信任，心悅誠服。

⑪ 幸：偏愛，一指僥倖心理。

⑫ 與：親近，任用。不能：沒有才能的人。

⑬ 暴路（露）：長期征戰在外，一指長期露營。

⑭人：指敵人。傷氣：指士氣低落，軍心渙散。

⑮夾：同「狹」。

【譯文】

統兵將帥可能出現的過失有以下種種：一是軍隊調動失當，可能導致失敗；二是收容亂民，不加訓導就用去作戰，或是收集剛打敗仗退下來的士兵，馬上又讓他們去打仗，把不可依靠的力量當作可以依靠的力量，可能導致失敗；三是對是非爭論不休，謀劃大事時辯而不決，可能導致失敗；四是軍令得不到貫徹執行，全軍行動不統一，可能導致失敗；五是部下不心悅誠服，士卒不願效命，可能導致失敗；六是軍隊使百姓遭受痛苦，可能導致失敗；七是軍隊長期作戰，士氣低落，可能導致失敗；八是士卒思鄉戀家，可能導致失敗；九是士兵逃跑，可能導致失敗；十是……可能導致失敗；十一是軍隊多次受到驚擾，可能導致失敗；十二是行軍道路泥濘難行，士卒苦不堪言，可能導致失敗；十三是修築險要堅固的軍事設施，使士卒過度疲勞，可能導致失敗；十四是占據了險要的地勢，卻沒有積極準備，可能導致失敗；十五是日近傍晚，行軍路程還很遠，士卒心灰意冷，可能導致失敗；十六是……可能導致失敗；十七是……士卒恐懼，可能導致失敗；十八是軍令屢屢更改，士卒們苟且敷衍，可能導致失敗；十九是軍隊軍心渙散，士卒們不信任他們的將領和長官，可能導致失敗；二十是將帥偏信偏愛，士卒們懈怠散漫，可能導致失敗；二十一是將帥多疑，士卒無所適從，可能導致失敗；二十二是將帥厭惡別人指出他的過錯，可能導致失敗；二十三是將帥親近任用無能的小人，可能導致失敗；二十四是軍隊長期征戰在外，挫傷了士氣，可能導致失敗；二十五是臨戰之前軍心渙散，可能導致失敗；二十六是心存僥倖，指望敵人士氣低落以便取勝，可能導致失敗；二十七是做坑害人的事情，單純依靠埋伏和施行陰謀詭計去打敗敵軍，可能導致失敗；二十八是兵車沒有……可能導致失敗；二十九是將帥對部下和士卒手段殘暴，使士卒心生憎惡，可能導致失敗；三十是不能以整齊的陣勢通過狹谷通道，可能導致失敗；三十一是前後分進的部隊不能按期會合於陣前，可能導致失敗；三十二是作戰時擔心前鋒造成後衛空虛，擔心後衛造成前鋒空虛，擔心左翼造成右翼空虛，擔心右翼造成

左翼空虛，作戰時憂慮重重，可能導致失敗。

【經典戰例】

劉裕從容平叛

東晉末年，安帝復位不久，廣州刺史盧循和始興相徐道覆二人便趁劉裕統兵北伐南燕、朝廷空虛之際，起兵反叛。二人分別攻下長沙、南康、盧陵、豫州諸郡，沿長江東下，聲勢很大。江荊都督何無忌從潯陽領兵拒敵，身受重傷而死。

朝廷驚恐，安帝只好下詔召剛滅了南燕的劉裕回京抗敵。劉裕回京，立即整備戰船，準備出兵迎敵。

豫州都督劉毅素來不服劉裕，不想被劉裕搶功，便要出兵南征。他的堂弟劉藩送信給他，說是賊軍剛剛得勝，其鋒銳不可當，建議與他在江上會合，等待時機破敵。誰知劉毅連信都沒有看完，便瞪著眼睛，很生氣地看著劉藩的使者說：「前次舉兵平定叛逆時，只不過是因為劉裕發起，我才暫時推重他，你便以為我真不如劉裕嗎？」說著，把書信扔到地上，立即集合二萬水軍，從姑孰出發。

劉毅的水軍急忙行駛到桑落洲，便和盧循、徐道覆所率領的賊兵遭遇。賊兵順流而下，猛力前衝，船頭又高又銳利，一下子便突入劉毅船隊之中。劉毅的船隻又小又不堅固，與敵船一撞即破損，紛紛往兩旁躲避，劉毅的船隊頓時亂了。盧、徐二人帶領賊船，東衝西撞，很快便把劉毅的船隻都撞沉了。劉毅支持不住，只好帶領幾百軍兵棄船登岸，狼狽而逃。

盧循、徐道覆接連打敗何無忌、劉毅兩名都督，聲威更是大振，叛軍兵力已達十幾萬之多，船隻車輛連綿百里，其樓船高達 20 丈，在長江中橫行無敵。但盧循很畏懼劉裕，聽說劉裕已領兵回到京都建康，就驚慌起來，有了退回潯陽，掉頭去攻打江陵的意思，而徐道覆卻主張乘勝進攻都城。二人一連商議好幾天，才決定繼續東下。

其實，當時劉裕剛剛北伐趕回，軍兵人數不多，又十分疲憊，而京城的軍兵也僅僅幾千人。盧循如果早聽徐道覆的主張，乘勝東下，那東

晉都城就很難保住了。虧得有了數日緩衝，劉裕得以募集民兵，修整石頭城，同時又有一些勤王軍兵到達，實力有所增強。但賊軍兵勢仍遠遠超出東晉守衛都城的兵力，一些文官武將便力主晉帝過江躲避，只有劉裕堅決反對走避。

不久，盧循到達淮口，京城戒嚴，琅琊王司馬德文督守宮城，劉裕親自領兵屯駐石頭城，又讓咨義參軍劉粹，帶領他的第三子劉義隆去守衛京口。劉裕的兒子劉義隆當時僅四歲，當然不會什麼守衛，劉裕讓劉粹帶他去守京口，只不過表示決心，以激勵士氣而已。

部署停當，劉裕召集諸將說：「賊兵如果由新亭直接進兵，那便不好抵禦，只好暫時迴避了，以後的勝負也難以預料；如果賊兵退回西岸停泊，那便說明賊兵的鋒銳已減，就容易對付了。」

之後劉裕常常登上城頭向西瞭望。起初還看不見敵軍蹤影，只見長江煙波浩渺，山水一色。不久便可聽見鼓聲，遠處有敵船出沒，駛向新亭。劉裕不由得看看左右隨從，臉上露出憂慮的神色。隨後見敵船又回到西岸蔡洲停泊，劉裕才轉憂為喜說：「果然不出我之所料。賊兵雖然聲勢很大，卻不能有什麼作為了！」賊兵為什麼到了新亭又回去了呢？原來，按徐道覆的主張，是由新亭進兵，燒了船隻直接進攻，這正是劉裕最擔心的戰法。然而，盧循卻十分多疑，優柔寡斷，想要找出保證萬無一失的策略，因而在江中徘徊，先到東岸，又回泊西岸。徐道覆見盧循如此，只好嘆息說：「我最後還是被您耽誤了！這次舉事一定不會成功了！假如是我獨自舉事，那奪取建康簡直易如反掌咧！」徐道覆無奈，只好依從盧循，駛回西岸。

劉裕得到喘息之機，便加緊修整防禦工事。再說盧循、徐道覆回泊蔡洲後，等了幾天，不見劉裕的動靜，盧循才明白自己的決策有誤，開始後悔。盧循派出十幾艘戰艦去攻石頭城外的防禦柵欄，劉裕並不出戰，只命軍兵用神臂弓連射，這神臂弓確實厲害，一張弓可以連射幾支箭，而且勁道強急，盧循只好退回。盧循進攻不成，又派兵到南岸埋伏，同時派出一些老弱軍兵乘船東下，揚言要進攻白石。白石在新亭左側，也是江邊的一處要塞，劉裕還真怕他弄假成真，不敢不採取防禦措施。正好劉毅打敗仗後逃回，到京城請罪，安帝把他降為後將軍，仍叫他到軍營效力。劉裕也不計較，讓他一同去白石，截擊賊兵船隻。留下

參軍沈林子、徐赤特等將扼守查浦，吩咐他們不許輕舉妄動。

劉裕走後，賊兵從南岸偷偷進兵，攻入了查浦，放火焚燒張侯僑。徐赤特違反劉裕的命令出戰，中了賊兵埋伏，隻身乘單船逃往淮北去了。只有沈林子單獨據守柵寨，奮力守衛，隨後得到劉鐘、朱齡石等將領兵救援，賊兵退走。劉裕得報，飛騎趕回，徐赤特也逃回石頭城，劉裕斥責他違令，下令將其斬首示眾。

劉裕脫下甲冑，從容地坐下和軍士一起吃飯，然後出鎮南塘，命參軍諸葛叔度和朱齡石等將率領精兵去追擊敵軍。朱齡石的部下軍兵大多是鮮卑壯士，身材高大，手握長槍，追著刺殺敵兵。那些賊兵大多拿的是刀，槍長刀短，武器上也吃虧，便抵擋不住，紛紛逃命。盧循不敢再戰，便率領殘兵，一路搶掠，退回潯陽去了。沿途各郡都堅壁清野，嚴密防守，盧循什麼收穫也沒撈著。

盧循、徐道覆後來雖又重整軍兵向西去攻打江陵，但也沒能得逞。而劉裕戰勝盧循後便督造大船，派兵從海上直搗盧循老巢，他自己又率領水軍在大雷江面，把賊兵逼到西岸，一陣火攻，燒得賊兵潰不成軍。盧循幾經敗陣，逃回番禺老巢，可那裡早被劉裕派出的軍兵占領。盧循想奪回番禺，未能得逞，最終送了命。

雄 牝 城

【原文】

城在淠澤①之中，無亢山名谷②，而有付丘③於其四方者，雄城也，不可攻也。軍食溜（流）水，〔生水也，不可攻〕也。城前名谷，倍（背）亢山，雄城也，不可攻也。城中高外下者，雄城也，不可攻也。城中有付丘者，雄城也，不可攻也。

營軍趣舍④，毌回名水⑤，傷氣弱志，可擊也。城倍（背）名谷，無亢山其左右，虛城也，可擊也。□盡燒者⑥，死壤（壤）也⑦，可擊也。軍食泛水⑧者，死水也，可擊也。

城在發澤中⑨，無名谷付丘者，牝⑩城也，可擊也。城在亢山間，無名谷付丘者，牝城也，可擊也。城前亢山，倍（背）名谷，前高後下者，牝城也，可擊也。

【注釋】

① 淖澤：小澤。

② 亢：高。名：大。

③ 付丘：即負丘，兩層的丘，這裡指連綿的山丘。

④ 營軍：安營。趣舍：行軍。

⑤ 毋：無。回：環繞。名水：指大江大河。

⑥ 墝：同「磽」，堅硬貧瘠的土地。

⑦ 死壤（壞）：死地，指軍隊在這裡無法獲得糧食補給。

⑧ 泛水：積水，與流水相對。

⑨ 發：同「沛」。發澤：大澤。

⑩ 牝（音聘）：雌。牝城與雄城相對。

【譯文】

　　城池建在小片的沼澤地帶，周圍雖無高山深谷，但是有連綿不斷的山丘環繞在四方，這種城池叫作雄城，不可貿然攻打。敵軍飲用的是流水，這是活水，可見其水源充足，不可貿然攻打。城池前臨深谷，背靠高山，這是雄城，不可貿然攻打。城中間地勢高，四外地勢低的，這是雄城，不可貿然攻打。城內有連綿不斷的山丘的，這是雄城，不可貿然攻打。

　　敵軍經過行軍後倉促駐紮，營地沒有大河環繞作為屏障，軍隊士氣受挫，鬥志低落，這是可以攻打的。城池背靠深谷，左右沒有高山，這叫作虛城，可以攻打。城池周圍是極其貧瘠的土地，這是沒有收成的死地，可以攻打。軍隊飲用的是地面的積水，這是死水，可見其水源缺乏，可以攻打。城池建在大片的沼澤地帶，沒有深谷和連綿的山丘作為屏障，這叫作牝城，可以攻打。城池建在高山之間，沒有深谷和連綿的山丘作為屏障，是牝城，可以攻打。城池前臨高山，背靠深谷，前高而後低，是牝城，可以攻打。

猛張飛智取巴郡

　　劉備在赤壁大戰後，自封為荊州牧，但荊州地盤太小，且北有強敵曹操，東受孫權箝制，難以生存發展，於是，便向割據勢力較弱的益州發展。

　　益州是劉璋的地盤，他為了對付漢中張魯的威脅，正好邀請劉備入蜀相助。劉備大喜，於建安十六年（211），留諸葛亮、關羽等駐守荊州，自率步兵數萬，沿長江、嘉陵江，到達涪縣。

　　劉備把兵馬駐紮在葭萌，就此廣樹恩德，收買人心。他那三萬多人的後勤供給，完全由劉璋負擔。日子一長，劉璋看出劉備的真實意圖，兩人終於反目。劉備回師攻下涪縣、綿竹、雒城，直逼成都。在攻擊雒城時，謀臣龐統中流矢而死，劉備請諸葛亮來蜀相助。諸葛亮命張飛帶一支兵馬由大路西行，自率趙雲溯江而上，相約會師於雒城。

　　行前，諸葛亮囑咐張飛：「西川豪傑甚多，不可輕敵。路上戒約三軍，不得擄掠百姓，以失民心。還應體恤下屬，不得隨意鞭撻士卒。」

　　張飛欣然領命，一路而來，所到之處，只要是投降的，都秋毫無犯。來到江州，遇上巴郡太守嚴顏。這嚴顏為蜀中名將，年紀雖大，精力未衰，善開硬弓，使大刀，有萬夫不當之勇。他對劉璋忠心耿耿，早就看出劉備居心叵測，劉璋請劉備入蜀，無異於開門揖盜，引狼入室。這天，聞報張飛兵到，嚴顏據守城池，不肯投降。

　　張飛離城十里下寨，嚴顏部屬獻計：「張飛是位猛將，在當陽長阪橋頭，一聲怒喝嚇退曹兵百萬之眾，曹操也聞風而暫避，因此不可輕敵，只宜深溝高壘，堅守不出。不出一個月，他軍中無糧，自然退去。而且張飛又性如烈火，如不與戰，必怒，怒則粗暴對待士卒，以至任意鞭撻。如此一來，軍心易變，再乘勢擊之，張飛必敗！」

　　嚴顏覺得有理，就命軍士盡心守城，不出迎戰。張飛派人傳話，罵嚴顏「老匹夫」，要嚴顏早日投降，否則，踏平城廓，老少不留。嚴顏將來人的耳朵、鼻子割下，放他回來，回敬張飛：「匹夫！我嚴顏豈會降賊……」

張飛火爆性起，咬牙瞪目，帶著數百人，披掛上陣，來到巴郡城下挑戰。城上守軍對他百般辱罵，但就是不下來應戰。張飛殺到吊橋邊，要闖過護城河，又被亂箭射回。張飛憋了一肚子的氣回寨。

次日早晨，又去挑戰。嚴顏登上城樓，竟一箭射中張飛頭盔。張飛只能破口大罵：「老匹夫，你敢下來嗎？我看你沒那個膽吧！」

可嚴顏仍然置之不理，到了傍晚，張飛還是空手而回。

到了第三天，張飛再領軍沿城怒罵。這是一座山城，周圍都是亂山，張飛騎馬登山，下視城中，但見城中守軍都披甲整齊，分列隊伍，各就各位。又見民夫來來往往，搬運石頭，幫助守城。張飛換了一種辦法，讓騎兵下馬，步兵或坐或臥，故做懈怠狀，以誘嚴顏出戰。可是嚴顏仍然不上當。

再後幾日，張飛只教三五十個軍士去城下叫罵挑戰，但仍是一點效果都沒有。看來叫罵挑戰是不行了，張飛動起腦筋，又生出一計，傳令軍士四散上山砍柴、打草，尋覓其他路徑，再不去城下挑戰。

嚴顏在城中，連日不見張飛的動靜，只聽說張飛兵士四出上山打草、砍柴，心中不免狐疑。他命小卒十數人，乘夜出城，扮作張飛砍柴兵士，混入張飛軍中，一起上山打聽消息。

這事沒有瞞過張飛眼睛，他正打算借這些人傳遞假軍情。

這天，外出的兵士同寨，張飛正坐在帳中，頓足大罵：「嚴顏老匹夫，氣死我了！」只見帳中三四個人上前對張飛說：「將軍不必心焦，我等這幾日已打探出一條小路，可以繞過巴郡。」

張飛故意大叫：「既有這個小道，為何不早來說？事不宜遲，今晚二更造飯，趁三更月明，拔寨即起，我在前面開路，諸軍依次而行。」他大叫大嚷，把命令傳遍全寨。

扮作張飛部下砍柴兵卒的川軍以為探得敵軍行動的消息，興高采烈地回城報知嚴顏。嚴顏聽後也很高興，說：「我算定這匹夫忍耐不住！那條路十分狹窄，你想偷偷過去，糧食輜重一定只好留在後面，我截住後路，看你如何過得？有勇無謀的匹夫中我計了！」

嚴顏即刻傳令，全體軍士，準備赴敵，二更造飯，三更出城，伏於樹木叢中，只等張飛過了咽喉小路，後面糧食輜重來時，以鼓聲為號，一齊殺出。

當天晚上，嚴顏按計劃派出軍兵埋伏，他自己帶領十數員裨將，下馬埋伏在樹林裡。大約三更過後，嚴顏便遠遠望見張飛橫矛縱馬，親自在前開路，其軍兵悄悄跟進。張飛過去不到三四里路，其車仗人馬便陸續走來。嚴顏一看時機到了，下令一齊擂鼓，伏兵聽見鼓聲，一齊衝出去搶奪車仗。

嚴顏的軍兵忽然聽見背後一聲鑼響，一隊軍馬殺到，只聽一聲如雷吼叫：「老賊休走！我等的正好是你！」嚴顏猛回頭一看，為首一員大將，豹頭環眼，脖子很短，一部虎鬚，手執丈八蛇矛，騎著一匹黑馬，不是張飛還會是誰？只聽四下里鑼聲大震，張飛的軍兵殺將過來。嚴顏驚得手足無措，交戰不到十個回合便被張飛生擒活捉了。川軍見勢不妙，大部分都投降了。張飛隨即殺入城中，奪取了巴郡。

張飛攻入巴郡城後，出榜安民。這時，張飛坐於郡府大堂，軍士把嚴顏推到堂上。張飛怒睜圓眼，大聲怒斥：「大將到此，為何不降，還敢頑抗？」

嚴顏全無懼色，回叱張飛：「你這班無義之輩，背信棄義，竟然奪我土地。益州只有斷頭將軍，沒有投降將軍！」

張飛氣得吹鬍子瞪眼睛，命左右將其推下斬首。嚴顏面不改色，哈哈大笑，說：「賊匹夫！砍頭就砍頭，何必要發火！」

張飛竟為嚴顏的豪氣所感動，也不禁想起諸葛亮臨行前的囑咐：「四川多豪傑！」眼前就是一個真豪傑，他當即便轉怒為喜，走下階來，喝退左右，親自為嚴顏解縛，又取衣給他穿上，扶他正中高坐，自己低頭下拜說：「適才言語冒瀆唐突，還望不要記恨。我早就聽說老將軍乃豪傑之士，今日一會，實為萬幸！」

嚴顏素聞張飛是一員仗義猛將，見他能如此禮待自己，也很感動，終於投降。張飛便以嚴顏為前部，凡是嚴顏所轄之地，均由嚴顏出面招降。張飛繼續北上，攻陷巴西、德陽等地，最後會師成都。

五度九奪

【原文】

……矣。救者至，有（又）重敗之。故兵之大數^①，五十里不相救也。皇（況）近〔者□□，遠者〕數百里，此程^②兵之極也。故兵曰：積弗如，勿與持久。眾弗如，勿與椄（接）和。〔□弗如，勿與□□。□弗如，勿〕與□長。習^③弗如，毌當其所長。五度暨（既）明，兵乃衡（橫）行。

故兵……趨敵數。一曰取糧。二曰取水。三曰取津。四曰取涂（途）。五曰取險。六曰取易。七曰〔取隘。八曰取高。九〕曰取其所讀^④貴。凡九奪，所以趨敵也。

四百二字。

【注釋】
① 數：原則，方法。
② 程：衡量。
③ 習：訓練。
④ 讀：同「獨」。

【譯文】

……救兵到達，又遭受重創。所以，用兵作戰的一項重要原則是：相距超過五十里，就不能相互救援了。更何況近的相距……遠的相距數百里呢？五十里是衡量能不能發兵的最大限度。所以兵法上說：物資儲備不如敵軍時，不要和敵軍持久作戰；兵力不如敵軍時，不要與敵軍正面交鋒……士兵訓練不如敵軍時，就不要對抗敵軍的長處。掌握以上五個原則後，軍隊便可橫行於天下了。

所以兵法上說……逼迫敵軍的方法。一是奪取敵軍的糧草；二是奪取敵軍的水源；三是奪取敵軍必經的渡口；四是奪取敵軍必經的戰略要道；五是奪取險要的地形；六是奪取平坦開闊地帶；七是奪取關隘；八是奪取高地；九是奪取敵軍最珍視的東西或要害部位。以上這九項奪

取，都可以逼迫敵軍，使其陷入困境。

積　疏

【原文】

　　……〔積〕勝疏，盈勝虛，徑勝行①，疾勝徐，眾勝寡，（佚）勝勞。積故積之，疏故疏之，盈故盈之，虛〔故虛之，徑故徑〕之，行故行之，疾故疾之，〔徐故徐之，眾故眾〕之，寡故寡之，（佚）故（佚）之，勞故勞之。

　　積疏相為變②，盈虛〔相為變，徑行相為〕變，疾徐相為變，眾寡相〔為變，佚勞相〕為變。

　　毋以積當積，毋以疏當疏，毋以盈當盈，毋以虛當虛，毋以疾當疾，毋以徐當徐，毋以眾當眾，毋以寡當寡，毋以（佚）當（佚），毋以勞當勞。積疏相當，盈虛相〔當，徑行相當，疾徐相當，眾寡〕相當，（佚）勞相當。敵積故可疏，盈故可虛，徑故可行，疾〔故可徐，眾故可寡，佚故可勞〕……

【注釋】

① 徑：小路，指捷徑。行：大道。
② 相為變：相互轉變。

【譯文】

　　……兵力集中勝過兵力分散，實力雄厚勝過實力薄弱，走捷徑勝過走大道，行動迅速勝過行動遲緩，兵力多勝過兵力少，部隊安逸勝過部隊疲勞。該集中就集中，該分散就分散，該雄厚就雄厚，該薄弱就薄弱，該走捷徑就走捷徑，該走大道就走大道，該迅速就迅速，該遲緩就遲緩，該兵力多就增加兵員，該兵力少就減少兵員，該安逸就安逸，該疲勞就疲勞。

兵力集中和兵力分散可以相互轉變，實力雄厚與實力薄弱可以相互轉變，走捷徑和走大道可以相互轉變，行動迅速和行動遲緩可以相互轉變，兵力多和兵力少可以相互轉變，安逸和疲勞可以相互轉變。

不要以集中對付集中，不要以分散對付分散，不要以雄厚對付雄厚，不要以薄弱對付薄弱，不要以迅速對付迅速，不要以遲緩對付遲緩，不要以兵力多對付兵力多，不要以兵力少對付兵力少，不要以安逸對付安逸，不要以疲勞對付疲勞。正確的做法應當是：以集中對付分散，以雄厚對付薄弱，以走捷徑對付走大道，以迅速對付遲緩，以兵力多對付兵力少，以安逸對付疲勞。因此，敵人兵力集中，可以設法使其分散。敵人實力雄厚，可以設法使其薄弱。敵人走捷徑，可以設法使其走大道。敵人行動迅速，可以設法使其遲緩。敵人兵力多，可以設法使其兵力減少。敵人安逸，可以設法使其疲勞……

【經典戰例】

賀拔岳計謀深遠

北魏建義元年（528），鮮卑人万俟醜奴自稱天子，占領了關中，成為北魏的心腹大患。執掌北魏實權的爾朱榮打算派武衛將軍賀拔岳前去征討。賀拔岳與他哥哥賀拔勝都是爾朱榮的帳下猛將，屢建戰功，深得器重。但這次使命卻非同尋常，賀拔岳私下對賀拔勝說：「万俟醜奴是個不好對付的強敵，如果我不能打敗他，便會獲罪；如果贏了，又將招致讒佞的嫉妒之言。」賀拔勝想了想，說：「你講得一點也沒錯，但是該如何是好？」賀拔岳說：「只有一個辦法，就是請一名爾朱氏家族的人但任統帥，由我做他的副手。」賀拔勝拍手稱妙。

賀拔勝將弟弟的建議告訴了爾朱榮，爾朱榮以為賀拔兄弟對他很忠誠，非常高興，任命爾朱天光為使持節、驃騎大將軍，掛帥討伐万俟醜奴；賀拔岳與侯莫陳悅分別任左右大都督，輔佐爾朱天光。

部隊從洛陽開拔時僅千餘士卒，沿途收編一些人馬，也只有萬餘人。由於兵力太少，爾朱天光走走停停，很是猶豫，惹得爾朱榮大怒，派特使追趕上來，嚴辭斥責，還打了爾朱天光一百杖。爾朱榮又增兵數

千，督促他儘快剿滅万俟醜奴。賀拔岳因上頭有爾朱天光頂著，省卻了許多煩惱。

　　不過，這仗還得由賀拔岳來打。當時，万俟醜奴親自統兵包圍岐州，派其大行台尉遲菩薩領兩萬人馬從武功南渡渭水，攻打北魏的營寨。賀拔岳聞訊率領一千輕騎趕去增援，而尉遲菩薩已拆毀北魏營寨，凱旋返回渭水北岸。

　　賀拔岳率數十親隨隔著渭水與尉遲菩薩說話，稱讚他英武蓋世，是難得的將才，如能歸順北魏，定會大有作為。尉遲菩薩被捧得飄飄然，自命不凡，擺出不可一世的架式，令手下傳話，讓賀拔岳投奔於他，保證不受虧待。

　　傳話者狗仗人勢，又以為隔著一條渭水，賀拔岳奈何不得他，油腔滑調，出言不遜。賀拔岳怒喝道：「我與尉遲將軍說話，你算什麼東西？」話音未落，一箭射去，當胸穿了個窟窿。

　　尉遲菩薩如此驕橫，其實賀拔岳已經有了對付他的辦法。當晚賀拔岳沿渭水布下許多處伏兵，每處各數十騎。第二天，賀拔岳帶著一百多騎沿河朝東走去，尉遲菩薩領兵隔河監視。賀拔岳的伏兵也暗中跟隨，所以魏軍越往東走人馬越多，而尉遲菩薩毫不知曉，還以為他們仍只有百餘人。

　　走了二十多里路，前面一處河水較淺，能涉水而過。賀拔岳等突然神色慌張，縱馬疾奔。尉遲菩薩以為賀拔岳看到地勢不利，想要逃跑，於是拋下步兵，率輕騎渡過渭水，緊追不捨。

　　賀拔岳見引得尉遲菩薩上鉤，心中大喜，縱馬疾馳，拐進一道山崗，便潛伏下來。追兵突然丟失了目標，舉目望去，只見谷幽林密，道路狹窄，殺機四伏。尉遲菩薩剛想停步，但已經遲了，北魏兵大聲吶喊，殺將出來。賀拔岳一馬當先，來戰尉遲菩薩。

　　尉遲菩薩他們明明看到賀拔岳就百餘人馬，怎麼突然四周都有魏軍殺出？只見樹林中還吶喊不絕，不知藏了多少人馬，自然全都嚇呆了。魏軍齊喊：「下馬投降者免死！」尉遲的兵卒絕望之中撈得一根救命稻草，都緊緊攥著不肯撒手，毫不猶豫地翻身下馬，乞求饒命。尉遲菩薩的心早就涼了半截，一看就剩自己孤家寡人，還有什麼膽氣？招架了幾個回合，就被撞下馬來。

賀拔岳乾淨利索地解決了敵軍的三千騎兵，押著尉遲菩薩等幾個大頭目，趕回渭水邊。那一萬多步兵還傻等著，望見主將被擒，群龍無首，都乖乖地當了俘虜。

賀拔岳僅用一千多騎兵就俘獲了尉遲菩薩的二萬人馬，使得万俟醜奴不敢再囂張，放棄了岐州，向北逃往安定，在平亭設置營壘，負隅頑抗。

爾朱天光率領後繼部隊來到岐州，與賀拔岳會師。魏軍士氣更旺，但賀拔岳仍不輕敵。他知道万俟醜奴第一仗敗在尉遲菩薩的驕盈上，魏軍在實力上並不占上風。吃過這回虧後，万俟醜奴一定會謹慎小心，將精銳力量集中在一起，固守堅壘，那就很難對付了。他與爾朱天光商議之後，決定還是以智取勝。

當時正值農曆四月，天氣開始轉熱，魏軍在汧水和渭水之間紮營，放養戰馬，並到處揚言道：「現在天太熱了，不是用兵打仗的時候，該休整補充，等秋後天涼再決定進退。」

万俟醜奴常派人來探查，有時被魏軍抓獲，訓斥一頓也就放了，這些人跑回去眾口一辭，都說魏軍確實刀槍入庫，馬放南山，沒有用兵的徵兆。

万俟醜奴饒是狡詐，也不得不信。因為當時正逢農忙季節，他的數萬人馬不能長此耗下去，於是留下太尉侯伏、侯元進率五千士卒據險立柵據守，另外再設千餘人的堡壘數處，以防備魏軍，其餘部隊分散到岐州以北的細川，從事農耕。

万俟醜奴兵力分散的情報很快被魏軍掌握。爾朱天光與賀拔岳決定先集中力量攻打侯伏、侯元進的大營。黎明時分，魏軍突然發起猛攻，侯伏、侯元進雖然有所防範，終因勢單力薄，擋架不住。賀拔岳得手之後，將數千俘虜集中起來，告誡他們今後不可再附逆作亂，然後一律釋放。這些被俘過的人將魏軍優待俘虜的消息傳遍附近所有堡壘，大多數亂軍都自動放下了武器。

北魏軍首戰告捷，絲毫不懈怠，馬不停蹄連夜急馳一百多里，抵達安定城下，万俟醜奴的涇州刺史侯幾長貴舉城投降。

万俟醜奴沒料到魏軍來得這麼快，自己敗得這麼慘，竟連招架都來不及，就已是四面楚歌了。平亭無法再守，他於是帶著手下一班人馬逃

往高平。賀拔岳料定万俟醜奴的動向，率輕騎火速追擊，在平涼長坑追上了對手。魏軍挾連勝之雄風，沒讓万俟醜奴布好陣勢就殺了進去，將其沖得落花流水，万俟醜奴被生擒。

　　剷除万俟醜奴，賀拔岳的功勞最大，但因為爾朱天光是主將，不管好事壞事都首先由他擔著。爾朱天光曾因進軍緩慢和作戰失利兩次挨罰受貶，賀拔岳則無絲毫責任。得勝之後爾朱天光所陞官爵最大，賀拔岳也被任命為涇州刺史，自然沒人嫉妒他，這也是他的先見之明。

奇　正

【原文】

　　天地之理：至則反，盈則敗，□□① 是也。代②興代廢，四時是也。有勝，有不勝，五行是也。有生有死，萬物是也。有能有不能，萬生是也。有所有餘，有所不足，刑（形）勢是也。故有刑（形）之徒，莫不可名③。有名之徒，莫不可勝。故聖人以萬物之勝勝萬物，故其勝不屈④。

　　戰者，以刑（形）相勝者也。刑（形）莫不可以勝，而莫智（知）其所以勝之刑（形）。刑（形）勝之變，與天地相敝⑤而不窮。刑（形）勝，以楚、越之竹書之而不足。

　　刑（形）者，皆以其勝勝者也。以一刑（形）之勝勝萬刑（形），不可。所以制刑（形）壹也，所以勝不可壹也。

【注釋】

① 此處所缺二字疑是「日月」或「陰陽」。
② 代：更替。
③ 名：命名，認知。
④ 屈：窮盡。
⑤ 敝：盡。

【譯文】

　　天地間的規律是：發展到頂點就會向相反的方向轉化，發展到滿盈就會走向虧缺，太陽和月亮就是這樣。循環往復，不斷更替，一年四季就是這樣。能制勝別的，又被別的制勝，五行就是這樣。有生有死，世間萬物就是這樣。有能做到的，也有不能做到的，世間眾生就是這樣。有條件具備而有餘的時候，也有條件不足的時候，形勢發展變化就是這樣。因此，凡是有形的事物，沒有不可認識的；凡是能夠認識的事物，沒有不可戰勝的。所以聖人利用萬物各自的特點來制勝萬物，因而其制勝的方法是無窮無盡的。

　　戰爭，就是通過各種有形力量的較量而爭勝的。有形的事物沒有不可被戰勝的，只是眾人不知道用何種方法去戰勝它們。以形相勝的變化，與天地相始終，是無窮無盡的。萬事萬物之間相互制勝的情形，就算用盡楚、越兩地的竹子也是寫不完的。

　　各種有形的事物，都是以其特長來制勝其他事物的。想要一種事物的特長去制勝萬事萬物，那是不可能的。一種事物可以制勝其他事物的原理是一樣的，可是用以制勝的具體方法卻是各不相同的。

【原文】

　　故善戰者，見敵之所長，則智（知）其所短；見敵之所不足，則智（知）其所有餘。見勝如見日月，其錯勝也[①]，如以水勝火。刑（形）以應刑（形），正也；無刑（形）而制刑（形），奇也。奇正無窮，分也。分之以奇數，制之以五行，斗之以□□。分定則有刑（形）矣，刑（形）定則有名〔矣〕。□□□□□□，同不足以相勝也，故以異為奇。是以靜為動奇，失（佚）為勞奇，飽為飢奇，治為亂奇，眾為寡奇。發而為正，其未發者奇也。奇發而不報，則勝矣。有餘奇者，過勝者也。

　　故一節[②]痛，百節不用，同體也。前敗而後不用，同刑（形）也。故戰勢，大陳（陣）□斷，小陳（陣）□解。後不得乘前，前不得然[③]後。進者有道出，退者有道入。

賞未行，罰未用，而民聽令者，其令，民之所能行也。賞高罰下，而民不聽其令者，其令，民之所不能行也。使民雖不利，進死而不旋踵，孟賁之所難也，而責④之民，是使水逆留（流）也。

故戰勢，勝者益⑤之，敗者代⑥之，勞者息之，飢者食之。故民見□人而未見死，道（蹈）白刃而不旋踵。故行水得其理，剽（漂）石折舟；用民得其生（性），則令行如留（流）。

【注釋】

① 錯：同「措」，措置。錯勝：制勝。
② 節：關節，骨節。
③ 然：疑同「蹨」，踐踏。
④ 責：苛求。
⑤ 益：更加，這裡指乘勝追擊。一指賞賜三軍，讓他們得到好處。
⑥ 代：換。一指讓將帥承擔責任，代兵受過。

【譯文】

因此，善於指揮作戰的將領，看到敵人的長處，就能知道敵人的短處；看到敵人不足的方面，就能知道敵人優勝的方面。他們預見勝利，就像預見日月升降一樣準確容易；他們克敵制勝，就像用水滅火一樣簡單有效。以有形的常規戰法對抗有形的常規戰法，叫作正；以無形的出敵不意的戰法制勝有形的常規戰法，叫作奇。奇正的變化是無窮無盡的，關鍵在於酌情運用，掌握分寸。要以出其不意的方法排兵佈陣，以五行相剋的原理克制敵人，以……與敵人戰鬥。兵力組織、部署完畢後就有了陣形，陣形確定後就有了名號……採用與敵人相同的戰法不足以取勝，因而要採用不同的戰法，出其不意地克敵制勝。因此，靜是動的奇，安逸是疲勞的奇，飽是飢的奇，治是亂的奇，多是少的奇。公開的行動是正，隱蔽的行動是奇。出其不意地採取行動，不讓敵人察覺，就能取得勝利。奇招多種多樣，層出不窮，就能不斷取得更大的勝利。

人身上的一個關節痛，其他所有關節就都不能發揮作用，因為所有關節同屬於一個身體。軍隊的前鋒失敗了，後衛部隊就不能發揮作用，因為同屬一個陣形。所以說，作戰的態勢，大陣……小陣……後衛部隊不能追逐超過前鋒，前鋒不能阻擋後衛部隊。前進要有道路可以出，後退要有道路可以走。

賞罰沒有實行，士卒就肯聽令，是因為這些命令是士卒能夠執行的。賞賜多，懲罰少，可士卒卻不聽令，是因為這些命令是士卒無法執行的。要使士卒雖處於不利的形勢，仍然拚死前進，決不後退，這是連孟賁那樣的勇士也難做到的。若是以此來苛求士卒，就好比要讓河水逆流一樣。

所以說，作戰的態勢，如果獲勝，就乘勝追擊；如果失敗，就撤換將領；如果士卒疲勞，就讓其休息；如果士卒飢餓，就使其飽食。這樣，士卒們就算遇上強敵也不怕死，就算踩上鋒利的刀刃也不會後退。所以說，懂得流水的規律，就可以做到用流水衝擊石頭、毀掉船隻；用兵抓住了士兵們的心理，那麼軍令貫徹就如流水一樣暢通無阻了。

【經典戰例】

諸葛亮用兵如神

建興九年（231）春，諸葛亮又一次伐魏。當諸葛亮領兵到達祁山，安營完畢時，見渭河岸邊已有魏兵防備，便對眾將說：「這一定是司馬懿有了準備。我軍現今軍中缺糧，屢次派人催李嚴運米，仍然沒運到。我算定隴上麥子已經熟了，可以祕密派兵去割麥。」於是留下王平等四將鎮守祁山大營，自己帶領姜維、魏延等諸將，前進到鹵城。鹵城太守早已知道諸葛亮的厲害，慌忙開城出降。

諸葛亮撫慰完畢，又問明隴上麥子確實已經熟了，就留下張翼和馬忠守鹵城，自己帶領三軍向隴上前進。忽然前軍回報說：「司馬懿領兵在前面。」諸葛亮吃驚地說：「他預先知道我軍來割麥子了？」說完便休浴更衣，讓軍兵推出了三輛一模一樣的四輪車來，這是諸葛亮在蜀中已準備好了的。

諸葛亮命姜維帶領一千軍兵護衛一輛車，再帶五百軍兵準備擂鼓，埋伏在上邽之後；又命馬岱在左，魏延在右，各領一千軍兵護衛一輛車，並各帶五百擂鼓軍兵。每一輛車邊，各有 24 人，黑衣赤足，披髮仗劍，手執七星皂幡，在左右推車。三人各自受計，領兵推車走了。

諸葛亮又命令三萬軍兵都手握鐮刀，帶著馱繩，伺機割麥。又選了 24 名精壯軍士，各自身穿黑衣，披髮赤足，手持寶劍，簇擁著最後一輛四輪車，擔當推車使者。又命關興扮成天蓬元帥的模樣，手執七星皂幡，在車前步行。諸葛亮端坐在車上，向魏營而來。魏軍哨探見了大驚失色，不知是人還是鬼，慌忙去報告司馬懿。

司馬懿親自出營察看，說道：「這又是孔明在耍花樣！」便派出兩千人馬，告訴他們：「你們快去，連車帶人，一齊捉來！」

魏兵領命，一齊追趕。諸葛亮見魏兵趕來，便叫回車，向蜀營緩緩行進。魏軍全部快馬急追，只見陰風習習，冷霧漫漫。魏軍拚命追了一陣，卻追趕不上。眾魏軍大驚，都勒住馬說道：「奇怪！我們急急追趕了 30 里，總感到敵人就在前面，卻追趕不上。這怎麼辦呢？」諸葛亮見魏兵停下不追了，又命推車轉回，朝著魏軍歇息。魏兵猶豫了很長時間，又放馬趕來。諸葛亮又調轉車頭慢慢前進。魏兵又追了 20 里，只見諸葛亮仍在前面，還是追不上，眾魏兵都驚呆了。諸葛亮又調轉車頭倒行，魏兵又想追趕。

司馬懿隨後領兵到達，傳令說：「孔明很會奇門遁甲法術，能夠驅使六丁六甲神人。他現在用的就是六甲天書裡的『縮地法』。眾軍不能再追了！」魏軍剛勒轉馬頭要退走，突然左面戰鼓震天而起，一支軍馬殺了過來，司馬懿急忙下令抵抗。只見蜀兵隊裡 24 人，披髮仗劍，黑衣赤足，擁出一輛四輪車來，車上端坐的也是頭戴簪冠，身披鶴氅，手搖羽扇的諸葛亮。司馬懿大驚說：「剛才那輛車上坐著孔明，追了 50 里，沒追上他，怎麼這裡又有一個孔明呢？奇怪！真奇怪！」話還沒說完，右面又響起了震耳的戰鼓聲，又是一支軍馬殺來，擁出一輛四輪車，上面坐的也是同樣打扮的諸葛亮，左右兩邊也有一模一樣的 24 人。司馬懿疑心大起，回頭對諸將說：「這一定是神兵了！」魏軍心下大亂，再也不敢交戰，各自逃命去了。

魏軍正逃的時候，忽然鼓聲大震，又一支軍馬殺來，當先一輛四輪

車，諸葛亮坐車上，左右 24 名推車使者，和前幾隊一模一樣。魏兵無人不怕。司馬懿不知是人是鬼，又不知有多少蜀兵，十分恐懼，急忙領兵進入上邽，關上城門不敢出戰。

一連過了三天，司馬懿都不敢開城門。後來見蜀兵退走了，才敢派出軍兵哨探。哨探在路上捉住一名蜀兵，送到司馬懿面前。司馬懿一問，才知三路伏兵都不是孔明，而且每隊僅有一千護車軍兵，五百擂鼓軍兵，只有誘敵車上的才是真孔明。司馬懿不禁仰天長嘆道：「孔明有神出鬼沒之機啊！」這時，副都督郭淮進見，二人計議一番，決定兵分兩路去攻打鹵城。

諸葛亮正領軍在鹵城打曬小麥，忽然召集眾將聽令：「我料定敵軍今天夜裡定來攻城。我算定鹵城東西面麥田裡可以埋伏軍兵，誰敢帶兵去伏擊敵軍？」姜維、魏延、馬忠、馬岱等四將說：「我們願去。」諸葛亮十分高興，命姜維和魏延各領兩千軍兵，埋伏在東南、西北兩處；馬岱、馬忠各帶兩千軍兵，埋伏在西南、東北兩處：「只聽炮響，你們便從四角一齊殺來。」四將接受計謀，各自領兵去了。諸葛亮自己帶領一百多人，眾人各自帶著火炮，出城埋伏在麥田裡等候。

司馬懿領兵直到鹵城城下，天色已黑，便對眾將說：「如果白天進軍，城裡必定有準備。現在可以乘著夜色攻城，這座城池城牆低矮，城壕很淺，很容易打破。」便屯兵城外。到起更時分，郭淮也領兵到達。兩軍會合後，一聲鼓響，把鹵城圍得鐵桶一般。城上萬弩齊發，箭和擂石如雨般傾瀉下來，魏兵不敢前進。忽然魏軍隊中號炮聲連響，魏軍三軍大驚，不知兵從何處而來。郭淮命人去麥田搜索。這時，只見四角火光衝天，喊聲震天，四路蜀兵一齊殺到。鹵城城門同時大開，城內軍兵衝殺出來。蜀軍裡應外合，大砍大殺一陣，魏兵死傷無數，司馬懿帶領敗兵，奮力拚死突出重圍，占了一個山頭，才算勉強穩住了陣腳。郭淮也帶領敗兵奔到山後駐紮。

諸葛亮回到城裡，命四將在城外四角紮下營寨。郭淮見蜀軍防守嚴密，無法攻城，又出了一個主意，調集雍州、涼州兵馬合力攻敵，而他自己則領兵去襲擊劍閣，截斷蜀軍後路，使他們糧道不通，再趁蜀軍慌亂時，合力殲敵。司馬懿同意照計行事。

郭淮的算盤打得很如意，可惜，諸葛孔明早已料到，作了相應部

署。西涼人馬急行軍趕到鹵城前線，走得人困馬乏，剛安營歇息，就被蜀軍殺入營中。西涼兵猝不及防，又十分疲憊，抵擋不住蜀軍精銳，便向後退去。蜀兵又是一陣追殺。只殺得雍、涼軍兵屍橫遍野，血流成河。蜀軍大獲全勝。無奈這時形勢卻發生了變化，諸葛亮接到李嚴急信，說是東吳和魏國聯合，有攻蜀的跡象，孔明只好部署退兵。

司馬懿看著蜀軍退走，卻不敢追趕，因為他看見城頭遍插旌旗，城內又有煙霧升起，他怕又中孔明之計。直至探明鹵城確實是一座空城時，司馬懿才敢派兵去追擊。

張郃願去追擊，司馬懿怕他急躁，不讓他去，在張郃的堅持下，司馬懿才同意了，讓他帶五千軍兵，又另派魏平帶兩萬步兵和騎兵隨後接應，司馬懿又親自帶三千人馬跟進策應。

張郃領兵急急追趕，走了 30 里，忽聽背後響起喊聲，從樹林裡閃出一彪軍兵，為首一員大將，橫刀勒馬，大聲說道：「賊將領兵到哪裡去？」張郃回頭一看，原來是魏延，便回馬殺過去。戰了不到十個回合，魏延便假裝敗走。張郃追了 30 多里，不見有伏兵，就又策馬趕去。剛轉過山坡，忽然喊聲大起，一彪蜀軍閃出，為首的大將是關興，橫刀勒馬大叫：「張郃別走！有我在這裡！」張郃也不答話，拍馬上前交鋒。戰了不到十個回合，關興又撥馬退走。張郃隨後緊追。追到一處密林前，張郃起疑，命人四下探察，沒有發現伏兵。於是，放心又追。魏延又攔在前面，與張郃再戰，但不到十個回合，魏延又敗走。張郃怒氣填胸，追上前去，不料，又被關興截住去路。張郃更加生氣，拍馬上前交鋒。戰了不到十個回合，蜀兵把衣甲等物品扔了一地，塞滿道路，魏軍紛紛下馬搶奪。魏延、關興就這樣交替截殺，張郃則奮勇追趕。

到黃昏時分，追到了木門道口，魏延撥回馬一陣大罵，張郃更是怒不可遏，不顧一切地殺了過去。又戰不到十個回合，魏延丟盔棄甲，隻身匹馬向木門道中逃去。張郃殺得性起，拍馬追向前去。這時天已昏黑，只聽一聲炮響，山上火光衝天，大石亂柴紛紛滾下，阻斷去路。張郃這才大驚說道：「我中計了！」急忙回馬，然而為時已晚，退路已被塞斷。張郃這時是前進不得，後退不能。左右兩面都是峭壁，真是插翅難飛了！忽聽一聲梆子響，兩邊萬弩齊發，張郃及其部下兵將一百餘人，都死於木門道中。

國家圖書館出版品預行編目資料

孫子兵法　孫臏兵法／孫武、孫臏原著，顏興林譯注，初
版 -- 新北市：新潮社文化事業有限公司，2021.06
　　面；　公分
　　ISBN 978-986-316-799-0（平裝）
　1.孫子兵法 2.孫臏兵法 3.注釋

592.092　　　　　　　　　　　　　　　110005091

孫子兵法／孫臏兵法

孫武、孫臏／著

顏興林／譯注

【策　　劃】周向潮、林郁
【制　　作】天蠍座文創
【出　　版】新潮社文化事業有限公司
　　　　　　電話：(02) 8666-5711
　　　　　　傳真：(02) 8666-5833
　　　　　　E-mail：service@xcsbook.com.tw

【總經銷】創智文化有限公司
　　　　　　新北市土城區忠承路 89 號 6F（永寧科技園區）
　　　　　　電話：(02) 2268-3489
　　　　　　傳真：(02) 2269-6560

印前作業　菩薩蠻數位文化有限公司、東豪印刷事業有限公司

初　　版　2021 年 06 月